孢壁蛋白在构成微孢子虫孢壁和侵染宿主中的作用研究

杨东林　潘国庆　著

北　京
冶　金　工　业　出　版　社
2025

内 容 提 要

孢壁蛋白是微孢子虫识别宿主、建立感染的关键因子。本书围绕家蚕微孢子虫中两个重要的孢壁蛋白 NbSWP7 与 NbSWP9 展开，结合分子生物学、蛋白质组学和细胞生物学的研究方法，系统阐述了二者在孢壁构建、极管锚定、宿主细胞侵染等过程中的功能机制。全书共6章，内容涵盖基因序列特征、生物信息学分析、蛋白表达与纯化、定位研究、蛋白相互作用及功能验证等方面。书中利用免疫共沉淀、酵母双杂交、Far-Western、孢壁几丁质提取以及孢壁蛋白与几丁质结合等技术，揭示了 NbSWP7 与 NbSWP9 之间的协同关系及其与几丁质壳、极管蛋白的相互作用，并通过孢子黏附与侵染抑制实验，明确了其在宿主识别过程中的重要作用。

本书适用于从事病原生物学、昆虫病理学、分子寄生虫学及生物防控研究的专业科研人员参考，也可作为食品安全、生物技术、动物医学、生物科学、植物保护等相关专业本科生和研究生的教学与科研实践参考资料。

图书在版编目（CIP）数据

孢壁蛋白在构成微孢子虫孢壁和侵染宿主中的作用研究／杨东林，潘国庆著. -- 北京 ：冶金工业出版社，2025. 9. -- ISBN 978-7-5240-0334-2

Ⅰ. TQ937

中国国家版本馆 CIP 数据核字第 202594YR86 号

孢壁蛋白在构成微孢子虫孢壁和侵染宿主中的作用研究

出版发行	冶金工业出版社	**电　　话**	(010)64027926
地　　址	北京市东城区嵩祝院北巷 39 号	**邮　　编**	100009
网　　址	www. mip1953. com	**电子信箱**	service@ mip1953. com

责任编辑　夏小雪　美术编辑　彭子赫　版式设计　郑小利

责任校对　王永欣　责任印制　禹　蕊

北京建宏印刷有限公司印刷

2025 年 9 月第 1 版，2025 年 9 月第 1 次印刷

710mm×1000mm　1/16；10. 5 印张；205 千字；158 页

定价 70. 00 元

投稿电话　(010)64027932　投稿信箱　tougao@cnmip. com. cn

营销中心电话　(010)64044283

冶金工业出版社天猫旗舰店　yjgycbs. tmall. com

（本书如有印装质量问题，本社营销中心负责退换）

前　言

微孢子虫是一类高度特化的胞内寄生真菌，广泛感染无脊椎动物和脊椎动物，其感染机制复杂，涉及宿主识别、胞内寄生及免疫逃避等多个环节。其中，孢壁作为微孢子虫最外层结构，不仅在维持孢子稳定性中发挥关键作用，更在侵染宿主过程中扮演“前线识别”与“锚定附着”的核心角色。孢壁的构建机制与功能调控成为近年来微孢子虫研究的前沿课题。

本书围绕家蚕微孢子虫中两个重要的孢壁蛋白 NbSWP7 与 NbSWP9 展开系统研究，旨在探讨二者在孢壁构建、极管锚定、宿主黏附与侵染等过程中的功能及其分子机制。通过结合生物信息学分析、蛋白表达与纯化、亚细胞定位、蛋白相互作用验证和宿主感染实验，构建了一个从基因到功能、从结构到作用的研究体系，全面揭示了 NbSWP7 和 NbSWP9 在微孢子虫发育与致病过程中的关键地位。

本书共分 6 章，内容包括：概述微孢子虫的基本生物学特征及其发育阶段，重点介绍其感染机制和孢壁结构特点，结合原生动物与微孢子虫的研究进展，梳理孢壁蛋白功能研究的最新成果；分析家蚕微孢子虫两个假定孢壁蛋白 NbHSWP7 和 NbHSWP9 的序列特征、结构域、保守性及转录活性，为功能验证实验提供理论支持；确认 NbHSWP7 与 NbHSWP9 在不同发育时期孢子中的表达模式及亚细胞分布，证实其为孢壁相关蛋白；证明 NbHSWP7 与 NbHSWP9 之间存在稳定的相互作用，提示二者在孢壁结构中协同发挥功能；探讨孢壁蛋白与几丁质壳层的结合机制，明确 NbSWP9 可直接与几丁质结合并锚定 NbSWP7，同时分析其与极管蛋白 NbPTPs 的相互作用，揭示其在孢子发芽中的潜在作用；研究 NbSWP7 和 NbSWP9 在宿主识别与侵染过程中的作用，发现二者可结合宿主细胞膜，调控孢子黏附和入侵，揭示孢壁蛋白参与微孢子虫侵染过程的关键机制。

研究发现，NbSWP9 可通过与几丁质结合并锚定 NbSWP7，参与孢壁装配；同时 NbSWP9 还可与极管蛋白相互作用，并在孢子发芽与宿主黏附中发挥主导作用。这些研究结果不仅丰富了微孢子虫孢壁生物学的理论体系，也为开发基于孢壁蛋白的新型干预手段提供了潜在靶点。

本书力求内容系统、数据翔实、理论与实践并重，适用于从事病原生物学、昆虫病理学、分子寄生虫学及生物防控研究的专业科研人员参考，也可作为研究生教学与科研训练的参考资料。希望本书的出版能为相关领域的基础研究与应用探索提供有益参考与启发。

本书由杨东林、潘国庆共同撰写和整理而成，其中杨东林撰写第 3~6 章，潘国庆撰写第 1~2 章。本书内容的研究和出版得到了重庆市科技局自然科学基金面上项目（CSTB2024NSCQ-MSX0769）和重庆文理学院学术专著出版基金的资助，在此表示衷心的感谢。

在本书撰写过程中，参考了有关文献资料，在此向相关文献作者表示感谢。

由于作者学识水平有限，书中不妥之处，望读者批评指正。

杨东林

2025 年 4 月

本书英文缩写一览表

英文缩写	英文全称	中文全称
AMP	Ampicillin	氨苄青霉素
BLAST	Basic Local Alignment Search Tool	局部对比基本检索工具
Bp	Base pair	碱基对
Kan	Kanamycin	卡那霉素
BSA	Bovine serum albumin	牛血清白蛋白
ddH_2O	deionic distilled water	去离子蒸馏水
dNTP	deoxyribonucleoside triphosphate	脱氧核苷三磷酸
E. coli	*Escherichia coli*	大肠埃希菌
EDTA	Ethylenediamine tetraacetic acid	乙二胺四乙酸钠
h	hour	小时
d	day	天
DAPI	4′,6-diamidino-2-phenylindole	4′,6-二脒基-2-苯基吲哚
IEM	Immunoelectron microscopy	免疫电镜
TEM	Transmission electron microscopy	透射电子显微镜
IFA	Indirect-immunofluorescence assay	间接免疫荧光试验
BmE	*Bombyx mori* embryonic cell lines	家蚕胚胎细胞
IPTG	Isopropyl-1-thio-β-D-galactoside	异丙基硫代-β-D-半乳糖苷
kDa	kilodalton	千道尔顿
LB	Luria-Bertani medium	LB 培养基
mg	milligram	毫克
min	minute	分钟
mL	milliliter	毫升
nm	nanometer	纳米
NCBI	National Center for Biotechnology Information	美国国立卫生研究院
PAGE	Polyacrylamide gel electrophoresis	聚丙烯酰胺凝胶电泳
LRR	Leucine rich region	富含亮氨酸结构域
HBM	Heparin binding motif	肝素结合基序

续表

英文缩写	英文全称	中文全称
PBS	Phosphate-buffered saline	磷酸盐缓冲液
PCR	Polymerase chain reaction	聚合酶链式反应
pI	isoelectric point	等电点
r/min	rotations per minute	每分钟转速
PVDF	Polyvinylidene fluoride	聚偏二氟乙烯
SDS	Sodium dodecyl sulfate	十二烷基硫酸钠
s	second	秒
Sf9	*S. frugiperda* Sf9 cells	草地滩夜蛾卵巢细胞株
TAE	Tris-acetate-EDTA buffer	TAE 缓冲液
TEMED	N,N,N′,N′-tetramethylethylenediamine	N,N,N′,N′-四甲基乙二胺
TMD	Transmembrane domain	跨膜结构域
X-gal	5-bromo-4-chloro-3-indolyi-β-D-galactside	5-溴-4-氯-3-吲哚-β-D-半乳糖苷
X-α-gal	5-bromo-4-chloro-3-indolyl-α-D-galactopyranoside	5-溴-4-氯-3-吲哚基-α-D-吡喃半乳糖苷
β-ME	β-mercaptoethanol	β-巯基乙醇
μL	microliter	微升
DCSCs	Deproteinated chitin spore coats	脱蛋白几丁质壳
SWP	Spore wall protein	孢壁蛋白
SW	Spore wall	孢壁

目　　录

1 绪　　论

1.1 微孢子虫概述

微孢子虫（Microsporidia）是一类细胞内专性寄生的单细胞真核寄生虫，寄主非常广泛，几乎包括所有的无脊椎动物，以对环境具有抗性的自由孢子的形式进行感染宿主细胞和传播，给人类生产和生活带来重大经济损失和威胁[1,2]。微孢子虫形态多样，有月牙形、棒状、卵圆形和圆形等，其中以卵圆形居多。微孢子虫孢子大小差异较大，绝大多数为（2～7）μm×（1～3）μm，最大的 *Bacillidium filiferum* 孢子直径可达 40 μm[3]。虽然孢子的形态存在差异，但是孢子的超微结构基本相似，如图 1.1 所示，孢壁分为孢子外壁（Exospore）、孢子内壁（Endospore）和孢原质膜层（Plasma membrane）；一根细长的极丝螺旋盘绕于孢子内部，孢子具有单核或双核，具有丰富的核糖体、无线粒体等，但有 1 个线粒体衍生的器官，被命名为"纺锤剩体"[4-7]。最近几年，由于微孢子虫寄生宿主的广泛性、分类地位和进化上的特殊性，微孢子虫的研究受到越来越多学者的重视。目前，Keeling 和 Fast[8] 将微孢子虫归为真菌；同时，NCBI 也正式将微孢子虫归类为真菌。

家蚕微孢子虫（*Nosema bombycis*）是 Nagëli 在 1857 年于家蚕中分离得到的[9]，是第一个被人类认识的微孢子虫，随后各国学者对微孢子虫进行了大量的研究。微孢子虫因其体积小、孢壁厚、细胞内专性寄生等特点，对微孢子虫分子生物学的研究还相当薄弱。直至 2000 年人类基因组框架图的完成[10]，标志着生物学研究已经进入基因组时代。随后在 2001 年，兔脑炎微孢子（*Encephalitozoon cuniculi*）基因组序列的公布[11]，预示着人们对微孢子虫的认识也进入到一个全新的阶段。在 2013 年，家蚕微孢子虫和柞蚕微孢子虫（*Nosema antheraea*）的基因组测序工作也已经完成[12]。这些微孢子虫测序工作的完成将大力推动微孢子虫的生活周期和侵染机制的研究，为检测和防控微孢子虫起到至关重要的作用。

近几年来，随着基因组数据的不断完善，已经由大量测序的基因组时代进入后基因组时代，同时为微孢子虫与宿主的相互作用关系以及微孢子虫侵染相关蛋白的研究提供充足的信息基础。在兔脑炎微孢子虫蛋白质组的研究中，鉴定出了 200 多个蛋白质[13]。2008 年，吴正理等人在家蚕微孢子虫中鉴定出 14 个假定孢壁蛋白，并且将其中的 3 个高丰度的蛋白定位到孢壁上[14,15]，而其他假定孢壁蛋

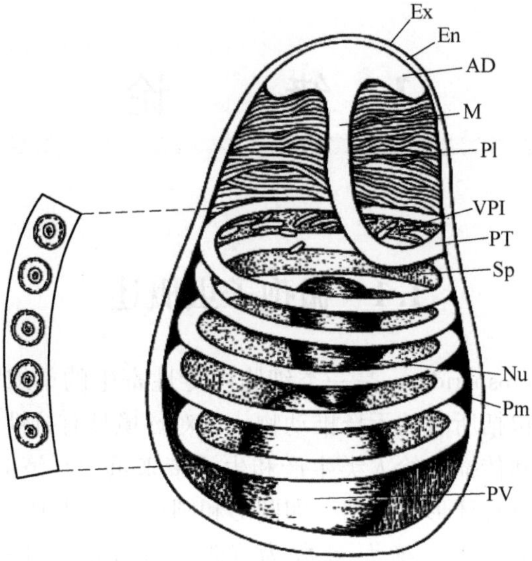

图 1.1　微孢子虫的超微结构[1]

Ex (Exospore)—孢子外壁；En (Endospore)—孢子内壁；AD (Anchoring Disk)—锚定盘；
M (Manubroid)—极柄；PT (Palor Tube)—极管；Sp (Sporoplasm)—孢原质；
VPI (Vesicular Polaroplast)—囊泡极质体；Pl 或 Lp (Lammellar Polaroplast)—片状极质体；
Nu (Nucleus)—细胞核；Pm (Plasma membrane)—质膜；PV (Posterior Vacuole)—后极泡

白发挥的具体功能还不清楚。大量研究发现，孢壁蛋白在孢子寄生和侵染过程中扮演着重要角色，因此孢壁蛋白成为微孢子虫中研究的热点。在 *E. cuniculi*、肠道微孢子虫（*Encephalitozoon intestinealis*）的孢壁蛋白研究中，已经成功地将 8 个蛋白定位于孢子内壁或外壁[16-21]。与此同时，很多国内外学者对各类微孢子虫孢壁蛋白与黏附和侵染的关系进行了探讨[19,22-24]，表明孢壁蛋白参与到微孢子虫的黏附和侵染过程中，但其具体功能并不清楚。蛋白质作为生命的基本组成成分和基因的表现形式，对其研究将有助于我们认识生命现象，对微孢子虫孢壁蛋白的研究，有助于了解寄生虫与宿主的相互作用以及微孢子虫黏附和侵染宿主的机制，为研究微孢子虫的功能基因、探索微孢子虫检测和防治新途径奠定基础。

1.2　微孢子虫的生物学特征

1.2.1　微孢子虫的形态与结构

目前，微孢子虫的形态观察主要还是通过显微镜完成，微孢子虫是真核细胞中形态最小而结构复杂的一类细胞内专性寄生的微生物。微孢子虫的孢子大小因其种属不同而形态存在差异，同一种微孢子虫的形态也因其所处不同生活阶段而存在差异。比氏肠胞虫（*Enterocytozoon bieneusi*）的孢子长径最小为 1 μm，*Bacillidium filiferum* 的孢子长径最大为 40 μm，大多数孢子呈卵圆形，此外，也有球形、新月形和杆状。

随着扫描和透射电子显微镜的不断发展和应用，人们对微孢子虫的结构认识越来越精细。大部分成熟微孢子虫孢子的超微结构模式图基本相同，孢子主要由厚厚的孢壁（Spore wall）、独特的发芽装置（Extrusion apparatus）、孢原质（Sporoplasm）和孢内细胞器（Organelle）等组成[25]。如图 1.2 所示，孢内细胞器主要包括发达的极膜层（Polaroplast）、内质网（Endoplastic reticulum）、高尔基体（Golgiosome）、细胞核（Nucleus）、极管（Polar Tube）、后极泡（Posterior vacuole）和纺锤剩体（Mitosome）等[7,11,26,27]。微孢子虫的孢壁位于孢子的最外层，坚硬的孢子壁在保护孢子抵抗各种外界压力以及识别宿主和激活孢子的平衡中起着重要作用，同时孢子壁还能调节孢内渗透压，通过离子的吸收和水的渗透性调节作用，使孢内的渗透压迅速升高而激发极丝迅速弹出，进而感染宿主细胞[4,28-34]。孢壁由三层结构组成，由外到内依次为：孢子外壁、孢子内壁和原生质膜，其中孢子外壁主要由高密度电子层的蛋白质组成，表面不光滑，有刺突状突起，孢子外壁所含的蛋白质种类丰富繁多，且大部分有物种特异性；孢子内壁由低电子密度的几丁质和蛋白质成分的组成，内壁中的几丁质层呈纤维状分布，且内壁具有选择通透性，是连接孢子外壁和孢原质膜的桥梁[4-6]；原生质膜主要是纤维性内层，其将孢子壁与孢原质隔离开。

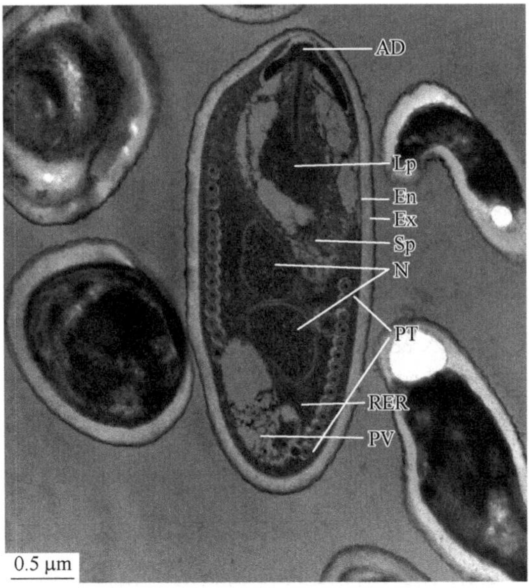

图 1.2 家蚕微孢子虫的超微结构[35]

Ex—家蚕微孢子虫孢外孢壁；En—孢子内壁；Lp—片状极质体；Sp—孢原质；N—细胞核；PV—后极泡；PT—极管；AD—锚定盘；RER—粗面内质网

在孢子孢壁内部是具有感染宿主细胞的孢原质，在孢原质中含有细胞器，细胞器中包括微孢子独特的发芽装置——极管。在微孢子虫感染宿主细胞的过程中，主要发挥功能的结构有4部分：极管（Palor Tube）、极膜层、片状的薄膜层和后极泡（Posterior Vacuole）[36]。微孢子虫侵染宿主最重要的器官是极管，极管一端通过一个称为固定盘（Anchoring Disk）的伞状结构锚定到孢子顶端，此处的孢子壁较薄可能与孢子的发芽相关；另一端与膨大的空泡连接延伸到孢子后端。极管前部呈棒状且与孢子纵轴呈平行状延伸，剩余部分沿孢子壁以螺旋状卷曲，并盘绕于孢壁上[37]。不同种类微孢子虫所含极管圈数不同，其圈数一般为4~30圈。极管弹性较好，在发芽时其直径可以增加到0.4 μm，孢原质被弹出以后其长度会缩短5%~10%[38]。

家蚕微孢子虫是第一株被分离的微孢子虫，成熟的孢子为卵圆形，具有较强的折光性[34,39]。在家蚕微孢子虫的结构中，极管从孢子前半部与孢子纵轴呈平行状延伸至孢子后半部，并沿孢子壁与纵轴形成一定倾斜角度的螺旋状卷曲，直至孢子后部。孢子含有双核，形状不规则，内部结构致密，家蚕微孢子虫长极丝孢子的极管圈数一般在12~14圈，多为13圈，极丝倾斜角52°[34]。

1.2.2 不同发育时期微孢子虫的获得及其特征

对于微孢子虫来说，虽然不同学者从不同角度对其生殖圈的界定存在差异，但整体上微孢子虫的生殖圈可以分为三个阶段：感染期（Infective phase）、裂殖增殖期（Proliferative phase）和孢子增殖期（Sporognic phase），如图1.3所示。其中，感染期是处于寄主细胞外具有感染力的成熟孢子阶段，而裂殖增殖期和孢子增殖期是位于宿主细胞内的孢子发育阶段[1,40-42]。

（1）感染期：环境中的成熟孢子在感受到外界环境刺激后弹出极管，将孢原质注入宿主细胞的细胞质，在宿主体内形成膜包被的芽体，芽体进而感染其他细胞和组织。随后，便进入裂殖生殖期或营养生殖期。

（2）裂殖增殖期：分裂体（芽体）在侵入宿主细胞后的几个小时内，然后以二分裂或多分裂逐渐增大发育为裂殖体（Schizont），当其质膜外侧被高电子密度物质完全覆盖时，转变为母孢子（Sporont），从而进入孢子增殖期（Sporogony）。

（3）孢子增殖期：母孢子以二分裂方式继续分裂，发芽器官开始形成且排列杂乱，同时孢子壁逐渐增厚，慢慢具有成熟孢子相似的孢子外形时，就进入了孢子母细胞时期，接着孢子母细胞成熟转变为成熟的孢子，成熟孢子有一层厚厚的孢壁，用来保护孢子。这样，孢子就完成了一个生殖圈。

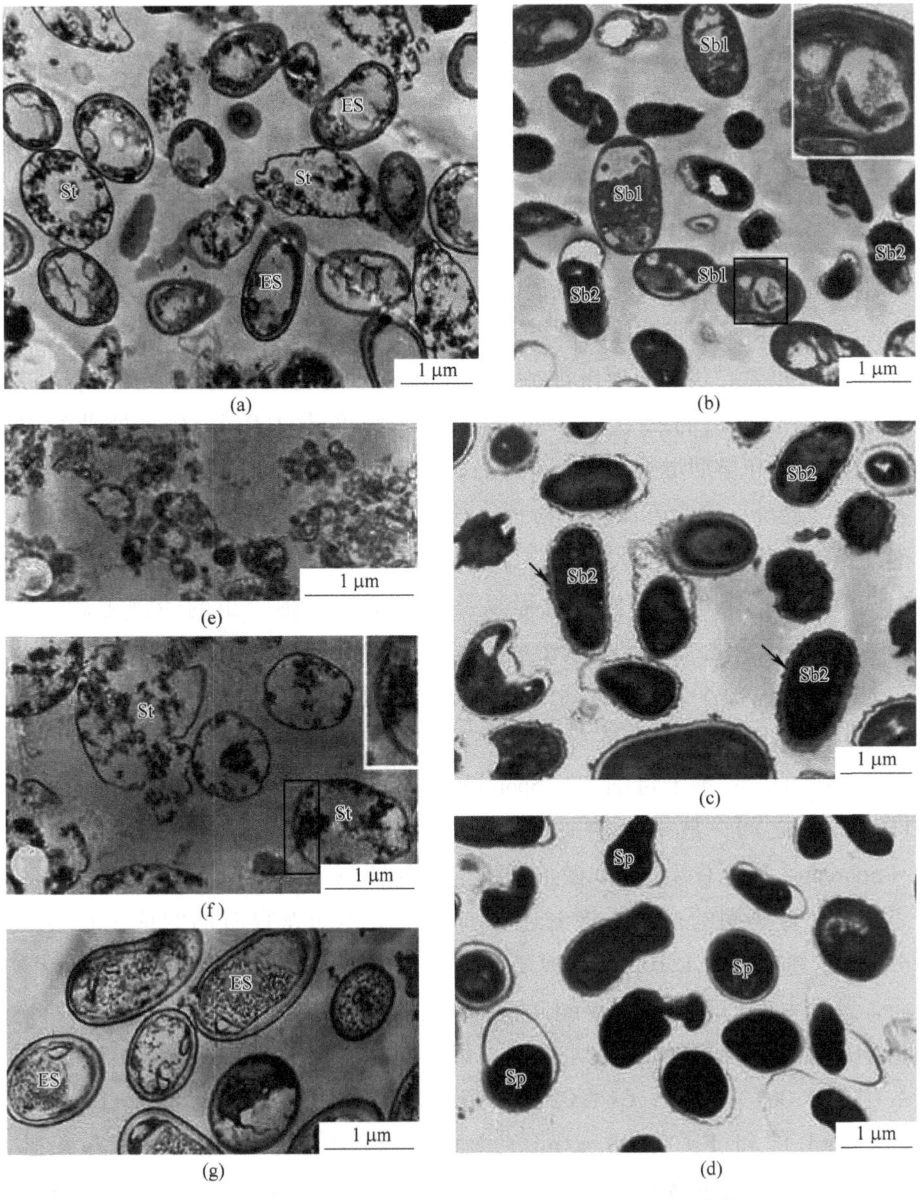

图 1.3 不同 Percoll 层兔脑炎微孢子虫的超微结构[45]

(a) 70% Percoll 层离心分离的孢子，成分 A：母孢子（St）和发芽空壳（ES）；
(b) 70% Percoll 层离心分离的孢子，成分 B：早期孢子母细胞（Sb1）；
(c) 70% Percoll 层离心分离的孢子，成分 C：晚期孢子母细胞，孢壁蛋白结合几丁质层形成孢壁结构；
(d) 70% Percoll 层离心分离的孢子，成分 D：成熟孢子（Sp）；(e) 成分 A 在经过 30% Percoll 层离心后，成分 A1：细胞碎片；(f) 成分 A 在经过 30% Percoll 层离心后，成分 A2：母孢子；
(g) 成分 A 在经过 30% Percoll 层离心后，成分 A3：空孢壳长期以来，各国学者一直利用 Percoll 密度梯度来纯化成熟微孢子虫，因此大部分的生物学研究是基于成熟微孢子虫，而对于未成熟微孢子虫发育成为成熟孢子过程中的生物化学变化以及调控生长和繁殖中的代谢历程还知之甚少，其原因主要是缺乏一种有效纯化不同发育时期微孢子虫（Different life cycle stages of microsporidia）的方法。

为了解决上述生物学问题，在 1995 年，Seleznev 等人提出了一种利用 Percoll 密度梯度离心从蟋蟀脂肪体中分离和纯化不同发育时期蟋蟀微孢子虫（*Nosema grylli*）的方法：感染脂肪体的准备→在 PBS 中溶浆，并用棉花和滤纸过滤→第一次过 Percoll 离心获得三层沉淀，在其中包括不同发育时期的孢子→第二次将 20% Percoll 层再进行一次 Percoll 离心，在密度为 1.016 g/mL 处获得裂殖体（Meronts）和早期母孢子（Sporonts），在 1.016 g/mL 处到离心管底分布着不成熟孢子。此外，这个方法简单易行，整个过程花费 1 h，对以后不同发育时期微孢子虫的生化研究有极大帮助[43]；1999 年，Green 等人为了研究兔脑炎微孢子虫调节生长、繁殖中的代谢过程以及寻找抵抗微孢子虫的药物靶标，利用 Percoll 密度梯度离心收集到孢子形成时期（Sporogonial stages）各个阶段的孢子，首先大量收集包含各个发育时期微孢子虫的细胞上清，利用 80% Percoll 对其进行纯化，成熟孢子（Mature spores）在 80% Percoll 中形成一条密度大约为 1.138 g/mL 的带；孢子母细胞（Sporoblasts）主要沉积在密度为 1.102 g/mL 和 1.119 g/mL 之间；最上面的一层密度为 1.017～1.05 g/mL，主要包括母孢子（Sporonts）、孢子母细胞和微孢子虫空壳（Microsporidial husks）。为了进一步分离获得发育早期的孢子，将上述分离的 3 层不同发育时期的孢子再过 50% Percoll，上述密度为 1.102～1.119 g/mL 和 1.138 g/mL 层的孢子没有被分离开，然而，密度为 1.017～1.051 g/mL 的条带被再次分成 5 层。将这 5 层孢子再次在 30% Gradient Percoll 分离纯化，获得 6 条不同密度层：A(1.017～1.051 g/mL)、B(1.051～1.061 g/mL)、C(1.061～1.075 g/mL)、D(1.087 g/mL)、E(1.102～1.119 g/mL）和 F（1.138 g/mL），通过 SDS-PAGE 和透射电子显微镜（Transmission Electron Microscope）检测发现 A 和 B 中含有的成分相似，主要包括细胞碎片、孢子母细胞、孢子空壳和弹出的极丝；C 中含有大量的孢子，且大部分孢子拥有正在发育中的极丝；D 中主要是孢子母细胞和含有电子密度孢壁的成熟孢子，此层孢子含有正在发育中的极丝和一层几丁质内壁（Chitinous endospore），基本上不含有孢子外壁；E 和 F 中成分基本相似，主要是含有高电子密度孢子外壁的成熟微孢子虫。同时，对获得的微孢子虫进行 SDS-PAGE，并简要分析了不同发育时期兔脑炎微孢子虫的蛋白差异情况[44]。随后在 2006 年，

Taupin 等人利用一种改进的 Percoll 密度梯度离心来分离孢子形成时期的兔脑炎微孢子虫，首先将感染兔脑炎微孢子虫的细胞在 0.1 mol/L PBS 中清洗并进行两次连续离心分离，将获得的大约 10^8 个孢子在 15 mL 含有 0.05% 皂素和 0.05%（体积分数）Triton X-100 PBS 中重悬，再将悬浮液过玻璃棉以除去细胞碎片，将过玻璃棉的悬液继续过滤以 0.23 mol/L 蔗糖为稀释液的 70% Percoll，离心得到 4 个密度层：A 层 1.028～1.090 g/mL，B 层 1.090～1.124 g/mL，C 层 1.124～1.130 g/mL，D 层 1.135～1.140 g/mL。在 A 层中密度为 1.060 g/mL 包含两类型的细胞：（1）有波浪形状细胞外形的母孢子；（2）含有双层细胞壁但没有内部结构的孢壳，可能是发芽后极管被分离过程破坏后剩下的空壳。B 层主要是孢子母细胞，其特点是有不同程度的孢壁形成和极管发育，这一层主要是形成部分孢子内壁的早期孢子母细胞（Early sporoblasts）。C 层含量很多，主要是晚期孢子母细胞（Late sporoblasts）和未成熟孢子（Immature spores），其特点是孢壁变厚以及卷曲的极丝形成。D 层富含成熟孢子，其包含高电子密度的孢原质和两层发育完全的孢壁。为使孢子形成时期的孢子变得更纯，将上面分离得到的 A 层孢子再过 30% Percoll 0.23 mol/L 蔗糖，又获得 3 层不同孢子层：A1(<1.030 g/mL）层是分离获得的最轻一层，主要成分是细胞碎片；A2（1.030～1.035 g/mL）层是分离的中间层，80%孢子是母孢子，其特点是分离获得母孢子肿胀膨大，可能是由于没有形成成熟的厚壁，对外界渗透压变化的抵抗作用较小所致；A3(1.035～1.043 g/mL）层主要是发芽后的孢壳和孢原质[45]，如图 1.3 所示。

目前对于不同发育时期家蚕微孢子虫分离的研究相对较少，只有在 2012 年，Cai 等人为了研究家蚕微孢子虫中母孢子→孢子母细胞→成熟孢子中孢壁蛋白的变化，利用 Percoll 密度梯度离心获得了孢子形成时期的孢子。首先利用 10^5 个孢子/头剂量添食五龄起蚕，在五龄 5 天对感染家蚕微孢子虫的家蚕中肠进行匀浆，离心分离后，将获得的孢子在含有 0.05%皂素和 0.05%（体积分数）Triton X-100 PBS 中重悬，再将悬液过玻璃棉以除去杂质，将过玻璃棉的悬液继续过滤以 0.25 mol/L 蔗糖为稀释液的 70% Percoll，分离得到 3 层：最上层 A 主要是母孢子、孢子空壳和细胞碎片，中间层 B 主要是不同成熟度的孢子母细胞，最下层 C 主要含有成熟的家蚕微孢子虫。为了进一步获得更纯的早期孢子，再将上述 A 和 B 两层分别过 30% Percoll 0.25 mol/L 蔗糖和 50% Percoll 0.25 mol/L 蔗糖，A 层分离又获得两层：A1 层是细胞碎片、A2 层主要是孢子空壳，B 层分离也获得两层：B1 层主要是早期孢子母细胞、B2 层主要是晚期孢子母细胞。然后，通过双向电泳技术分析了不同时期蛋白质的差异[46]，如图 1.4 所示。

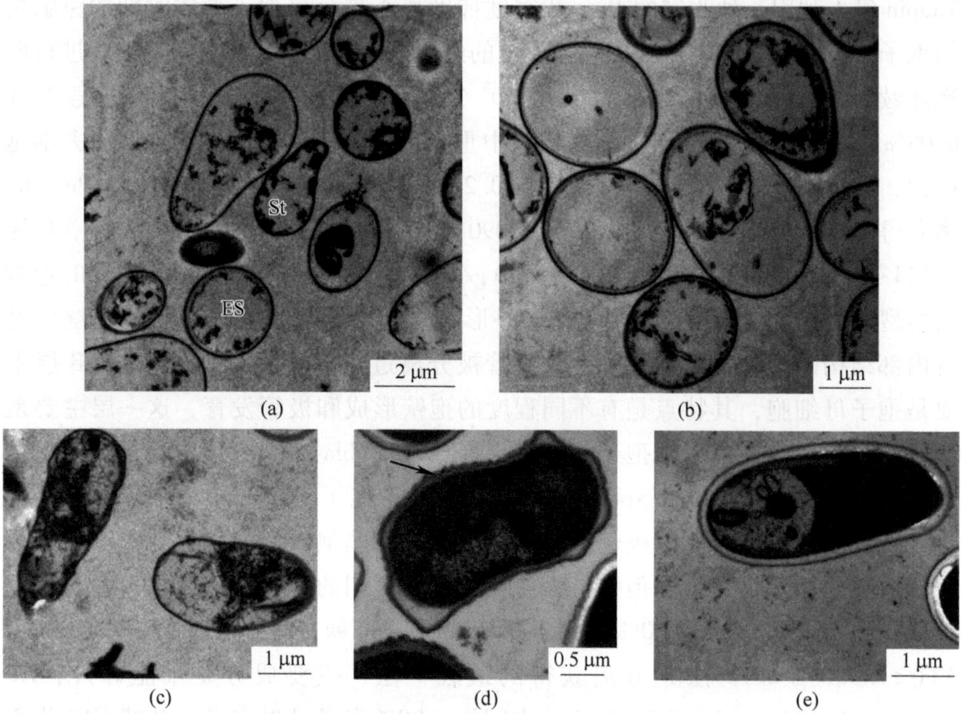

图 1.4　家蚕微孢子虫的各个时期的分离及电镜观察[46]

（a）母孢子（St）和空孢壳（ES）混合物；（b）发芽孢壳；（c）早期孢子母细胞；（d）晚期孢子母细胞；（e）成熟孢子

1.2.3　微孢子虫黏附侵染机制的研究

微孢子虫是典型的专性细胞内寄生生物，其感染宿主细胞首先需要孢子与宿主细胞进行接触，目前证实了宿主细胞表面硫酸化的葡聚糖（Sulfated glycans）在 *E. intestinalis* 选择并黏附到宿主过程中发挥重要功能。在孢子黏附实验中发现，外源硫酸化葡聚糖能够抑制 *E. intestinalis* 黏附到宿主细胞；然而，非硫酸化的葡聚糖不能使黏附率下降，说明 *E. intestinalis* 利用宿主细胞表面的硫酸化葡聚糖进行黏附到宿主细胞。另外，利用木吡喃糖苷（Xylopyranoside）也证实了上述现象，是由于木吡喃糖苷限制宿主细胞表面的糖胺聚糖；同时，NaCl 也能够降低孢子黏附率，是由于 NaCl 减少细胞表面的硫酸化。随后发现，孢子不能黏附于表面缺失了糖胺聚糖和硫酸乙酰肝素的 CHO 突变细胞系，说明宿主细胞表面的糖链对于孢子的黏附是必不可少的，当孢子黏附被抑制时，宿主细胞的感染同时下降，证明孢子感染宿主细胞与黏附密不可分。这些数据表明，*E. intestinalis* 通过宿主细胞表面的糖胺聚糖而发生黏附，并且增加孢子对细胞的感染[47]。既然孢子可以与细胞表面的糖胺聚糖结合，并使孢子发生黏附，那么在孢子表面必然存在相应的配体来完成此过程。在近来的研究中，发现 *E. intestinalis* 和 *E. cuniculi* 孢壁蛋白 EnP1 同源性较高，二者都含有肝素结合基序，重组蛋白 EnP1 和针对 EnP1 抗体能够抑制孢子黏附，从而导致孢子侵染细胞数下降，点突变靠近 N 端的 HBM 时，重组蛋白 EnP1 不能抑制孢子黏附细胞，细胞结合实验显示 EnP1 只能与含有糖胺聚糖（GAGs）的细胞结合，说明 EnP1 不只作为孢壁结构组分起支撑作用，更重要的是在孢子对宿主细胞的黏附、感染过程中发挥作用[19]。

当孢子被活化后，孢子进行发芽，孢子发芽是寄生虫研究中有趣而引人注目的生物学现象之一。首先孢子要积累巨大能量，然后进行其独特的感染过程，即孢子在外界一定环境刺激下，弹出极丝将感染性的孢原质注入宿主细胞内。迄今为止，对极管刺入宿主细胞有两种假说：一种假说认为孢子弹出极丝，利用孢子弹出时的力量刺穿宿主细胞膜[33]；另一种假说认为，兔脑炎微孢子虫极管上的极管蛋白 PTP1 存在氧糖基化修饰[48]，孢子发芽弹出的极管蛋白糖基与宿主细胞膜上的蛋白相互作用进入宿主细胞[49]。从以上两种假说可以看出，在孢子侵染宿主细胞时，首先孢子黏附于宿主细胞，然后极丝将有感染力的孢原质注入到宿主细胞内进行繁殖。孢子在宿主细胞内繁殖发育后，受感染细胞破裂后将成熟孢子释放到细胞外环境中[47]。以上是微孢子虫进行感染的其中一种方式，另外，微孢子虫也可以通过吞噬作用被吞噬细胞或非吞噬细胞吞噬[50-52]。2005 年，Franzen 等人在研究 *E. cuniculi* 侵染宿主细胞和孢子在细胞内的发育时，发现孢子在弹出极丝之前进入寄主细胞。孢子通过吞噬作用进入细胞后形成内涵体，接着转化成溶菌体[52]，如图 1.5 所示。在家蚕微孢子虫研究中发现，NbSWP5 保护孢子不被宿主细胞吞噬，使孢子能够逃避宿主细胞的吞噬[53]。

微孢子虫进行感染的两个首要环节就是孢子受到环境刺激后激活，然后进行发芽。不同种类微孢子虫所需的激活条件不同，同时不同种微孢子虫孢原质的释放所需条件也千差万别，理化因子影响较大，其中环境中 pH 值、Ca^{2+}浓度、孢子内部渗透压对孢子激活影响最为重要。在 20 ℃时，家蚕微孢子虫孢子在 pH 值为 9.0~11.0 之间时发芽最显著。

在外界环境一定刺激后，微孢子虫被激活，孢壁通透性改变，外界环境中水分大量进入孢原质内部，使极膜层变得肿胀膨大，对孢原质内其他细胞器形成强大的压力，极管从孢子壁最薄弱的锚定盘弹出，瞬间完成极管的外翻。此过程孢壁的破裂可能与几丁质酶降解孢子内壁的几丁质层和类枯草芽孢杆菌蛋白酶（subtilisin-like protease，SLP）降解孢壁相关。2012 年，党晓群博士对家蚕微孢子虫类枯草杆菌蛋白酶（NbSLP1）进行了鉴定、定位和功能分析，通过定位分析发现在成熟孢子中 NbSLP1 位于孢壁；孢子发芽后，NbSLP1 的成熟酶位于

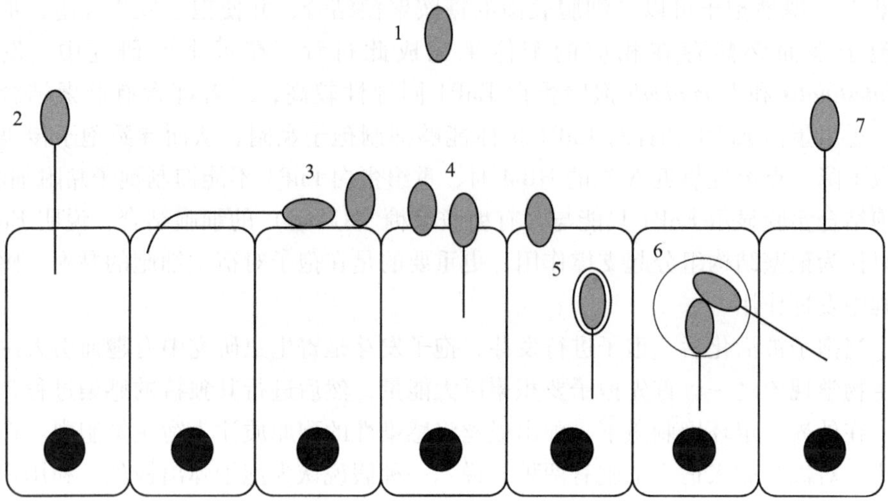

图 1.5　微孢子虫入侵细胞的假说[54]

1—自由孢子；2—极管弹出并刺破宿主细胞膜，将孢原质注入宿主细胞；3—孢子和宿主细胞膜相互作用，促使极管弹出，孢原质被宿主细胞膜衍生的空泡吞噬；4—孢子与宿主细胞膜相互作用使胞吞作用开始，弹出的极管刺穿宿主细胞膜并将孢原质注射到宿主细胞里；5—孢子的吞噬作用以及孢原质通过极管从成熟的吞噬/内吞/溶酶体系统中释放出来；6—二次感染；7—弹出极管后的吞噬作用

孢子顶端，推测当孢子发芽时，该酶可能被激活成为成熟酶，水解固定盘相关蛋白，以利于孢子极丝的弹出[55]。在极管外翻时，极管蛋白 PTP3 不断地聚合包裹于极管外；同时，极管蛋白 PTP1、PTP2 和 PTP3 之间存在相互作用，组装成极管[56]；随后，极膜层进入极管，后极泡肿胀膨大，产生的压力将核和其他细胞器挤入极管内，最后完成整个孢原质入侵宿主细胞过程，如图 1.6 所示。此外，2017 年，Han 等人从海伦脑炎微孢子虫（*E. hellem*）中鉴定了 1 个新型极管蛋白 PTP4，其与宿主转铁蛋白受体（Transferrin receptor 1，TfR1）结合，显著增强与宿主细胞的黏附与入侵效率[57]。

随着对微孢子虫极管蛋白和孢壁蛋白的研究深入，发现在家蚕微孢子虫中，孢壁蛋白 NbSWP5 与极管蛋白 PTP2 和 PTP3 之间存在相互作用；在成熟孢子中，极管可能依靠 NbSWP5 螺旋排列在孢子内，在孢子受到外界刺激时，NbSWP5 从孢壁上脱落，随极管一起被弹出[53]，弹出极管将孢原质经过极管注入宿主细胞的孢原质，进入体内的发育阶段[1]。因此，目前认为孢子极丝弹出及宿主细胞感染的事件共有 5 个步骤：（1）孢子与宿主细胞的识别和黏附；（2）孢子受到外界环境刺激而被激活；（3）孢子内的渗透压升高；（4）极丝外翻弹出；（5）孢原质经极管进入到宿主细胞中。最新研究发现，除孢壁和极管参与孢子侵染宿主外，微孢子虫还可通过分泌丝氨酸蛋白酶抑制剂（Serpin）NbSPN14，抑制宿主家蚕（*Bombyx mori*，*B. mori*）细胞 Caspase-BmICE（*B. mori* 中的 Caspase 3 同源物）活性，阻止细胞凋亡，为其增殖提供更稳定的胞内环境[58]。

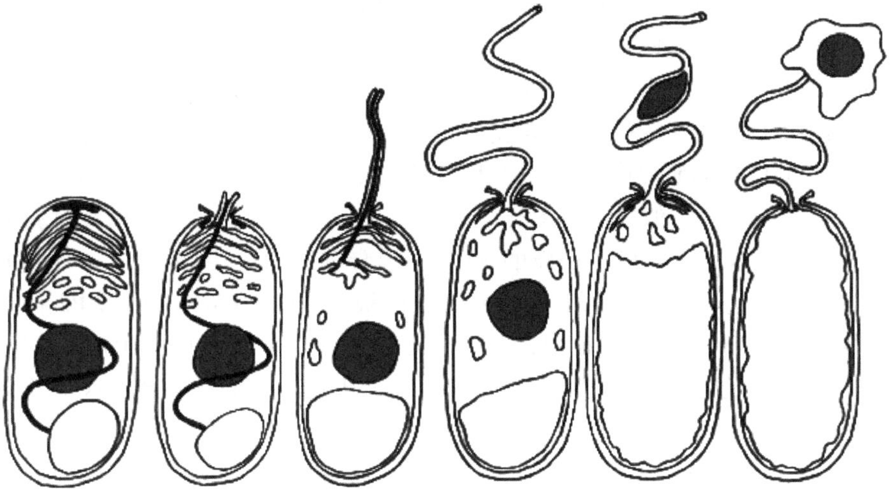

图 1.6 在微孢子虫孢子发芽过程中极管的弹出[8]

（a）休眠孢子；（b）极胞体和后部液泡膨胀，固定盘破裂，极管开始形成并外翻弹出；（c）极管继续外翻；（d）一旦极管完全外翻，孢原质被挤入；（e）从极管弹出；（f）孢原质被挤出极管并被新膜包裹

（黑色代表极丝，灰色代表细胞核，白色代表极胞体和后部液泡）

1.3 原生动物和微孢子虫孢壁蛋白及孢壁构成机制的研究进展

1.3.1 原生动物孢壁蛋白研究进展

原生动物中兰伯氏贾第虫（*Giardia lamblia*）是引起腹泻的主要病原，只靠日常卫生无法杜绝，该病原随口传播[59-61]。目前，贾第虫（*Giardia*）在发展中国家和发达国家都是一个重要的病原之一。兰伯氏贾第虫的生活史包括滋养体（Trophozoite）和包囊（Cyst），在成熟包囊中含有 4 个核，是贾第虫的感染和诊断阶段[62]。

目前，在包囊壁上只发现 3 个包囊壁蛋白（Cyst wall protein）。在包囊形成的过程中，CWP1 未到达囊壁时，其表达水平开始明显增高，存在于被包囊包裹的滋养体形成包囊中特有的囊泡中（Encystation-secretory vesicles）。在滋养体转变为包囊的过程中，CWP1 转录水平上调 100 多倍，并在诱导包囊形成的 5~24 h 达到最高。CWP1 是富含亮氨酸（Leucine-rich repeat）的酸性蛋白质，分子量为

26 kDa，在 N 端含有 1 个疏水的信号肽，此序列将 CWP1 靶向分泌器官；在包囊形成的过程中，将 CWP1 分泌到包囊壁上，最后形成囊壁[63]。2000 年，Hehl 等人将 CWP1 序列分为 4 部分，分别与报告基因绿色荧光蛋白（Green fluorescent protein）连接并转染贾第虫，通过研究发现，CWP1 的 N 端区域的作用是将 GFP 靶向分泌到细胞器的区室中；富含亮氨酸的中间区域主要介导 CWP1 与囊壁的结合[64]。在 2007 年的研究中发现，CWP1 的转录激活是需要 ARID/Bright（AT-rich interaction domain）类似的蛋白参与[65]。在鉴定 CWP1 的同年，利用针对囊壁抗原的单克隆抗体，又获得一个新的 39 kDa 包囊壁蛋白——CWP2；与 CWP1 相似，CWP2 也在包囊形成的过程中表达，在刚被合成时，CWP1 和 CWP2 存在于包囊形成过程特有的分泌颗粒中，在到达囊壁之前二者形成 1 种稳定的复合物。CWP1 和 CWP2 包含 5 个富含亮氨酸（24 个氨基酸）的重复序列，这个基序可能在蛋白质-蛋白质相互作用中发挥作用。与 CWP1 不同的是，在 CWP2 的 C 端含有 121 个氨基酸，可能与将此蛋白分选到分泌颗粒中有关[66]。2003 年，Sun 等人在贾第虫中新鉴定了 5 个包含 LRR 的蛋白，后来发现这 5 个蛋白中只有 CWP3 在包囊形成和囊壁形成中上调表达。序列比对发现，CWP3 虽然与 CWP1 和 CWP2 差异较大，但序列中的 LRRs、14 个半胱氨酸和 44 个氨基酸的侧翼区是保守的。在包囊形成的过程中，CWP3 通过特有的 ESVs 分泌路径到达囊壁上，通过缺失序列中的 LRR 发现，缺失 C 端区域，在 ESVs 中仅有很少 CWP3 存在，在包囊上没有此蛋白存在；缺失信号肽和 LRRs 之间的 44 个氨基酸以及 C 端到 LRRs 之间的区域时，细胞中仅有 50% ESVs 含有 CWP3、囊壁上的 CWP3 也减少 50%。因此，在 CWP3 中，序列中的每部分在将 CWP3 靶向调节型的分泌途径和包囊壁上都发挥重要作用[67]。

2010 年，Chatterjee 等人利用碱煮沸法提取获得贾第虫的脱蛋白乙酰半乳糖胺聚合物（deproteinated acetylglucosamine homopolymer），并且发现天然蛋白 CWP1 和 CWP2 都能与获得的 GalNAc 聚合物结合；同时，重组蛋白 CWP1 也能够与包囊形成过程中的 GalNAc 聚合物结合，与麦芽糖结合蛋白标签融合的全长 CWP1 和 CWP1 的 N 端不包括信号肽的 LRR 区域也能与 GalNAc 聚合物结合，而 CWP1 富含半胱氨酸的 C 端区域（C-terminal Cys-rich regions）不能与 GalNAc 聚合物结合。在贾第虫脱囊（Excystation）过程中，囊壁上的 GalNAc 聚合物纤维丝暴露出来，在体外利用糜蛋白酶（Chymotrypsin）处理灭活的包囊时，GalNAc 聚合物纤维丝也被暴露。此外，脱蛋白的 GalNAc 聚合物能够被包囊时期的提取物降解，而不能被滋养体时期的提取物降解。研究证明 CWP1 是一种凝集素（Lectin），在贾第虫出囊的过程中，宿主或是贾第虫自身的蛋白酶能够将与 GalNAc 聚合物结合的蛋白降解而使纤维丝暴露，同时，这些纤维丝能够被阶段特异性的糖蛋白酶降解[68]。

溶组织内阿米巴（*Entamoeba histolytica*）又称痢疾阿米巴，主要寄生于结肠，引起阿米巴痢疾，也可侵染肝、肺、脑等器官，其生活史主要包括滋养体和包囊两个时期。阿米巴表面的蛋白质成分（Surface proteins），在阿米巴与宿主的相互作用中发挥重要作用，在阿米巴侵染宿主的过程中，这种相互作用是必不可少的。以前的研究中，在滋养体时期共鉴定了 20 多个表面蛋白，其中 EhADH112 蛋白是一个含有 Bro1 结构域蛋白，主要参与胞内分选，介导多泡体合成[69]；另一个是半胱氨酸肽酶 EhCP112（EhCP-B9），并且发现 EhADH112 和 EhCP112 能形成一个 112 kDa 的黏附素（Adhesion）[70]。1982 年，发现了一个与甘露糖结合的凝集素[71]。1990 年，Stanley 在 *E. histolytica* 中发现一个富含丝氨酸（Serine）的蛋白，在此蛋白内部含有多个串联重复序列，并证明该蛋白是一个天然免疫原性蛋白[72]；同年，Torian 等人通过 cDNA 文库筛选到 1 个大小为 29 kDa 的蛋白，定位于质膜表面[73]。1998 年，Jacobs 等人在半胱氨酸蛋白酶家族发现一个定位于 *E. histolytica* 孢原质膜上的成员——CP5，其可能破坏宿主的组织[74]；同年，研究者在 *E. histolytica* 中发现 1 个新的基因家族——*Ariel*，编码富含天冬酰胺（Asparagine）的抗原，这些抗原类似于阿米巴虫中富含丝氨酸的蛋白，这些蛋白是阿米巴的候选疫苗[75]。1999 年，Ghosh 等人发现阿米巴虫几丁质酶（Chitinase）能够定位于分泌小泡（Secretory Vesicles）、内质网（Endoplasmic Reticulum）、高尔基体（Golgi Apparatus）等细胞器中，暗示阿米巴中含有类似于真核生物的分泌途径[76]。2002 年，Que 等人研究发现两个半胱氨酸蛋白酶 ACP1（EhCP3）和 ACP2（EhCP2），在吞噬细胞的过程中，ACP1 和 ACP2 被招募到吞噬小泡中发挥作用[77]。2005 年，Seigneur 等人发现一个富含赖氨酸（Lysine）和谷氨酸（Glutamic acid）的 KERP1 蛋白，定位于质膜和滋养体的囊泡中，重组蛋白能够与肠上皮细胞表面结合（Epithelial cell），并且能在滋养体和肠细胞之间的间隙中传递[78]。2006 年，Davis 在 *E. histolytica* 中新鉴定了类似 Bsp-A 家族的表面蛋白，并且发现这些表面蛋白包含有特殊的富含亮氨酸区域[79]。2007 年，有研究鉴定了两个与胞外分泌有关的蛋白质 syntaxin-1 和 SNAP-25，二者在囊泡和孢原质膜上都有分布[80]；同年，Wender 等人鉴定了 *E. histolytica* 中的第一个 EhLimA，定位于质膜，此蛋白可能与质膜形成有关[81]。2008 年，Boettner 在 *E. histolytica* 跨膜激酶（Transmembrane kinase）家族中发现 PATMK96（Phagosome-associated TMK），研究发现其在阿米巴吞噬红细胞的过程中发挥作用，并且在阿米巴侵染肠道中发挥独一无二的作用[82]。2009 年，Davis 等人发现一个乙醇脱氢酶 EhADH3（Alcohol dehydrogenase 3），*E. histolytica* 和迪斯帕内阿米巴（*Entamoeba dispar*）都含有此酶，在 *E. histolytica* 中定位于质膜上，与毒性相关[83]。2010 年，Moreno 鉴定了一个 22 kDa 且位于质膜表面的磷脂结合蛋白—EhC2A，此蛋白依赖 Ca^{2+} 介导 URE3-BP（Upstream regulatory element 3-

binding protein）到达阿米巴的质膜上[84]；同年，Buss 等人又发现了 TMK39 和 TMK54 两个蛋白，二者在阿米巴内发挥着不同的功能[85]，Baxt 等人通过下调 E. histolytica 的 EhROM1（Rhomboid Protease）表达 95%，发现阿米巴的黏附和吞噬能力下降[86]。2012 年，Vaithilingam 等人在 *E. histolytica* 表面发现一个钙网蛋白（Calreticulin），能与人 C1q 结合，并在阿米巴对宿主细胞的吞噬作用中发挥作用[87]；同年，研究者发现 1 个 24.5 kDa 的 EhRab7 能够与阿米巴牵连蛋白受体 β1EhFNR（Amoebic fibronectin receptor）以及肌动蛋白（Actin）在质膜上共定位，可能存在相互作用，并且在牵连蛋白与滋养体相互作用的过程中诱导 A1EhFNR 的重新分布中起作用[88]；Teixeira 等人在 *E. histolytica* 膜上鉴定 1 个金属蛋白酶 EhMSP-1（Metallosurface protease 1），在阿米巴与宿主细胞的黏附以及对细胞运动、破坏单层细胞、吞噬细胞的调控中发挥作用[89]。2014 年，Biller 等人利用生物素标记法和质谱技术对 *E. histolytica* 的表面蛋白质组进行了分析，发现大部分蛋白质都是阿米巴表面蛋白，将为以后研究奠定基础[90]。因此，*E. histolytica* 的表面蛋白主要参与其自身的质膜形成、对宿主细胞的吞噬作用和黏附，参考这些表面蛋白的研究将有助于阐述微孢子虫孢壁蛋白在侵染宿主中的作用机制。

溶组织内阿米巴原虫的感染和诊断阶段是包囊时期[91,92]。在侵袭内阿米巴（*Entamoeba invadens*）囊壁上含有 3 个与几丁质结合的凝集素：分别为 Jacob、Jessie 和 几丁质酶（Chitinase）[93,94]。其中，*E. invadens Jacob* 凝集素包含 3~6 个串联排列的几丁质结合域（Chitin-binding domains），每个 CBD 含有 6 个半胱氨酸残基。在 CBDs 之间含有半胱氨酸蛋白酶切割位点和丝氨酸残基，这些残基被通过 O-磷酸二酯键连接的糖链修饰[94]；*E. invadens Jessie* 凝集素和几丁质酶都含有 1 个 N 端的 CBD，在 CBD 中含有 8 个半胱氨酸残基[95-97]。此外，Jessie3 凝集素还含有 1 个能够自我聚合的结构域，在聚合几丁质纤维中发挥作用[98]。在 *E. histolytica* 中，Jacob1 凝集素有两个 CBDs，在转染滋养体中表达的重组蛋白 EhJacob1 能够与几丁质结合；同样，在 Chitinase、Jessie2 和 Jessie3 N 端都含有 CBDs，都能与几丁质结合[97]。在包囊形成过程，几丁质酶、Jessie 和 Jacob 凝集素都有表达[99]，说明在包囊壁形成过程中发挥作用。

弓形虫（*Toxoplasma gondii*）是专性寄生的顶覆门寄生虫（Apicomplexan parasites），主要分为 6 种形态的发育阶段：滋养体（Trophozoite）、包囊（Cyst）、假包囊（Pseudocyst）、裂殖体（Schizont）、配子体（Gametophytype）和卵囊（Oocyst），其中滋养体、包囊、假包囊和卵囊与传播和致病性有关[100,101]。在 *T. gondii* 分子生物学方面的研究中，很大一部分精力集中在对表面抗原 SAG（Surface antigens）、SRS（SAG1-related sequences）和 SUSA（SAG-unrelated surface antigens）的研究中，SRS 家族蛋白主要分为两部分：一部分是与 SAG1 序

列同源的家族，分别为 SAG1、SAG3、SRS1-SRS4、BSR4；另一部分是与 SAG2 序列同源的家族，为 SAG2-ABCDXY[102,103]，此外，这些表面抗原是 GPI 锚定蛋白（Glycosylphosphatidylinositol-anchored proteins）[104]。SAG 在 T. *gondii* 黏附宿主细胞以及逃避宿主免疫过程中发挥作用，同时这些表面抗原具有表达时期特异性，SAG1、SAG2A、SAG2B、SAG3、SRS1、SRS2 和 SRS3 主要在速殖子的表面表达[105]。SAG2 家族中的蛋白参与 *T. gondii* 对宿主细胞的侵染过程，这些蛋白的抗体能够封闭 *T. gondii* 表面抗原表位阻止对宿主细胞黏附[106,107]。研究发现，在缺失 *T. gondii*SAG2C、-2D、-2X 和-2Y 这一簇基因时，弓形虫不能在脑中进行慢性感染，这些结果说明 SAG2CDXY 在包囊持续存在于脑中以及缓殖子逃避宿主免疫密切相关。与 SAG2A 和 SAG2B 相比，SAG2C、-2D、-2X 和-2Y 主要在缓殖子表面表达[108,109]。在对 SAG1 和 SAG3 的研究中发现，SAG3 在 *T. gondii* 与宿主细胞黏附中作为配体识别和黏附宿主细胞，缺失 SAG3 时，*T. gondii* 的毒性降低[110]，随后发现重组蛋白 SAG3 能够与细胞上的硫酸肝素蛋白聚糖结合（Heparan sulfate proteoglycans），而 SAG1 不能与 HSPGs 结合，SAG3 介导了 *T. gondii* 与宿主细胞黏附，在黏附过程中与细胞表面的蛋白聚糖结合，SAG3 是第一个在弓形虫中被证明能与糖胺聚糖结合的蛋白[111]。在对 SAG2A 研究中，该蛋白分子量大小为 22 kDa，在感染 *T. gondii* 宿主细胞的免疫过程中发挥重要作用，能够作为诊断和治疗感染过程的靶标[112]。在弓形虫中包含有微线体（Micronemes），研究发现微线体蛋白 MIC1 上含有两个类似于受体的结合区域（Receptor-like domain），能够结合到宿主细胞表面，可能在 *T. gondii* 侵染宿主细胞结合和识别中发挥作用[113]。

弓形虫包囊内部含有缓殖子，囊壁（Cyst wall）坚韧而富有弹性，在囊壁上含有大量蛋白，研究发现在囊壁上发现一个囊壁蛋白（Cyst wall protein 1，CST1），此蛋白是在缓殖子发育过程中产生的；通过单克隆抗体被发现，含有糖链，能够与双花扁豆凝集素（Dolichos bifloranslectin，DBA）结合，说明该蛋白是糖蛋白，可能在囊壁的稳定和持续存在于宿主细胞发挥作用[114]。2013 年，Tomita 等人对 CST1 进行了鉴定，CST1 分子量为 250 kDa ，含有 1 个类似黏蛋白的结构域（Mucin domain），属于 SRS 类蛋白，并且为糖蛋白，含有 N-乙酰半乳糖胺（N-acetylgalactosamine），CST1 定位于囊壁上，但是在速殖子中没有发现此蛋白，缺失 CST1 导致包囊数量减少以及包囊中的囊壁变薄和易被破坏，将 CST1 转入后可以回复突变，CST1 的黏蛋白结构域与正常囊壁结构的形成、包囊抵抗外界机械压力、与 DBA 结合形成囊壁有关，CST1 可能是一个关键的囊壁结构成分，维持缓殖子的形态[115]；另外，一个囊壁蛋白是 TgPPG（proteophosphoglycan），在囊壁上表达且是高度糖基化的，缺失 TgPPG 导致囊壁和速殖子转化推迟，转入此基因后只能回复囊壁形成，而不能回复裂殖子的分化[116]；通过转录组分析脑中包囊获得两个不同的囊壁蛋白 BPK1（Bradyzoite Pseudokinase 1）和 MCP4（Microneme Adhesive Repeat domain-containing protein 4）[117]，后来研究发现 BPK1 在经口传播中发挥重要作用[118]；最后，几个 GRA 蛋白定位于包含有缓殖子的囊壁上，同时也定位在速殖子和缓殖子的致密颗粒上（Dense granules）[119]，GRA6 缺失影响包囊的破裂[120]。

疟原虫（*Plasmodium*）是引起疟疾的病原，在疟原虫的超微结构研究中发现裂殖子（merozoite）表面由一层厚厚的纤维壳组成，这层壳由全部的外周膜蛋白组成，即裂殖子表面蛋白（Merozoitesurface proteins，MSPs）。研究报道，裂殖子表面蛋白介导了寄生虫与红细胞（Red blood cell，RBC）最初相当不牢固可逆的相互作用，而顶端细胞器分泌其他蛋白来介导寄生虫与宿主之间强烈不可逆的相互作用，并且形成寄生虫与宿主细胞的连接处。裂殖子表面蛋白至少包括 8 个膜结合蛋白，其通过磷脂酰肌醇锚定位点与膜结合（Glycosylphosphatidyl inositol（GPI）anchor site）；另外，还含有几个外周膜蛋白（Peripheral membrane proteins），其可能与内周膜蛋白（Integral membrane proteins）存在相互作用。外周膜蛋白分为两类：一类是与一个内膜蛋白紧密结合；另一类中的大部分蛋白是寄生泡膜（Parasitophorous vacuole，PV）上的可溶性蛋白，这些蛋白也与 MSPs 存在相互作用。已知的 MSPs 数量不断增加，但是这些蛋白研究主要是基于基因的时空转录、蛋白质组分析、信号肽的分析以及利用抗体或荧光标签对蛋白的定位[121]。

恶性疟原虫（*Plasmodium falciparum*，*P. falciparum or Pf*）膜蛋白包括 MSP1、-2、-4、-5、-10、Pf12、Pf38 和 Pf92；据报道这些蛋白都是 GPI 锚定蛋白[122,123]，外周蛋白包括 MSP3、-6 和 -7。恶性疟原虫中含量最丰富的表面蛋白是 MSP1、-6 和 -7 构成的一种非共价复合物。在这种表面复合物中，MSP1 由 4 个多肽片段组成：1 个 83 kDa N 端片段（$MSP1_{83}$）、30 kDa 和 38 kDa（$MSP1_{30}$和 $MSP1_{38}$）2 个中间片段以及 1 个含有 GPI 锚定位点的 C 端 42 kDa（$MSP1_{42}$）片段。此外，在这种复合物中还含有起源于 MSP6 和 MSP7 的 $MSP6_{36}$和 $MSP7_{22}$蛋白[124-126]。

近 30 年来对于 MSP1 的研究，主要集中在生物化学、抗原结构和二形性以及其免疫原性等方面，但是对 MSP1 或其他 MSPs 蛋白在疟原虫侵染红细胞（RBC）及其在红细胞内繁殖的功能知之甚少。有报道称 MSP1 在侵染红细胞时首先直接（或）与其他寄生泡蛋白一起结合到红细胞表面，但是互作分子特性和特殊的结构基础还有待研究。此外，还有报道发现 MSP1 和其被酶剪切片段能够结合红细胞表面的唾液酸[127]和蛋白质[128]。同样地，来源于 MSP6[129]和 MSP7[130]的肽段也能够结合到红细胞表面。

在裂殖子侵染红细胞过程中，这个有多组分的复合物从疟原虫表面脱落下来，目前有确凿的证据证明在这个过程中 MSP-1 起着较重要的作用[131]，但是分子机制还不清楚。在裂殖生殖时期，MSP1 就以 1 个 195 kDa 的前体开始合成分布在裂殖体表面[132]，随后在成熟过程中经历一系列的蛋白酶水解过程[133,134]：首先，在裂殖子从宿主细胞出来时经过类枯草杆菌蛋白酶 1（SUB1）水解成 4 个多肽片段，分别为 $MSP1_{83}$、$MSP1_{30}$、$MSP1_{38}$ 和 $MSP1_{42}$[135,136]；接下来，多组分 MSP1 复合物在裂殖子侵染 RBC 被类枯草杆菌蛋白酶 2 进一步水解[137]，将 $MSP1_{42}$水解为可溶形式的 $MSP1_{33}$和 C 端 GPI 锚定位点 $MSP1_{19}$。$MSP1_{33}$从裂殖子表面脱落下来，而 $MSP1_{19}$保留在裂殖子表面并被带入新入侵的红细胞内[138]，随后 $MSP1_{19}$被迅速转运到发育中的食物泡中，一直保持到裂殖子完成细胞内发育后被以废物清除[139]。2013 年，Kobayashi 等人分析了 *P. falciparum* 顶端表面蛋白（Apical Surface Proteins）与肝素的相互作用，发现肝素能够掩蔽裂殖子顶端表面，并且能够阻断裂殖子与红细胞膜（erythrocyte membrane）黏附以后的进一步相互作用[140]。在疟原虫的侵染中，每一步都需要不同的蛋白，最初的黏附阶段，MSPs 发挥主要功能[141]，在与红细胞黏附后，*P. falciparum* 顶端膜抗原 1（Apical membrane antigen-1）与棒状体蛋白（Rhoptry neck proteins）存在相互作用，在激发[142]侵染的过程中发挥作用[143]。此外，有研究发现子孢子和速殖子分别利用不同的旁系同源蛋白 AMA1 和 RON2 侵入宿主细胞，可能由于不同环境所致[144]。在对 AMA1 进一步研究中发现，分别利用不含有 AMA1 的 *P. falciparum* 裂殖子和子孢子以及 *T. gondii* 速殖子侵染细胞时，*P. falciparum* 裂殖子和 *T. gondii* 速殖子不能黏附宿主细胞，但是三者都能正常进入宿主细胞。因此，AMA1 介导顶覆门寄生虫的黏附，是一个黏附素，而对寄生虫的入侵不是必需的[145]。

1.3.2 微孢子虫孢壁蛋白研究进展

微孢子虫的孢壁主要由纤维状几丁质结构和孢壁蛋白构成，孢壁蛋白是最直接与宿主接触的部分，在孢子感受外界环境刺激、孢子识别以及侵染宿主细胞中发挥极其重要的作用。由于微孢子虫表面有一层厚厚的孢壁结构，因此使研究者较难提取并获得孢壁蛋白。目前，主要通过两种方法提取孢壁蛋白：一种是孢子发芽法，将一定量孢子置于合适的溶液中弹出极管，同时孢原质被弹出，收集发芽空壳，再加入变性剂、还原剂或去垢剂等抽提获得孢壁蛋白，常用 0.1 mol/L K_2CO_3使孢子发芽[146,147]；另一种方法是物理破碎法，较常用的是玻璃珠（150~212 μm）与孢子混合振荡破碎，最后提取孢子蛋白[148]。

一直以来，研究者们致力于孢壁蛋白的提取以及鉴定的研究中。目前，国内外学者共鉴定 14 个孢壁蛋白，这些孢壁蛋白主要集中在 *Encephalitozoon* 属和 *Nosema* 属，在 *Encephalitozoon* 属中有 8 个，*Nosema* 属中有 6 个。2000 年，Bohne

等人在 *E. cuniculi* 中鉴定出了 EcSWP1，该蛋白大小为 51 kDa，在羧基端含有富含丝氨酸和甘氨酸的串联重复片段；EcSWP1 在 *E. cuniculi* 中是单拷贝基因，并且比较保守，在 *E. intestinalis* 和脑炎微孢子虫（*Encephalitozoon hellem*）都有 SWP1 的同源基因存在；此蛋白在裂殖子时期没有表达，从母孢子时期开始表达，定位在成熟孢子外壁上[16]；2001 年，Hayman 等人在 *E. intestinalis* 的孢壁中鉴定出两个孢壁蛋白 EiSWP1 和 EiSWP2，大小分别为 51 kDa 和 150 kDa；EiSWP2 是糖蛋白，EiSWP1 和 EiSWP2 序列相似度比较高，在 N 端含有 10 个半胱氨酸，二者可能发挥相似功能。其中，SWP1 在发育中的母孢子中含量较高，而在成熟孢子中表达量较低；SWP2 在母孢子和成熟孢子中都有表达，但在成熟微孢子中含量比 SWP1 高；二者都定位在成熟孢子外壁上[17]；2005 年，Brosson 等人在 *E. cunicul*i 中发现了一个 33 kDa 的几丁质脱乙酰基酶（EcCDA），在孢子发育早期，EcCDA 存在于质膜上，其主要定位于成熟孢子孢原质膜和孢子内壁的相接处[149]；2006 年，Peuvel-Fanget I 等人在 *E. cuniculi* 中鉴定了 2 个孢壁蛋白 EcEnP1 和 EcEnP2，分子量大小分别为 40 kDa 和 22 kDa。在整个生活周期中都有表达，EcEnP1 氨基酸序列富含有半胱氨酸，可能与孢壁组装中二硫键的形成有关；EcEnP2 富含丝氨酸，预测为 O-糖基化和 GPI 锚定蛋白，等电点为 8.74，二者都定位于成熟孢子内壁上[18]；2006 年，Xu 等人在 *E. cuniculi* 中鉴定出 EcSWP3，分子量小于 20 kDa，序列预测内部含有信号肽，存在 GPI 锚定位点，并且含有几个潜在的 O-糖基化位点，存在于母孢子表面，但定位于成熟孢子内壁[20]；2007 年，Southern 等人也在 *E. cuniculi* 和 *E. intestinalis* 中鉴定出 EcEnP1 和 EiEnP1，二者同源性较高，并定位于孢子内壁、孢子外壁以及极膜层，在锚定盘区域含量丰富，此区域是孢子发芽弹出极管的位置，在二者序列中含有肝素结合基序（Heparin-binding motifs），重组蛋白 EnP1 和针对 EnP1 抗体能够抑制孢子黏附，从而导致孢子侵染细胞数下降；点突变靠近 N 端的 HBM 时，重组蛋白 EnP1 不能抑制孢子黏附细胞，细胞结合实验显示 EnP1 只能够与含有糖胺聚糖（GAGs）细胞结合，说明 EnP1 不只作为孢壁结构组分起支撑作用，更重要的是在孢子对宿主细胞的黏附、感染过程中起作用[19]。2025 年，Wang 等人从 *Nosema ceranae* 中鉴定出新型孢子壁蛋白 NcSWP8，研究表明它能够与极管蛋白相互作用，显著影响孢子感染过程[150]。

对于寄生在经济昆虫家蚕中的家蚕微孢子虫而言，也集中于对孢壁蛋白的研究。2000 年，崔红娟等人采用 SDS 法提取家蚕微孢子虫孢壁蛋白，通过 HPLC 分离纯化得到了三种孢壁蛋白 P32.7、P30.4 和 P25.3，获得了 P30.4 部分编码序列，提出孢壁蛋白与家蚕的致病性有关[23,151]。2008 年，吴正理等人通过蛋白质组学方法结合质谱技术在家蚕微孢子虫中鉴定得到 14 个假定孢壁蛋白[35]，通过免疫定位鉴定了 3 个孢壁蛋白：SWP1、SWP32 和 SWP25，SWP32 和 SWP25 均含有肝素结合基序；而 SWP1 无肝素结合基序；免疫电镜定位结果显示 SWP32 位于家蚕微孢子虫外壁，SWP25 和 SWP1 位于内壁，并且发现 SWP25 可能不参与孢子黏附和侵染过程[15]，SWP32 定位说明此蛋白在孢子的侵染过程中发挥重要作用，可能与孢子识别宿主细胞表面的某些特殊受体以及与细胞发生黏附有关，参与孢子与宿主细胞的黏附过程和孢子的激活过程[14]。随后，耿莉娜等人利用 Pro-Q® Emerald 300 糖蛋白染色试剂盒和 HRP-Con A 进行 lectin blotting，对 2-D PAGE 胶上的糖蛋白进行染色，经 MALDI-TOF/TOF-MS 鉴定表明 30 kDa 附近的糖蛋白质点为假定蛋白 NBO_591g0002 和孢壁蛋白 SWP1（SWP30），推测 SWP1（SWP30）不只起孢子细胞的骨架作用，还可能在孢子侵染中发挥作用[152]。李艳红等人利用微孢子虫蛋白为抗原，制备获得单克隆抗体，经过免疫沉淀发现其中的一个目的蛋白定位于成熟孢子内壁，重组蛋白 SWP26 对孢子黏附和侵染有一定的抑制作用，并且证明此抑制作用是通过 SWP26 中的 HBM 完成的，互作研究发现 SWP26 与家蚕中的软骨素 4-硫转移酶和表皮蛋白存在相互作用[22,153]。2011 年，Cai 等人在家蚕微孢子虫中新鉴定了一个孢壁蛋白 NbSWP5，主要定位于孢子外壁，并且发现该蛋白能够保护孢子免受昆虫巨噬细胞吞噬[46]。2012 年，Li 等人进一步对 NbSWP5 分析发现，该蛋白除了定位于孢子外壁以外，有一部分 NbSWP5 还分布在极管区域；通过免疫共沉淀和免疫荧光分析发现，NbSWP5 与极管蛋白之间存在相互作用，该蛋白可能在极管的排列固定以及极管弹出中发挥重要作用，并且针对 NbSWP5 的抗体对孢子发芽有一定抑制作用[53,154]。2011 年，马成等人在家蚕微孢子虫鉴定出两个孢壁蛋白 NbSWP14 和 NbSWP15，二者同源性较高，并且定位于成熟孢子孢壁上，NbSWP15 在孢子黏附到宿主细胞中发挥一定作用[155]。2013 年，在家蚕微孢子虫鉴定了一个含有 Bar（Bin-Amphilphysin-Rvs）结构域的孢壁蛋白 NbSWP12，NbSWP12 能够与家蚕微孢子虫的脱蛋白几丁质壳结合，可能在孢壁的组装中发挥作用[156]。2014 年，作者在家蚕微孢子虫中鉴定了 1 个含有 dnaJ 结构域的孢壁蛋白 NbHSWP11，其与真菌的 dnaJ 蛋白聚类，具有 98%的同源性，该孢壁蛋白在整个生命周期中均有转录，并且在 N. bombycis 感染的家蚕中，其表达量在 1～7 天内逐渐增加[157]。Wang 等人于 2014 年新鉴定了家蚕微孢子虫孢壁蛋白 NbSWP16，该蛋白中存在一个包含三个富含脯氨酸串联重复的区域，这些重复序列与其他已知蛋白均无同源性，免疫荧光分析显示，在成熟孢子的表面和萌发孢子外壳上均检测到明显的荧光信号[158]。研究表明，许多具有串联重复序列的蛋白质倾向定位于真菌和寄生虫的细胞壁上。在家蚕微孢子虫中，通过扫描具有串联重复序列的蛋白质，研究人员获得了 83 个候选孢子壁蛋白，并进一步鉴定了一种新的孢子壁蛋白 EOB13250，该蛋白在孢子感染后第四天开始表达，进一步丰富了微孢子虫中已鉴定的孢子壁蛋白数量[159]。研究表明，家蚕微孢子虫在卵黄发生期通过卵巢管暴露于血淋巴中，并利用孢壁蛋白 SWP12、SWP26 与 SWP30 可与家蚕卵黄蛋白 BmVg 的结构域（VWD 与 DUF1943）相互作用，协助病原体穿过卵巢屏障并实现卵传垂直传播[160]。

1.3.3 原生动物和微孢子虫孢壁构成机制的研究进展

贾第虫的生活史中含有一个包囊阶段，包囊有一层囊壁，主要由碳水化合物、蛋白质以及通过周质空间将两层外膜和寄生虫质膜分开的膜结构，由纤维结构构成的囊壁外层厚约 0.25 μm。近年来，研究发现贾第虫的纤维成分持续合成并组装成囊壁[161]，并有学者认为纤维状的网络成分主要阻碍大分子进入包囊，包囊膜结构主要控制小分子物质的进入[162]。为了分析囊壁成分对水、离子和小分子的通透性，利用生物化学方法集中对囊壁纤维成分研究发现，纤维成分主要是蛋白质和碳水化合物，主要是由 β-1,3-N-乙酰半乳糖胺构成的聚合物[163-165]，组成纤维结构的 N-乙酰半乳糖胺是经过诱导酶途径将内源半乳糖转变而来的[166]。在包囊囊壁形成过程中，有大量酶的参与，主要包括：葡糖胺-6-磷酸异构酶（Glucosamine-6-phosphate isomerase）、葡糖胺-6-磷酸-N-乙酰基转移酶（Glucosamine-6-phosphate-N-acetylase）、磷酸乙酰葡糖胺变位酶（Phosphoacetylglucosamine mutase）、尿苷二磷酸 N-乙酰葡糖胺焦磷酸化酶（UDP-N-acetylglucosamine pyrophos-phorylase）和尿苷二磷酸乙酰葡糖胺-4′-差向异构酶（UDP-N-acetylglucosamine 4′-epimerase）。然而，这些酶都不能将尿苷二磷酸乙酰半乳糖胺（Uridine-5′-diphospho-N-acetylgalactosamine）碳化合物转变为囊壁纤维结构。随后，研究发现，尿苷-5′-二磷酸 N-乙酰半乳糖胺（UDP-GalNAc）是形成贾第虫囊壁外膜纤维的必需成分，UDP-GalNAc 的合成依靠包囊形成过程中滋养体溶质中的诱导酶来完成[163]。Karr 等人进一步研究发现，这个诱导 UDP-GalNAc 形成囊壁中显微结构的囊壁合成酶（Cyst wall synthase）是 N-乙酰半乳糖胺转移酶（N-acetylgalactosaminyltransferase），此酶能够将 UDP-GalNAc 中的 GalNAc 重新转变为囊壁中的 GalNAc 聚合物；同时发现，CWS 依靠二价阳离子发挥作用，在 Ca^{2+} 和 Mg^{2+} 酶活最高、Co^{2+} 次之、Mn^{2+} 和 Zn^{2+} 较低，在含有二价阳离子螯合剂乙二胺四乙酸二钠（EDTA）时，抑制 CWC 酶活力[167]。成熟的包囊纤维成分不能被 SDS、淀粉转葡糖苷酶、胰蛋白酶、糜蛋白酶、木瓜蛋白酶和链霉蛋白酶降解；但是，能在强酸中被降解[165,168]，通过透射电子显微镜观察发现，贾第虫孢质外的周质空间起源于细胞质中空泡的生长、延长和融合，随着空泡不断变大，空泡将寄生虫包裹，最后形成两层外膜，即第二和第三层膜（CM2 和 CM3），第二层膜包裹着包囊，第三层膜发育为滋养体的新质膜。在成熟的包囊中，滋养体的质膜发育成囊壁的最外层膜结构（CM1）。在脱囊过程中，CM1 和 CM2 相互黏合在一起，并且破裂成碎片，在周质空间留下大量的膜碎片[169]。通过对 β-1,3-N-乙酰葡糖胺构成的聚合物的构象分析发现，有弹性的囊壁是由左旋和右旋分子组成；在固体囊壁中，多聚糖形成有序的螺旋或是内部多个螺旋结构存在链间相互作用，这种作用导致囊壁高度不溶特性[163]。

在包囊形成的过程中，滋养体首先合成囊壁成分，并将囊壁成分运送到滋养体质膜外释放出来组装成囊壁。囊壁上除了 GalNAc 聚合物以外，还有 3 个囊壁蛋白 CWP1-3；在囊壁形成过程中，囊壁蛋白在囊壁的构建中也发挥着至关重要的作用。囊壁蛋白在囊壁上组装之前，合成以后主要存在于包囊合成特有的分泌泡（Encystation-specific secretory vesicles）内，并且通过 ESVs 将 CWPs 分泌到囊壁上，在贾第虫中不含有高尔基体结构，只有一个退化的高尔基体（Minimal Golgi）——ESVs，将预先分选积累的囊壁物质（Cyst wall material）从内质网运送到囊壁上。CWP1 和 CWP2 的序列相似度很高，CWP2 另外含有 121 个氨基酸，在 ESVs 中的 CWP2 分子量大小为 39 kDa，而在囊壁上只有 26 kDa CWP2 存在，在 CWP2 形成包囊前，CWP2 的 13 kDa 被水解[66,170]；同时，CWM 被分为两部分，并分选后持续分泌到囊壁。后来研究发现，CWP2 是被半胱氨酸蛋白酶（Cysteine proteinase）水解，当利用蛋白酶抑制剂抑制该酶时导致 CWP2 被错误分选，在 ESVs 的囊壁成分不能被释放出来而形成囊壁[171]。在对囊壁形成机制进一步研究发现，CWP2 前体被蛋白酶水解后分泌到外层囊壁构成轮廓结构，同时被分为两部分的 CWM 被持续缓慢地分泌到囊壁上构成囊壁；在此过程中，CWM 在囊壁中由液态变为固态浓缩核心，促使 CWM 被分选而持续分泌到囊壁上[172]。最近，Chatterjee 等人利用 1 mol/L NaOH 煮沸法提取获得贾第虫的脱蛋白乙酰半乳糖胺聚合物（GalNAc），获得的包囊上没有蛋白质存在，GalNAc 聚合物交联在一起使包囊也都黏附在一起；NaOH 处理后的纤维成分厚约 5 nm，变得弯曲，表面没有椭圆形蛋白包裹，形成松散的晶格结构，纤维结构不被挤压成窄的二维平面，并变得比未处理囊壁厚，如图 1.7 所示。

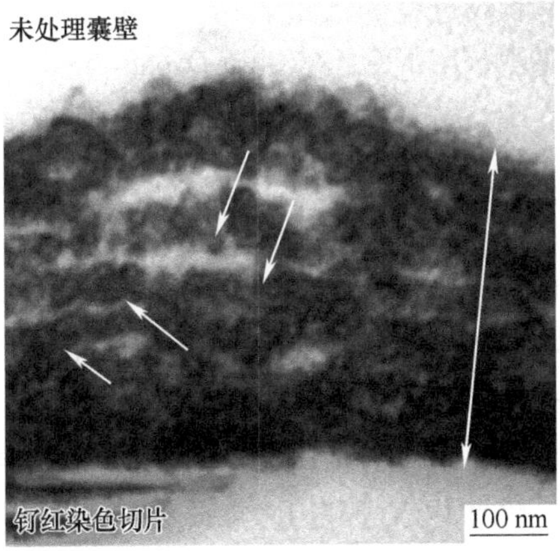

(a)

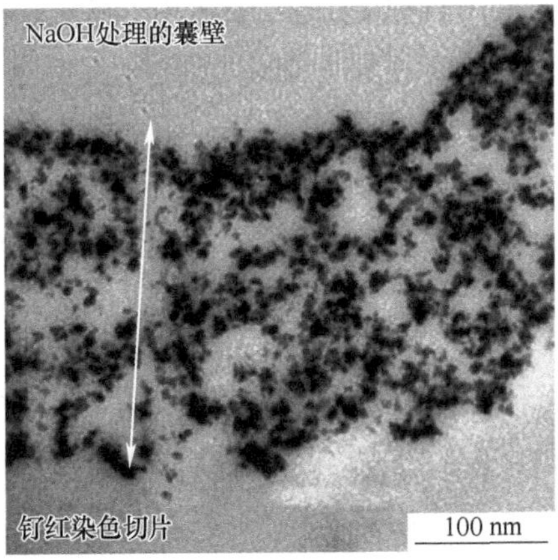

(b)

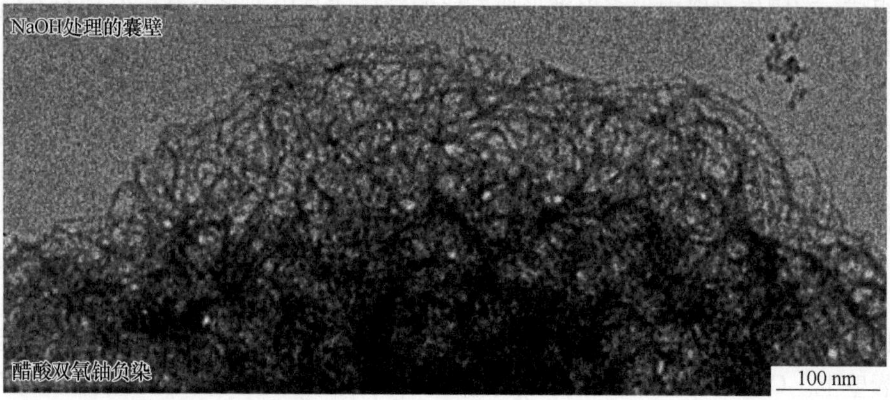

(c)

图 1.7 完整的贾第虫囊壁与氢氧化钠（NaOH）处理囊壁比较[68]

（a）透射电子显微镜观察钌红染色的完整囊壁，囊壁较薄，厚度大约 0.4 μm（双头箭头所示），N-乙酰葡糖胺聚合物形成的纤维结构被线性排列的椭圆形蛋白复合物包裹（单箭头所示）；（b）透射电子显微镜观察钌红染色的 NaOH 处理后的囊壁，NaOH 处理的囊壁变厚，厚度大约 1.2 μm（双头箭头所示），GalNAc 聚合物形成的显微结构不再被线性蛋白覆盖；（c）醋酸双氧铀负染显示 NaOH 处理的囊壁由松散的晶格构成，弯曲的显微结构维持着囊壁上中空球形

此外，WGA 和 DAPI 能够进入处理后的包囊，处理后的包囊不再是易碎的，也不能被超声波破坏。进一步研究发现，CWP1 和 CWP2 能与 GalNAc 聚合物结合，使松散的纤维结构压缩成一层紧密的平面，在贾第虫出囊的过程，宿主或是贾第虫自身的蛋白酶能够将与 GalNAc 聚合物结合的 CWPs 降解而使纤维丝暴露；同时，这些纤维丝能够被阶段特异性的糖蛋白酶降解，如图 1.8 所示[68]。

溶组织内阿米巴包囊囊壁由几丁质、脱乙酰几丁质和 3 个囊壁凝集素家族组成，并且 Jacobs、Jessies 和几丁质酶在包囊形成过程中大量表达，一些 Jacobs 凝集素在发育过程中被半胱氨酸蛋白酶和通过 O-磷酸二酯键（O-phosphodiester-linked glycans）连接的糖基化修饰[93,94,97,173]。Said-Fernández 等人研究发现，在无菌条件下培养 HK9 *E. histotytica*，阿米巴在形成包囊的过程中，不能形成完整的囊壁结构[174]；在含有一定浓度的 Mg^{2+}、Co^{2+} 和 Mn^{2+} 时，使几丁质合成酶的活力增高，促使保护包囊的囊壁形成[175]。在对包囊囊壁形成机制进一步研究发现，在滋养体表面含有抗原，这些表面抗原在阿米巴与宿主的相互作用中发挥重要作用。Cheng 等人在滋养体表面鉴定了一个表面抗原，此表面抗原为半乳糖（galactose，Gal）和 N-乙酰葡糖胺抑制型凝集素，在阿米巴黏附宿主细胞过程中发挥重要作用[176]。Ghosh 等人研究发现，成熟包囊中的 Jacob 2 凝集素能够与 *E. histotytica* 的几丁质成分结合[177]。后来，Chatterjee 等人揭示了阿米巴虫的囊壁结构形成过程，首先在分泌泡中发现了几丁质成分，这些几丁质成分还未到达

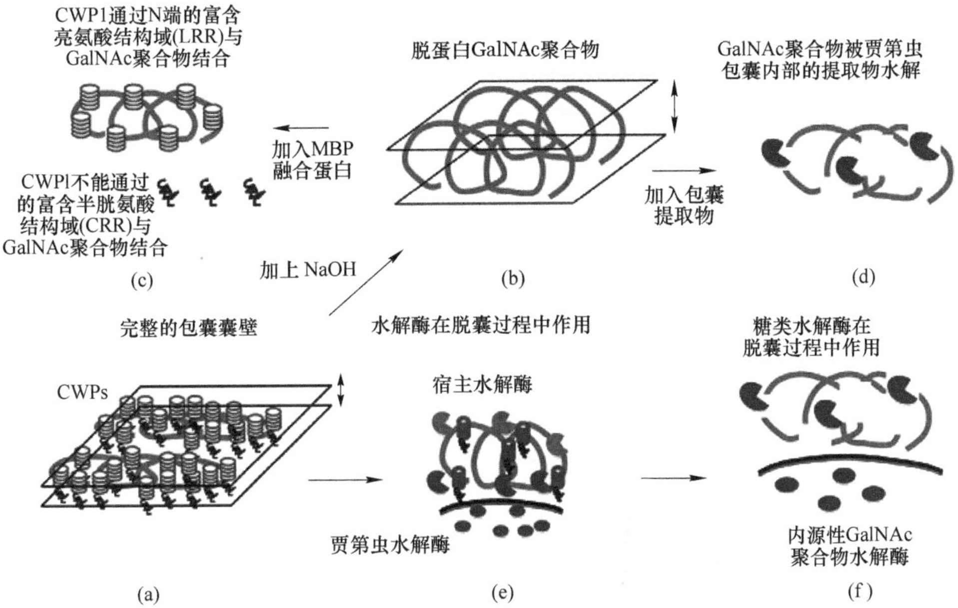

图 1.8 贾第虫包囊囊壁结构以及在出囊过程中囊壁被破坏的机制[68]

（a）在完整的贾第虫包囊囊壁中，弯曲的 GalNAc 聚合物被囊壁蛋白压成一层窄面；（b）当囊壁蛋白被热碱降解后，GalNAc 形成的显微结构明显增厚；（c）贾第虫囊壁蛋白通过 N 端的富含亮氨酸结构域与 GalNAc 聚合物结合；（d）脱蛋白 GalNAc 聚合物被贾第虫包囊内部的糖类水解酶降解；（e）宿主和贾第虫蛋白酶降解了囊壁上的蛋白质，使囊壁变得厚而柔软；（f）蛋白酶水解囊壁蛋白后，GalNAc 聚合物形成的纤维结构暴露出来，被贾第虫包囊特有的糖类水解酶水解

图 1.8 彩图

囊壁上，并且此时 Jacob 凝集素和几丁质酶大量合成；随后，Jacob 凝集素与纤维结构交联，在几丁质酶作用下重新形成囊壁；最后，Jessie3 在包囊形成的晚期被大量合成，Jessie 到达囊壁使囊壁通透性下降，重组蛋白 Jessie3 凝集素使表达菌凝聚在表达上清中，Jessie3 形成花结结构最后覆盖在囊壁表面。此外，研究者提出了一个“外表抹泥的篱笆墙”（“Wattle and daub”）模型来说明囊壁的形成，“篱笆”是由 Jacob 交联几丁质纤维结构形成，而“涂抹的泥灰”是由 Jessie3 凝集素形成，如图 1.9 所示[98]。

顶覆门中弓形虫的发育阶段含有包囊阶段，包囊内包括大量的缓殖子，并有一层坚韧富有弹性的囊壁，囊壁较厚呈突起，厚度为 0.25～0.75 μm，能够利用电子显微镜观察到囊壁；囊壁来自包含缓殖子高度糖基化修饰的寄生泡膜，能被 DBA、高碘酸（periodic acid-Schiff）和琥珀酰麦胚凝集素（Succinylated wheat germ agglutinin）染色[178,179]。囊壁上碳水化合物的修饰是掩蔽囊壁蛋白，逃避宿主免疫反应，形成囊壁结构以提高化学耐性，促使病原体传播[180]。有研究发现，

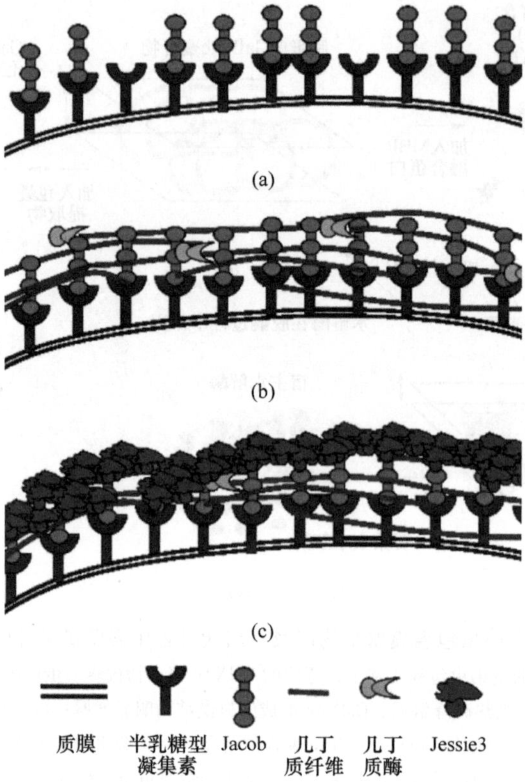

图 1.9 彩图

图 1.9　溶组织内阿米巴原虫囊壁的“抹灰篱笆墙”模型[98]

（a）地基形成阶段；（b）篱笆形成阶段；（c）涂抹灰阶段

（在包囊形成过程中，首先 Jacob 凝集素通过质膜上持续表达的 Gal/GalNAc 结合；其次，含有几丁质结构域的 Jacob 与几丁质交联沉积在正在形成的包囊表面；最后，Jessie3 通过 N 端几丁质结构域与几丁质结合而沉积在包囊上，而通过 C 端结构域自我凝聚，使包囊不能通透小分子物质）

T. gondii 没有合成精氨酸（Arginine）的酶，在宿主体内缺乏精氨酸时，速殖子转变为缓殖子，诱发形成囊壁和包囊[181]。*T. gondii* 的缓殖子特异基因 *BAG1*（Bradyzoite-specific gene），在宿主内能够促使囊壁和包囊的形成[182]。2010 年，Zhang 等人发现一种利用 DBA 凝集素包裹磁珠纯化囊壁的方法，为以后大量分离囊壁蛋白提供便利[183]。此外，在囊壁上含有囊壁蛋白，囊壁蛋白与囊壁的形成密切相关；其中，一个囊壁蛋白 TgPPG 在速殖子变为缓殖子中表达上调，在囊壁上表达且是高度糖基化的，缺失 TgPPG 导致囊壁和速殖子形成推迟，该蛋白能够提高囊壁成分的大量合成，并与囊壁的组装密切相关[116]；另外，一个囊壁蛋白 CST1 存在于缓殖子中，缺失 CST1 导致包囊数量减少以及包囊中的囊壁变薄和易被破坏，CST1 与正常囊壁结构的形成、包囊抵抗外界机械压力、与 DBA 结合形成囊壁有关，CST1 可能是一种关键的囊壁结构成分，维持缓殖子的形

态[115]。最后，研究者发现，*T. gondii* 中的一个糖核苷酸转运蛋白 TgNST1（Nucleotide-sugar transporter）是囊壁糖基化必需的；在缺失 *TgNST1* 基因时，在宿主内能形成类似包囊的结构，但不能与凝集素相互作用，说明缺失 *TgNST1* 基因的弓形虫不能转运糖类到囊壁上形成囊壁结构[184]。

卵囊是弓形虫的一个发育阶段，是由合子发育而来，成熟卵囊含 2 个孢子囊（Sporocyst），卵囊含有两层囊壁，光滑透明。最近研究表明，弓形虫和艾美球虫属（*Eimeria*）的卵囊壁内层是由 β-1,3-葡聚糖构成的纤维组成，包囊壁两层分别为脂质（Lipids）和葡聚糖[185]。在艾美球虫属（*Eimerian ecatrix*）存在一个配子母细胞蛋白（Gametocyte protein），它参与卵囊壁的形成[186]。

在微孢子虫中，对于孢壁的形成机制研究甚少。微孢子虫的成熟孢子孢壁由高电子密度的孢子外壁、低电子密度的孢子内壁和孢原质膜组成，其中孢子外壁的主要成分为蛋白质，而孢子内壁的主要成分是几丁质和少量蛋白质，孢子内壁将孢子外壁和质膜连接起来[5,187-189]。微孢子虫发芽将孢原质从孢子注射进宿主细胞内，转化为裂殖体，裂殖体仅有一层质膜包裹。在孢子裂殖期的末期，大量的高电子密度物质逐渐地沉积在质膜的外侧，慢慢形成较明显的壁结构界限。当细胞周围全部被高电子密度物质包围时，此为母孢子的典型特征，此时细胞开始进入了孢子增殖期[187]。在裂殖子转变为母孢子过程中，主要特点之一是孢壁蛋白在质膜外面呈点状突起积累，随着母孢子转变为孢子母细胞[190]。母孢子转变成孢子母细胞的最大特征是发芽器官开始形成且排列杂乱和具有假定的成熟孢子外形，孢壁蛋白持续积累形成一层连续的结构，最后孢子内壁的几丁质纤维结构形成。进入孢子增殖阶段后，孢子母细胞成熟转变成成熟孢子，且具有一个由高电子密度的孢子外壁和低电子密度的孢子内壁组成的厚壁，能够抵抗外界不利环境来保护孢子。最后，被寄生的宿主细胞破裂释放出成熟的微孢子虫[51,187]。Brosson 等人在 *E. cuniculi* 鉴定一个推断的几丁质脱乙酰基酶（Chitin deacetylase）时，在孢子发育早期，*Ec*CDA 存在于质膜上，随着孢子不断发育，在孢子母细胞时期，*Ec*CDA 存在于靠近孢壁的外围结构中，该酶可能与孢壁的形成有关[149]。2013 年，在家蚕微孢子虫鉴定了一个含有 Bar（Bin-Amphilphysin-Rvs）结构域的孢壁蛋白 NbSWP12，NbSWP12 能够与家蚕微孢子虫的脱蛋白几丁质壳结合，可能在孢壁的组装中发挥作用[156]。

综上所述，在原虫的囊壁结构研究中，揭示了囊壁中蛋白质与纤维聚合物构成囊壁的机制。因此，通过参照原虫的纤维聚合物与囊壁上蛋白的相互作用而构成完整的壁结构，对微孢子虫中的几丁质成分的组分组成单位进行鉴定，并寻找孢壁上合成和降解几丁质成分的酶以及与几丁质成分一起构成孢壁的蛋白质，进一步对微孢子虫孢壁形成和组装机制提供理论基础和新思路。

2　家蚕微孢子虫 *Nbhswp7* 和 *Nbhswp9* 基因序列的生物信息学及其转录活性分析

微孢子虫是由厚厚的孢壁包裹着原生质构成的单细胞真核生物，微孢子虫的孢壁是最先与宿主接触的结构，孢壁主要由几丁质和蛋白质成分组成。目前研究显示，孢壁蛋白主要是在孢子黏附和侵染宿主过程中发挥着重要的作用，因此对于孢壁的研究显得尤为重要。2008 年，吴正理等人[14]采用 LC-MS/MS 和 MALDI-TOF MS 等方法，在家蚕微孢子中获得了 14 个假定孢壁蛋白（NbHSWP），随后，本实验室致力对这 14 个孢壁蛋白进行功能研究。本章以家蚕微孢子虫基因组数据为基础，采用生物信息学相关软件和网站对家蚕微孢子虫孢壁蛋白 NbHSWP7 和 NbHSWP9 的序列特征、二级结构、亚细胞定位和保守性进行分析和预测；以感染家蚕微孢子虫的四龄家蚕中肠为材料，反转录获得 cDNA，利用 RT-PCR 对 *Nbhswp7* 和 *Nbhswp9* 进行转录活性分析，为进一步研究二者在家蚕微孢子虫中的定位和功能提供信息基础。

2.1　材料与方法

2.1.1　材料

2.1.1.1　家蚕微孢子虫基因组数据库

家蚕微孢子虫基因组数据库由本实验室测序、组装和注释的 7.8 倍覆盖度的全基因组，预测基因组大小为 15.7 Mb，包括 1605 个 scaffolds、3551 个 contigs、11155 条 reads、4458 个编码序列[12]。

2.1.1.2　实验材料

家蚕微孢子虫分离株 CQ1 由西南大学（原西南农业大学）蚕病室分离，并保存于中国兽医微生物菌种保藏管理中心（CVCC），保藏号 CVCC102059。

2.1.1.3　工具及软件

(1) NCBI(http://www.ncbi.nlm.nih.gov/)；

(2) Scansite Motif Scanner(http://scansite.mit.edu/motifscan_seq.phtml)；

(3) ExPASy(http://us.expasy.org/)；

(4)SMART(http://smart.emblheidelberg.de/smart/set_mode.cgi? GENOMIC=1);

(5)FAM(http://pfam.janelia.org/);

(6)PSIPRED Server(http://bioinf.cs.ucl.ac.uk/psipred/);

(7)TMHMM v2.0(http://www.cbs.dtu.dk/services/TMHMM-2.0/);

(8)CBS Prediction Servers(http://www.cbs.dtu.dk/services/);

(9)TargetP 1.1 Server(http://www.cbs.dtu.dk/services/TargetP/);

(10)SignalP(http://www.cbs.dtu.dk/services/SignalP/);

(11)Boxshade 3.21(http://www.ch.embnet.org/software/BOX_form.html);

(12)big-PI Predictor(http://mendel.imp.ac.at/gpi/gpi_server);

(13)MEROPS(http://merops.sanger.ac.uk/);

(14)WegoLoc(http:// www.btool.org/WegoLoc);

(15)Blast[191,192]、ClustalW [193]、Primer Premier 5.0 和 BioXM 2.6。

2.1.1.4 所需药品

Trizol、琼脂糖购于 Invitrogen 公司；DNase I、RNase Inhibitor、dNTP 和 Oligo(dT) 购自 Promega 公司；乙二胺四乙酸钠（EDTA）、Tris、KCl 和溴化乙锭购自生工生物工程（上海）股份有限公司；Taq 酶和 DL2000 DNA Marker 购于 TaKaRa 公司；焦碳酸二乙酯（DEPC）和 3-(N-吗啉）丙磺酸购于生工生物工程（上海）股份有限公司；甲醛购于重庆北碚化学试剂厂；氯仿、异丙醇、无水乙醇和丙三醇均购于重庆西南化学试剂有限公司。

2.1.1.5 主要试剂配制

(1) 0.5 mol/L EDTA（pH 值为 8.0）：称取 EDTA 18.61 g，先加去离子水至 60 mL，用 NaOH 调 pH 值至 8.0，最后定容至 100 mL，高压灭菌，室温放置备用。

(2) 10×MOPS(3-吗啉丙磺酸)：称取 MOPS 41.86 g，NaAc · $3H_2O$ 3.10 g/NaAc 2.47 g，量取 0.5 mol/L EDTA（pH 值为 8.0）20 mL，用 NaOH 调 pH 值至 6.5，加入 DEPC 水定容到 1 L，室温避光放置备用。

(3) 1×MOPS：量取 10×MOPS 30 mL，加 DEPC 水 270 mL，现用现配。

(4) 4×RNA Loading buffer：分别量取 10×MOPS 400 μL，甘油（高压灭菌）200 μL，溴酚兰 10 μL，甲醛（37%）72 μL，去离子甲酰氨 310 μL，EDTA（0.5 mol/L、pH 值为 8.0）8 μL，ErBr（10 mg/mL 的 DEPC 水溶液）70 μL，混合均匀后于 4 ℃下保存。

(5) 变性电泳琼脂糖凝胶：称取 0.5 g 琼脂糖，加入 47.5 mL 1×MOPS，加热至琼脂糖熔化后，冷却至 50 ℃左右，加入 2.5 mL 甲醛，混匀后倒入电泳槽中。

(6) 变性电泳缓冲液：向 250 mL 容量瓶内加入 5 mL 甲醛，用 1×MOPS 定容至 250 mL。

2.1.1.6　主要仪器

National 微波炉（NN-MX25WF）	上海松下微波炉有限公司
PCR 仪	德国艾本德股份公司
电泳仪和电泳槽	北京六一
Gel Doc 2000 凝胶成相系统	伯乐（Bio Rad）生命科学公司
恒温振荡器	金坛富华
UV 凝胶成像系统	伯乐（Bio-Rad）生命科学公司
高压灭菌锅	日本 TOMY 有限公司
电热恒温培养箱	上海跃进医疗器械有限公司
电子天平	赛多利斯科学仪器公司
Millipore 纯水系统	Millipore 公司

2.1.2　主要研究方法

2.1.2.1　家蚕微孢子虫假定孢壁蛋白 *Nbhswp7* 和 *Nbhswp9* 基因的鉴定

本实验室前期的研究中，采用 LC-MS/MS 结合 MALDI-TOF MS 的方法，共鉴定了 14 个假定孢壁蛋白[14]，以下选取假定孢壁蛋白 HSWP7 和 HSWP9 进行分析。

2.1.2.2　假定孢壁蛋白 *Nbhswp7* 和 *Nbhswp9* 基因的序列分析

（1）假定孢壁蛋白 NbHSWP7 和 NbHSWP9 的亚细胞定位预测：采用在线预测软件 WegoLoc（http：//www. btool. org/WegoLoc）对 NbHSWP7 和 NbHSWP9 进行亚细胞定位预测。

（2）假定孢壁蛋白 NbHSWP7 和 NbHSWP9 的信号肽和二级结构预测：利用 PSIPRED Server（http：//bioinf. cs. ucl. ac. uk/psipred/）分别对 NbHSWP7 和 NbHSWP9 进行二级结构预测；利用 SignalP（http：//www. cbs. dtu. dk/services/SignalP/）在线软件对二者进行信号肽预测。

（3）假定孢壁蛋白 NbHSWP7 和 NbHSWP9 的跨膜域和疏水区分析：采用在线软件 TMHMM-2.0 分别对 NbHSWP7 和 NbHSWP9 进行跨膜域分析；利用 ExPASy（http：//us. expasy. org/）分别对 NbHSWP7 和 NbHSWP9 进行疏水性分析。

2.1.2.3　假定孢壁蛋白 NbHSWP7 和 NbHSWP9 的多重序列比对和共线性分析

目前，家蚕微孢子虫的基因组数据已经公布，在家蚕微孢子虫基因组中获得 *Nbhswp7* 和 *Nbhswp9* 的基因序列，采用 E-value $<10^{-6}$ 作为检索阈值，在 NCBI 中的 nr 数据库进行 BLASTP 比对检索，鉴定出 *Nbhswp7* 和 *Nbhswp9* 的同源基因。将获

得的 *Nbhswp7* 和 *Nbhswp9* 同源基因序列利用 Clustal X[194] 进行多重序列比对，比对后的结果用 Boxshade 校正。此外，根据微孢子虫数据库中的基因座位信息、基因长度、垂直同源基因的对应关系，利用在线网站 http://microbe.swu.edu.cn/cgi-bin/synteny 进行 *Nbhswp7* 和 *Nbhswp9* 的共线性分析。

2.1.2.4 家蚕微孢子虫的获得

（1）将感染家蚕微孢子虫的 5 龄 7 天的大造蚕解剖，取出丝腺，在灭菌的研钵中充分研磨，然后加入高压灭菌 ddH_2O，将研磨液收集。

（2）饲养大造蚕种至四龄，然后 10^8 个/mL 种子液均匀涂布在桑叶上，自然晾干，添食四龄起蚕。

（3）添食家蚕 24 h 后，随机选取 40 头家蚕，解剖获取家蚕中肠，将中肠于 DEPC 水中浸泡 3 min 后，迅速放置于液氮中，将所取材料放入经过高压灭菌的无 RNA 酶的离心管中，保存于-80 ℃冰箱。此后，一直连续取材料 8 天。

2.1.2.5 家蚕微孢子虫感染家蚕中肠总 RNA 提取

A 家蚕微孢子虫 Total-RNA 的抽提

（1）研钵用液氮预冷，然后从液氮罐中取出感染家蚕微孢子虫的中肠，在液氮中充分研磨，研磨成很细的粉末，越细越好（一定要有液氮存在）。

（2）预先取 1 mL Tripure Reagent 加入 1.5 mL RNase-free 的离心管，然后上述研磨的粉末加入该离心管中，振荡 15 s，室温静置 5 min。

（3）加入 0.2 mL 氯仿，振摇 15 s，室温静置 3 min，然后在 4 ℃以 13000 r/min，离心 10 min。

（4）将离心后的上清转移到另一个 RNase-free 的 1.5 mL 离心管中，加入等体积异丙醇，混匀后于-20 ℃沉淀 40 min，随后在 4 ℃、13000 r/min 离心 10 min。

（5）弃上清，加入 1 mL、75%的乙醇清洗、混匀，在 4 ℃时 12000 r/min 离心 5 min，去上清，空气中干燥 RNA 沉淀 20 min。

（6）加入 20~40 μL DEPC H_2O 溶解沉淀。

（7）取 1 μL RNA，测浓度；另外，取 1 μL RNA 进行甲醛变性凝胶电泳（电压 90 V；电泳时间 40 min），检测 RNA 的完整性。

B Total-RNA 中 DNA 的去除

（1）在 1.5 mL 离心管中加入以下反应试剂：

总 RNA	20~50 μg
10×DNA 酶 I 缓冲液	5 μL
DNA 酶 I（无 RNA 酶，5U/μL）	2 μL
RNA 酶抑制剂（40 U/μL）	0.5 μL
DEPC H_2O	定容至 50 μL

（2）37 ℃反应 20~30 min；

（3）加入 50 μL 的 DEPC H_2O，再加入 100 μL 的酸性酚，充分混匀；

（4）13000 r/min 离心 6 min，将上层水相小心转移到另一个 1.5 mL 离心管中（一定不要吸取其他沉淀或液体），加入等量的氯仿，充分混匀；

（5）12000 r/min 离心 5 min，再将上层水相转移至另一个 1.5 mL 离心管中，然后加入 2.5 倍体积冰冷的无水乙醇，-20 ℃ 放置 40 min；

（6）在 4 ℃下，14000 r/min 离心 10 min，弃上清，加入 70%的冰乙醇洗涤；

（7）在 4 ℃下，14000 r/min 离心 5 min，弃上清，置于空气中干燥 10 min，加入 30 μL 的 DEPC H_2O 溶解后，测定浓度，电泳检测。

C　逆转录合成 ss cDNA 的方法

（1）在 0.2 mL PCR 管中加入下列反应物，总体积为 10 μL：

模板 RNA	1 μg
Oligo（dT）Primer	300 pmol（1 μL）
DEPC 水补足	10 μL

（2）65 ℃，温浴 5 min 后在冰上放置 2 min；

（3）加入到以下反应液中，总体积为 20 μL：

5×RTase M-MLV Buffer	4 μL
dNTP 混合物（每个 10 mmol/L）	1 μL
RNA 酶抑制剂（20 U/μL）	20 U（0.5 μL）
RTase M-MLV（RNase H-）（200 U/μL）	200 U（1 μL）
DEPC 水	3.5 μL

（4）轻轻混匀，瞬时离心后于 PCR 仪中 42 ℃反应 1 h，72 ℃保温 10 min 后，置于冰上冷却。

D　RT-PCR 引物设计

根据家蚕微孢子虫基因组数据库，使用引物设计软件 BioXM 和 Primer5.0，设计家蚕微孢子虫孢壁蛋白 *Nbhswp7* 和 *Nbhswp9* 基因的特异性引物，见表 2.1。

表 2.1　家蚕微孢子虫孢壁蛋白 *Nbhswp7* 和 *Nbhswp9* 的 RT-PCR 引物设计

基因名	引物名称	引物序列	序列长度/bp
Nbhswp7（for cloning and RT-PCR）	*swp7*_F	5′-cggaattcGATTATGAAGAAGAAAGCT-3′	819
	*swp7*_R	5′-ccctcgagTTTATTTATTAAGTGGTCGT-3′	
Nbhswp9（for cloning and RT-PCR）	*swp9*_F	5′-cgcggatccATGCACTTATATGGAAAAAT-3′	996
	*swp9*_R	5′-acgcgtcgacTTATTTAGATAATAATTCCT-3′	
Nbtubulin-β	*tubulin*-F	5′-TGGACGCCATTAGACAAG-3′	737
	tubulin-R	5′-TCTAAAGACAGCAGCCAC-3′	

E RT-PCR 检测

以合成的第一链 cDNA 为模板，并且以家蚕微孢子虫 *Nbtubulin-β* 基因作为内部参照标准，进行 PCR。

（1）RT-PCR 扩增体系：

cDNA 第一链	1.0 μL
10×反应缓冲液	2.5 μL
2.5 mmol/L $MgCl_2$	1.5 μL
2.5 mmol/L dNTPs	2.0 μL
Ex Taq DNA 聚合酶	0.2 μL
正向引物	0.5 μL
反向引物	0.5 μL
加灭菌 ddH_2O	定容至 25 μL

（2）PCR 扩增条件：

预变性：94 ℃，4 min；

变性：94 ℃，60 s；

退火：57 ℃，45 s；

延伸：72 ℃，90 s，共 30 个循环；

终延伸：72 ℃，10 min，最后 12 ℃保存；

反应结束后将 PCR 产物通过琼脂糖凝胶电泳检测。

2.2 结果与分析

2.2.1 家蚕微孢子虫 NbHSWP7 和 NbHSWP9 的基本特征

家蚕微孢子虫假定孢壁蛋白 NbHSWP7 和 NbHSWP9 最初是通过质谱鉴定出来的，在家蚕微孢子虫基因组中没有拷贝，利用在线序列分析软件对二者进行序列基本特征分析。通过 ExPASy 预测结果显示：NbHSWP7 由 291 个氨基酸组成，预测分子量为 32.8 kDa，等电点为 4.80；NbHSWP9 由 368 个氨基酸组成，预测分子量为 42.8 kDa，等电点为 8.60。通过疏水性预测软件分析发现（见图 2.1（a）），NbHSWP7 的前 20 个氨基酸疏水性较高，NbHSWP9 的 10~30 个氨基酸疏水性较高（见图 2.1（b））。利用磷酸化位点预测软件显示，NbHSWP7 和 NbHSWP9 都存在不同程度的磷酸化修饰，这些修饰主要集中在丝氨酸（Serine）、苏氨酸（Threonine）和酪氨酸（Tyrosine）这三个氨基酸上（见图 2.2）。

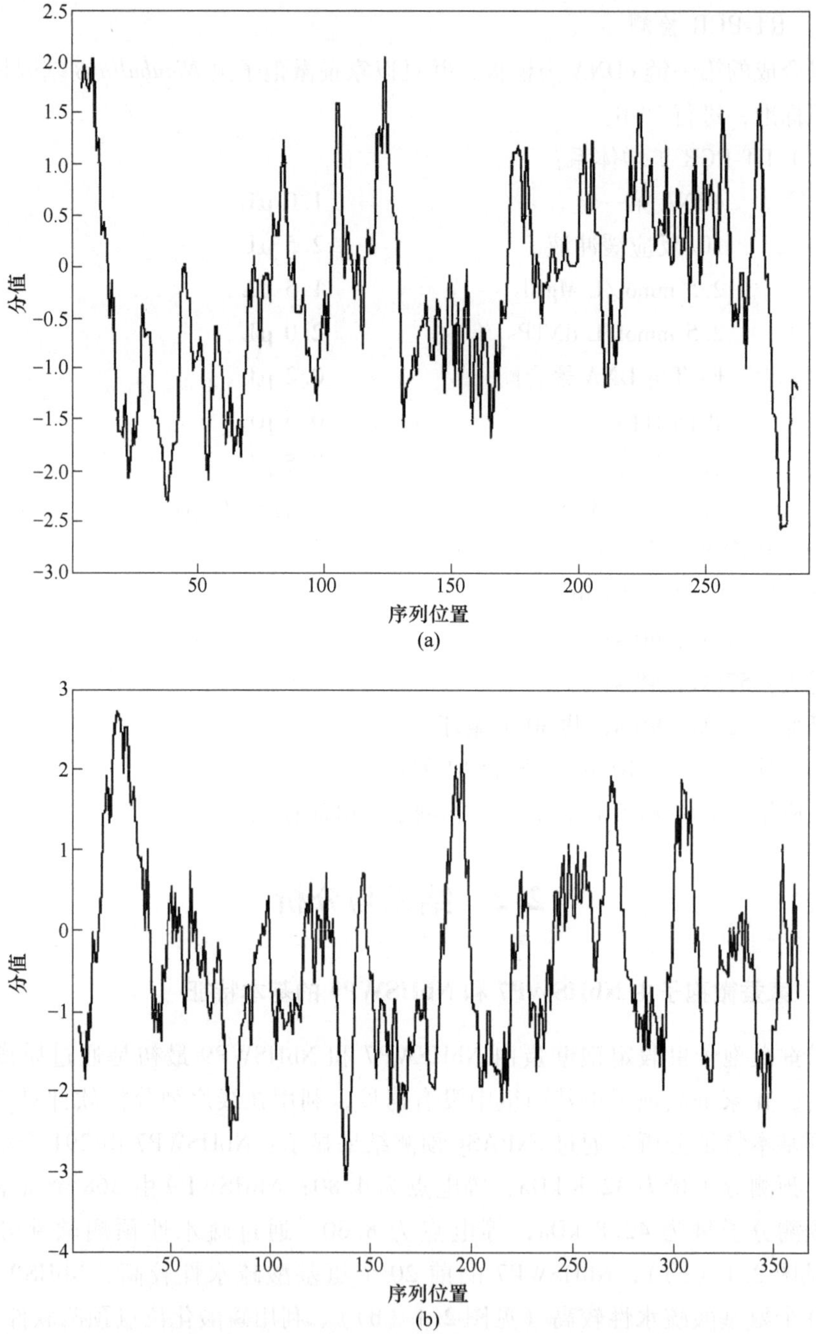

图 2.1　家蚕微孢子虫 NbHSWP7 和 NbHSWP9 蛋白序列的疏水性输出结果

（a）NbHSWP7 疏水性分析；（b）NbHSWP9 疏水性分析

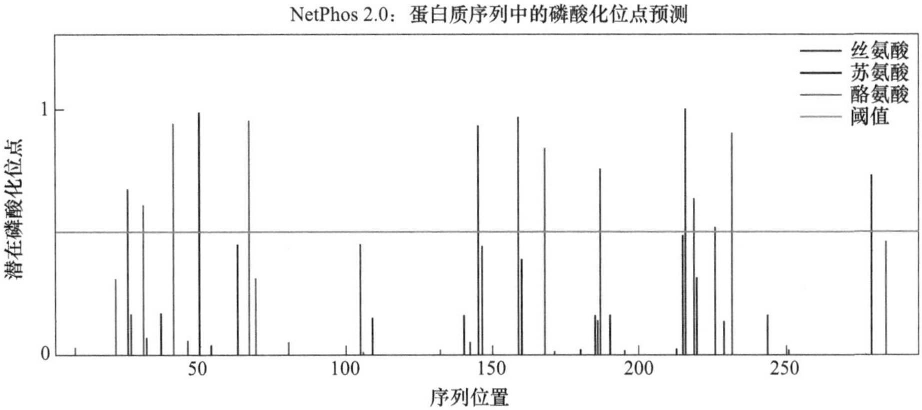

(a)

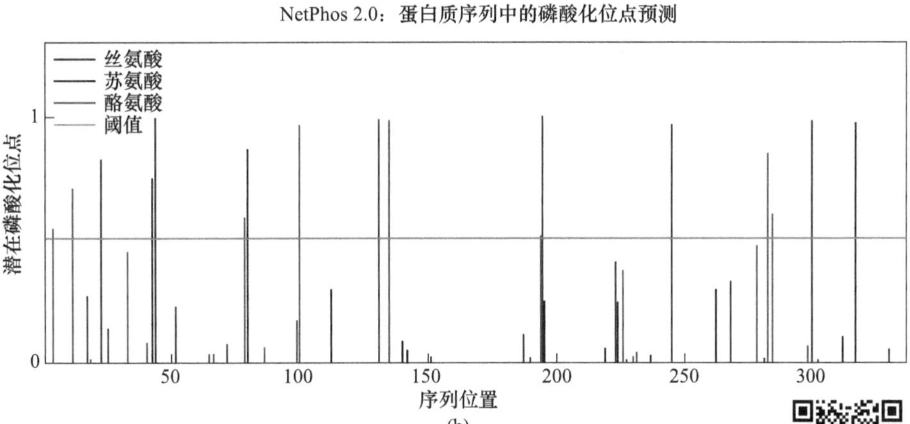

(b)

图 2.2　NbHSWP7 和 NbHSWP9 磷酸化位点分析

(a) NbHSWP7 的磷酸化位点；(b) NbHSWP9 的磷酸化位点

图 2.2 彩图

利用信号肽预测软件分析发现，NbHSWP7 的 N 端有一个疏水性的峰（见图 2.3），预测的信号肽剪切位点存在于第 19 个和第 20 个氨基酸之间，这与疏水性预测相一致，而没有在 NbHSWP9 序列中发现信号肽。最后，利用 TMHMM 2.0 在线预测发现，在 NbHSWP9 的 N 端 13～32 个氨基酸之间存在一个跨膜螺旋，1～13 个氨基酸存在于膜内，32～368 个氨基酸存在于膜外（见图 2.4）。此外，NbHSWP7 和 NbHSWP9 既不含有 N-糖基化位点，也不含有 O-糖基化位点，同时又不包括 GPI 锚定位点。

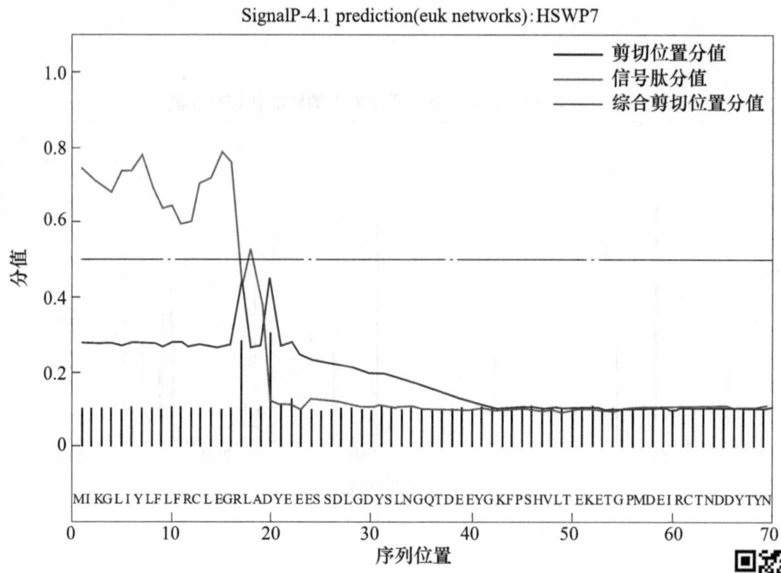

图 2.3 NbHSWP7 的信号肽预测分析

图 2.3 彩图

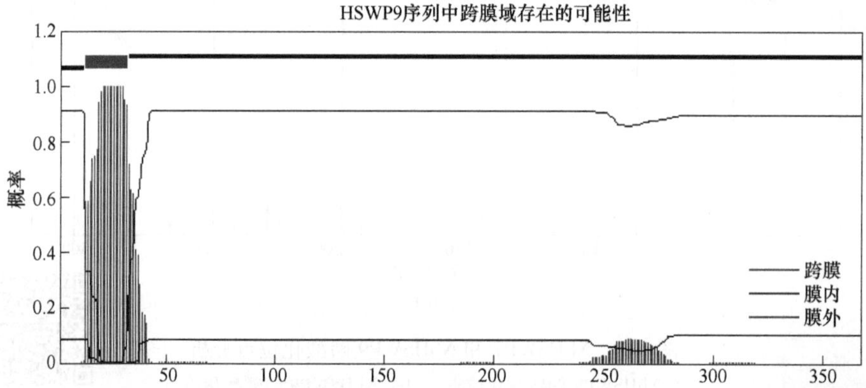

图 2.4 NbHSWP9 的跨膜域预测分析

图 2.4 彩图

2.2.2 NbHSWP7 和 NbHSWP9 二级结构分析

利用 PSIPRED Server 软件预测 NbHSWP7 和 NbHSWP9 蛋白的二级结构，如图 2.5（a）所示，预测结果表明 NbHSWP7 由 7 个 α 螺旋、6 个 β 折叠和 12 个无规卷曲构成；图 2.5（b）显示，在 NbHSWP9 中含有 15 个 α 螺旋、1 个 β 折叠和 17 个无规卷曲。

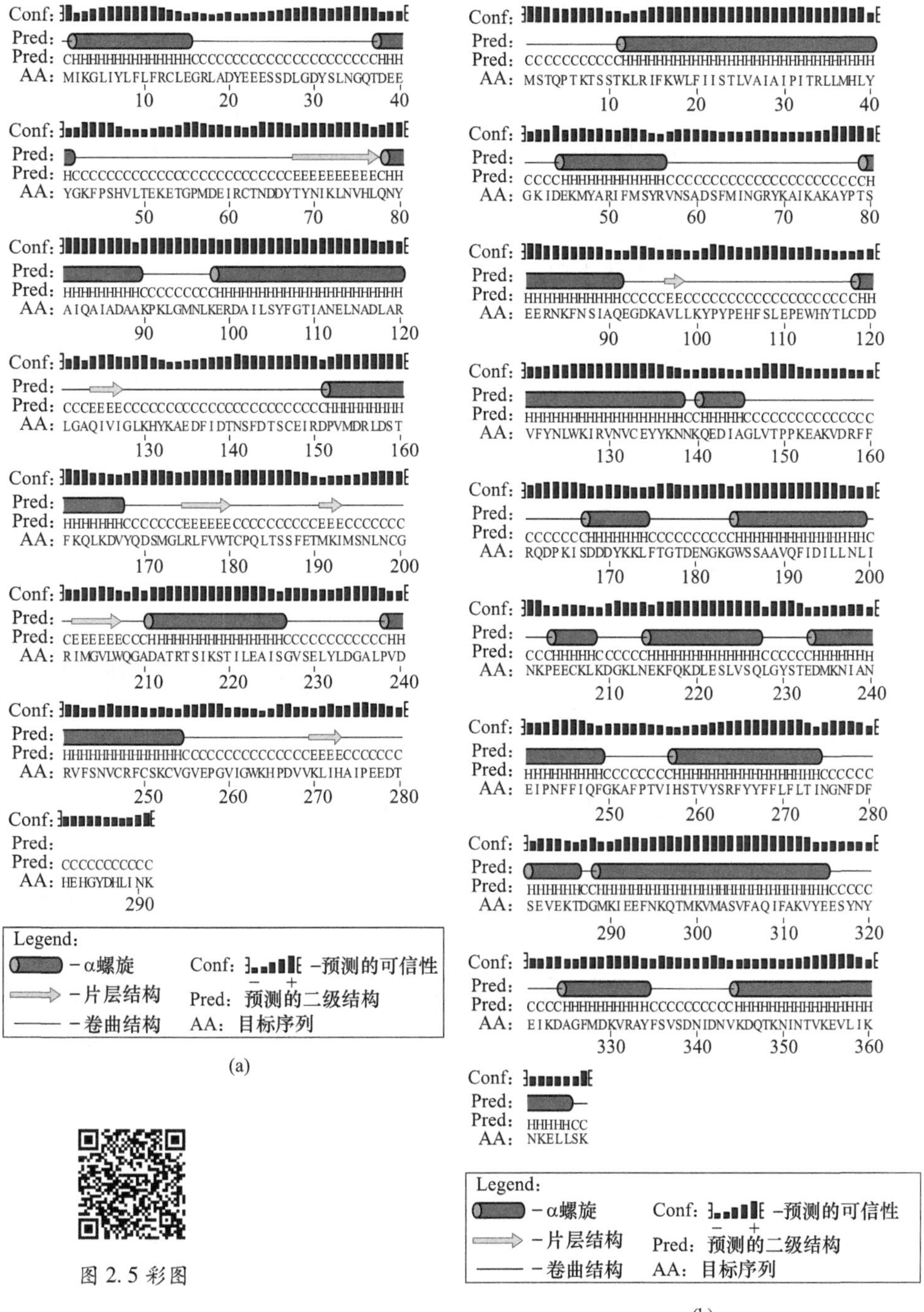

图 2.5 彩图

图 2.5 PSIPRED Server 软件预测 NbHSWP7 和 NbHSWP9 蛋白的二级结构

2.2.3　NbHSWP7 和 NbHSWP9 功能结构域分析

为了进一步分析 NbHSWP7 和 NbHSWP9 可能含有的功能结构域，通过 Clustal W 对微孢子虫的 NbHSWP7 序列进行比对，发现 NbHSWP7 与蜜蜂微孢子虫（*Nosema apis*）和比氏肠胞虫（*Enterocytozoon bieneusi*）中的 ATP 结合盒转运蛋白（ATP Binding Cassette（ABC）-type multidrug transport atpase and permease component）同源性较高。其中，与 *E. bieneusi* 的 ATP 结合盒转运蛋白同源性能达到 27%，而与 *N. apis* 中此蛋白同源性可以达到 40%，如图 2.6 所示。ATP 结合盒转运蛋白利用水解 ATP 的能量将溶质中各种生物分子进行跨膜转运，转运底物主要包括：氨基酸、糖、蛋白质、多肽、金属离子、细胞代谢产物和药物等，NbHSWP7 与此类蛋白同源性较高，推测此蛋白可能也发挥类似功能，但是，在线预测并没有发现 HSWP7 包括 ATP 结合盒转运蛋白的功能结构域。通过序列

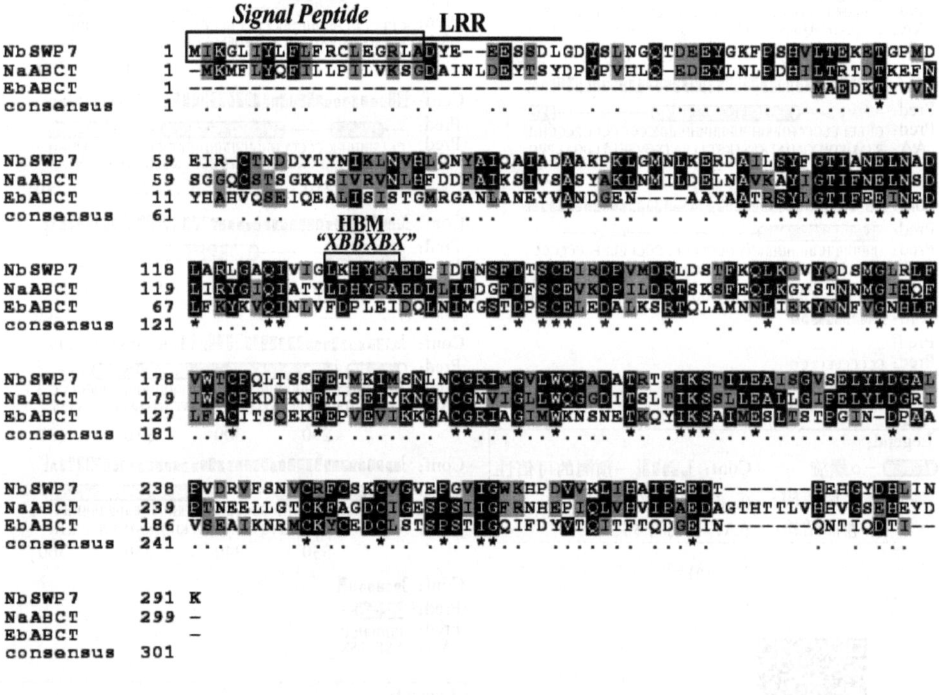

图 2.6　微孢子虫中 NbHSWP7 的多重序列比对分析

HBM(Heparin binding motif)—肝素结合基序；LRR（Leucine rich region)—富含亮氨酸区域；NaABCT(ATP Binding Cassette（ABC)-type multidrug transport atpase and permease component of *Nosema apis*（*N. apis*))—蜜蜂微孢子虫 ATP 结合盒型多药物转运 ATP 酶及通透酶组分；EbABCT—比氏肠道微孢子虫 ATP 结合盒型多药物转运 ATP 酶及通透酶组分

分析发现，在 NbHSWP7 N 端还包括一个富含亮氨酸的基序（Leucine rich region，LRR），此基序可能参与蛋白质-蛋白质相互作用，其特征为“LxxLxLxxN/CxL”；此外，HSWP7 序列中含有 6 个半胱氨酸，可能在蛋白质相互作用中也起重要作用。图 2.6 中，NbHSWP7 N 端的富含亮氨酸的基序为“LIYLFLFRCLEGRL”，推断 NbHSWP7 可能通过此基序与其他蛋白相互作用。通过序列分析发现，在 NbHSWP7 内部还包含 1 个肝素结合基序（Heparin-binding motif，HBM），此基序可能作为配体在孢子黏附到宿主上发挥作用，其特征为：*XBBXBX*、*XBBBXXBX* 或 *XBBXBXBBX*（“*X*”代表任何中性氨基酸，“*B*”代表带正电荷的氨基酸），NbHSWP7 含有的：“LKHYKA”被预测为 HBM，推测 HSWP7 可能在家蚕微孢子虫侵染宿主中发挥相应的功能。

同时，对 NbHSWP9 的序列特征进行分析，TMHMM 软件分析发现在 HSWP9 N 端含有 1 个跨膜域，如图 2.7（a）所示。本实验室党晓群博士发现，家蚕微孢子虫 NbSLP1 含有 1 个几丁质结合基序，可以与家蚕微孢子虫几丁质相互作用[55]。为了探究在 NbHSWP9 是否也存在几丁质结合基序，通过与典型的 Tachycitin、麦胚凝集素（Wheat germ agglutinin，WGA）和 NbSLP1 的多重序列比对发现，NbHSWP9 内部的 1 个 Cys 和 1 个 Gly 较为保守，其二者的位置也较为保守，与文献报道的基本一致[195]，说明 NbHSWP9 内部也含有 1 个几丁质结合基序，推测 NbHSWP9 可能与几丁质成分存在相互作用。此外，在 NbHSWP9 含有 3 个半胱氨酸，可以通过此氨基酸形成二硫键而与蛋白质进行相互作用。

MSTQPTKTSSTK**LRIFKWLFIISTLVAIA IPI**TRLLMHLYGKIDEKMYARI
TMHMM
FMSYRVNSADSFMINGRYKAIKAKAYPTSEERNKFNSIAQEGDKAVLLKY
PYPEHFSLEPEWHYTLCDDVFYNLWKIRVNVCEYYKNNKQEDIAGLVTP
PKEAKVDRFFRQDPKISDDDYKKLFTGTDENGKGWSSAAVQFIDILLNLI
Chitin Binding Motif
NKPEE ***CKLKDGKLNEKFQKDLESLVSQLG*** YSTEDMKNIANEIPNFFIQFK
AFPTVIHSTVYSRFYYFFLFLTINGNFDFSEVEKTDGMKIEEFNKQTMKV
MASVFAQIFAKVYEESYNYEIKDAGFMDKVRAYFSVSDNIDNVKDQTKN
INTVKEVLIKNKELLSK*

(a)

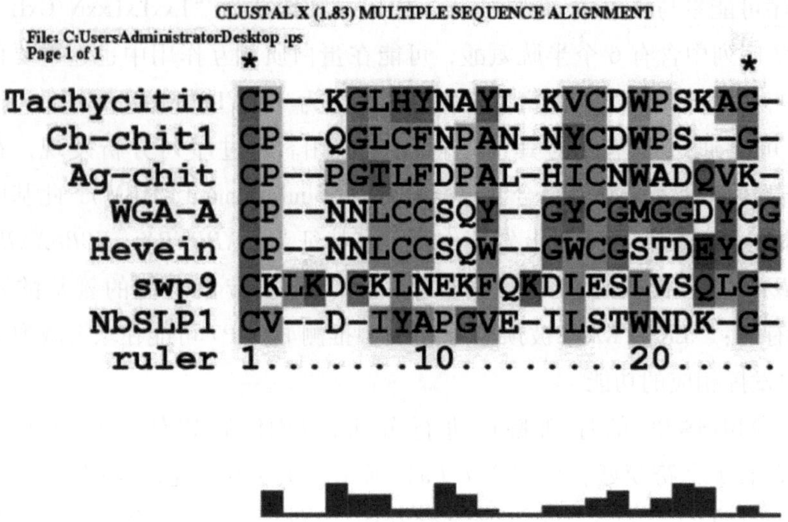

(b)

图 2.7　NbHSWP9 的序列特征分析　　图 2.7 彩图

（a）NbHSWP9 序列特征；（b）多重序列比对分析 NbHSWP9 的几丁质结合位点

Tachycitin（*T. tridentatus* tachycitin）—中华鲎速力素；*Ag-chit*（*Anopheles gambiae* chitinase）—冈比亚按蚊几丁质酶；*Ch-chit*（*Chelonus sp.* chitinase）—姬蜂属几丁质酶；WGA-A(wheat germ agglutinin)—小麦胚芽凝集素

2.2.4　NbHSWP7 和 NbHSWP9 的亚细胞定位预测

NbHSWP7 和 NbHSWP9 是通过质谱鉴定出来的假定孢壁蛋白，那么，它是否为孢壁蛋白？首先从序列入手，通过亚细胞分析软件 WegoLoc 在线预测发现，二者都为分泌型蛋白，如图 2.8 所示。孢壁蛋白本来就是从胞质内被分泌到孢壁上的蛋白，因此，推测二者很可能为孢壁蛋白，但需要后续的实验去验证。

2.2.5　*Nbhswp7* 和 *Nbhswp9* 共线性分析

在对 *Nbhswp7* 和 *Nbhswp9* 基因序列特征有所了解的基础上，为了研究二者在不同微孢子虫中的基因座位和同源基因之间的排列位置是否保守，以 *N. bombycis*、*E. cuniculi*、*N. ceranae* 和 *E. bieneusi* 基因组数据为基础，对 *Nbhswp7* 和 *Nbhswp9* 进行共线性分析。如图 2.9（a）所示，*E. bieneusi* 中第 16 号染色体的 0087 基因、*E. cuniculi* 中第 11 号染色体的 1200 基因和 *N. bombycis* 中第 63 号基因组支架的 0017 基因是垂直同源基因；*E. bieneusi* 中第 16 号染色体的 0088 基因和 *N. bombycis* 中第 63 号基因组支架的 0028 基因是垂直同源基因；*E. bieneusi* 中第

序号	序列名字	预测亚细胞定位	每个亚细胞预测定位的概率/%	Weight，GO terms(description,evidence code[1, 2])
1	HSWP7	分泌型	分泌型：50.0 线粒体：16.7 细胞核：16.7 细胞质：16.7 [可能性阈值：50.0]	2.34, GO :0031160 (spore wall,IDA) 16.5, GO :0030435(sporulation resulting in formation of a cellular spore, IEA)

(a)

序号	序列名字	预测亚细胞定位	每个亚细胞预测定位的概率/%	Weight，GO terms(description,evidence code[1, 2])
1	HSWP9	分泌型	分泌型：50.0 细胞质：33.3 线粒体：16.7 细胞核：0.0 [可能性阈值：50.0]	3.72, GO :0016020 (membrane,IEA) 3.32, GO :0016021 (integral to membrane,IEA)

(b)

图 2.8　NbHSWP7 和 NbHSWP9 亚细胞定位预测

（a）NbHSWP7 亚细胞定位预测；（b）NbHSWP9 亚细胞定位预测

图 2.8 彩图

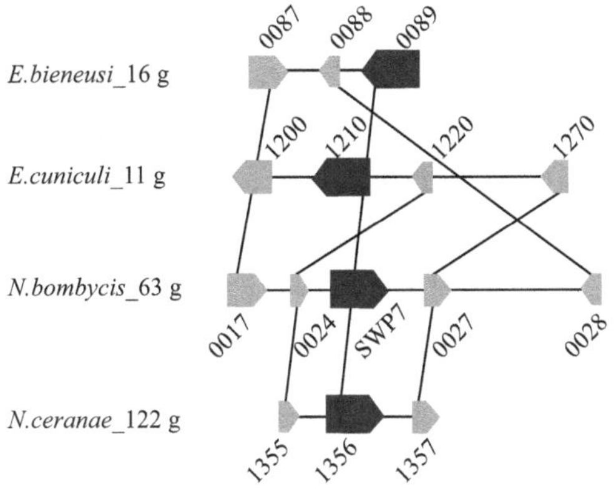

(a)

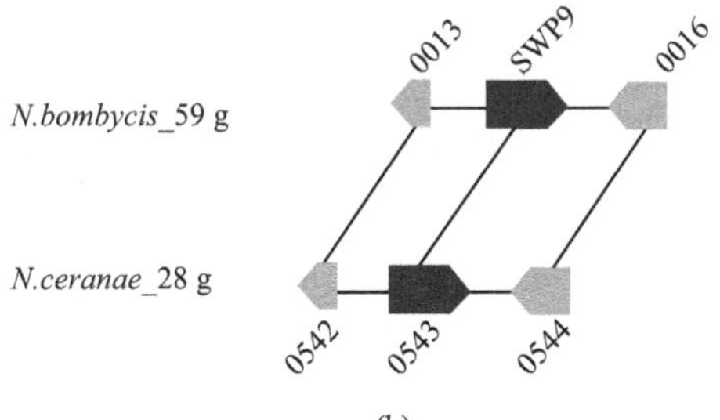

图 2.9 彩图

(b)

图 2.9　*Nbhswp7* 和 *Nbhswp9* 及其他微孢子虫垂直同源基因的共线性分析

（a）微孢子虫 *Nbhswp7* 的共线性分析；（b）微孢子虫 *Nbhswp9* 的共线性分析

16 号染色体的 0089 基因、*E. cuniculi* 中第 11 号染色体的 1210 基因、*N. ceranae* 中第 122 号染色体的 1356 基因和 *N. bombycis* 中第 63 号基因组支架的 *Nbhswp7* 基因是垂直同源基因；*E. cuniculi* 中第 11 号染色体的 1220 基因、*N. ceranae* 中第 122 号染色体的 1355 基因和 *N. bombycis* 中第 63 号基因组支架的 0024 基因是垂直同源基因；*E. cuniculi* 中第 11 号染色体的 1270 基因、*N. ceranae* 中第 122 号染色体的 1357 基因和 *N. bombycis* 中第 63 号基因组支架的 0027 基因是垂直同源基因，说明 *Nbhswp7* 在微孢子虫染色体/基因组支架上的位置相对保守。同样，对 *Nbhswp9* 也进行了共线性分析，发现此基因只与 *N. ceranae* 中的同源基因具有共线性，说明在微孢子虫中，NbHSWP7 较 NbHSWP9 保守，如图 2.9（b）所示。

2.2.6 NbHSWP7 和 NbHSWP9 保守性分析

共线性分析发现 *Nbhswp7* 和 *Nbhswp9* 的基因座位在蜜蜂微孢子虫中都比较保守，随后，通过免疫印迹从蛋白质水平分析 NbHSWP7 和 NbHSWP9 在重庆株家蚕微孢子虫（*N. bombycis*-CQ1）、柞蚕微孢子虫（*Nosema antheraeae*）、变形微孢子虫中的小孢子虫（*Vairimorpha sp.*）和纳卡变形微孢子虫（*Vairimorpha necatrix*）中的表达特征。首先，利用玻璃珠破碎法获得这几株微孢子虫的总蛋白，进行 SDS-PAGE，转膜，分别以针对 NbHSWP7 和 NbHSWP9 的抗体进行免疫印迹分析，如图 2.10 所示，NbHSWP7 在这几株微孢子虫中都有表达，并且在广东株孢子虫中能检测到两条条带，因此，NbHSWP7 可以作为区分家蚕微孢子虫 CQ1 株和 *Vairimorpha sp.* 株孢子的一个靶标；另外，在纳卡变形微孢子虫中没有检测到 NbHSWP9，而在其他微孢子虫中都有表达，因此，NbHSWP9 可以作为区分 *N. Bombycis*-CQ1 和 *V. necatrix* 的一个靶标。

2.2.7 *Nbhswp7* 和 *Nbhswp9* 转录活性分析

为了验证 *Nbhswp7* 和 *Nbhswp9* 在家蚕微孢子虫感染家蚕后有无转录活性，以丝腺中纯化的孢子为材料添食 4 龄起蚕，并在 24 h 后取添食家蚕微孢子虫的家蚕中肠，连续取材 8 天，提取感染家蚕中肠总 RNA，并反转录为 ss cDNA，以设计的家蚕微孢子虫孢壁蛋白 *Nbhswp7* 和 *Nbhswp9* 基因的引物进行 PCR 扩增，并以根据基因组数据设计的 *Nbtubulin-β* 基因引物为内参。如图 2.11 所示，*Nbhswp7* 和 *Nbhswp9* 在家蚕微孢子虫感染家蚕后 24 h 就开始转录，且在整个检测时期都保持较高的转录水平，推断二者在家蚕微孢子虫感染家蚕中发挥着重要作用。

2.3 结论与讨论

本章重点对 NbHSWP7 和 NbHSWP9 进行生物信息学分析，综合利用已公布

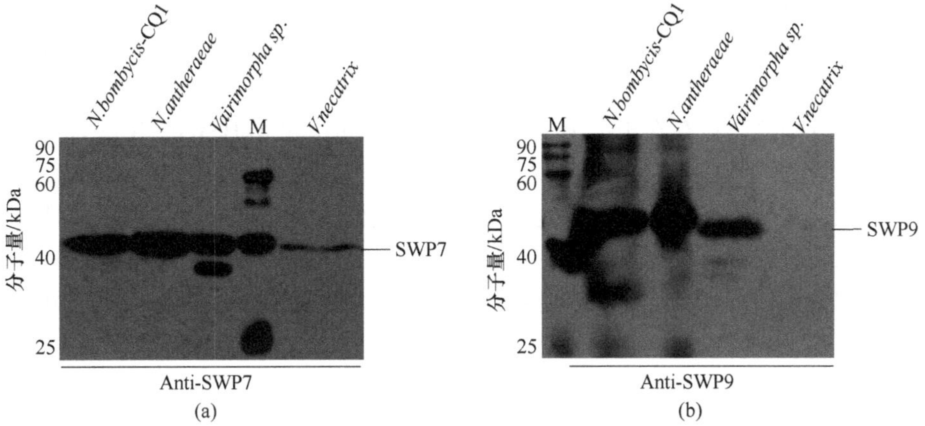

图 2.10 NbHSWP7 和 NbHSWP9 的保守性分析

（a）免疫印迹分析 NbHSWP7 在重庆株家蚕微孢子虫（*N. bombycis*-CQ1）、柞蚕微孢子虫（*Nosema antheraeae*）、变形微孢子虫中的小孢子虫（*Vairimorpha sp.*）和纳卡变形微孢子虫（*Vairimorpha necatrix*）中的表达特征；（b）免疫印迹分析 NbHSWP9 在重庆株家蚕微孢子虫（*N. bombycis*-CQ1）、柞蚕微孢子虫（*Nosema antheraeae*）、变形微孢子虫中的小孢子虫（*Vairimorpha sp.*）和纳卡变形微孢子虫（*Vairimorpha necatrix*）中的表达特征

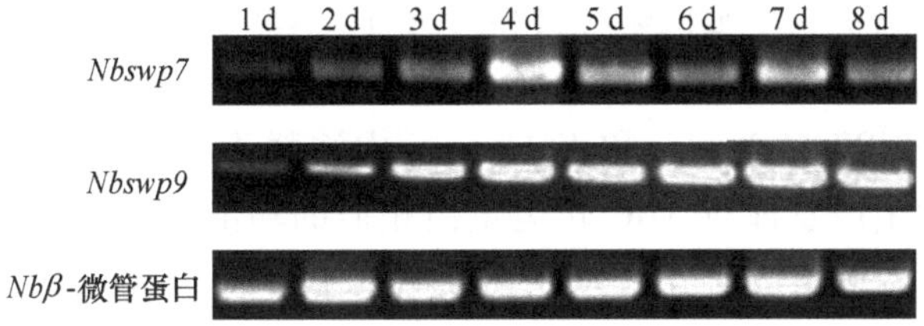

图 2.11 家蚕微孢子虫 *Nbhswp7* 和 *Nbhswp9* 的转录分析

的微孢子虫基因组数据，发现在其他微孢子虫中都有二者的同源序列，并且 *Nbhswp7* 在微孢子虫基因组中的位置较保守，而 *Nbhswp9* 只在家蚕微孢子虫和蜜蜂微孢子虫中的位置保守，比较而言，*Nbhswp7* 在微孢子虫中较 *Nbhswp9* 保守。通过免疫印迹对 *Nbhswp7* 和 *Nbhswp9* 的保守性进一步分析发现，在重庆株家蚕微孢子虫（CQ1 *N. bombycis*）、柞蚕微孢子虫（*Nosema antheraeae*）、变形微孢子虫中的小孢子虫（*Vairimorpha sp.*）都有二者的存在。在纳卡变形微孢子虫（*Vairimorpha necatrix*）中只有 NbHSWP7 存在，而 NbHSWP9 没有存在。此结果进一步说明，*Nbhswp7* 比 *Nbhswp9* 保守，并且可以利用 NbHSWP9 作为区分家蚕微孢子虫和纳卡变形微孢子虫的靶标。同时，Western 结果显示 NbHSWP7 抗体在广东株家蚕微孢子虫总蛋白中杂交出两条条带，以此可以作为一个区分重庆株和广东株家蚕微孢子虫的靶标。因此，二者可以作为生产上的潜在靶标而应用于检测。

利用 TMHMM v2.0、SignalP v3.0、WegoLoc、ExPASy、TargetP v1.1 等在线软件分别对微孢子虫 NbHSWP7 和 NbHSWP9 序列的跨膜区、信号肽、疏水性以及在二者的亚细胞定位进行了预测和分析。在 NbHSWP7 N 端含有 20 个氨基酸的信号肽，其切割位点存在于第 19~20 个氨基酸之间；在 NbHSWP9 N 端含有 1 个跨膜域，前 13 个氨基酸存在于膜内，第 13~32 个氨基酸为跨膜螺旋，第 32~368 个氨基酸存在于膜外。同时，在这两个孢壁蛋白的 N 端都是疏水区域，可能与含有信号肽和跨膜域有关。在亚细胞定位预测中，发现二者为分泌型的蛋白概率较大，而孢壁蛋白本来在孢原质中合成，最后被分泌到孢壁上发挥功能。因此，推断二者可能为 *N. bombycis* 的孢壁蛋白，但其实际定位情况还需要实验进一步验证。

通过多重序列比对，对 NbHSWP7 和 NbHSWP9 的功能域进行预测和分析，旨在对二者功能研究有初步的指导作用。首先，通过 Clustal W 分析 NbHSWP7 在微孢子虫中都有同源序列，并且发现在 *N. apis* 和 *E. bieneusi* 中同源基因被注释为腺苷三磷酸结合盒类型的多药运输系统中的 ATP 酶以及通透酶组分。ABC 转运蛋白是因为含有一个腺苷酸三磷酸而得名，此蛋白一般是膜整合蛋白，其利用水解 ATP 释放的能量对生物分子进行跨膜转运，转运底物包括氨基酸、糖、蛋白质、多肽、金属离子、细胞代谢产物和药物等。ABC 转运蛋白参与生物的各种生理机能，包括细胞分化、细菌免疫、抗原呈递、细胞内渗透压平衡以及生物分子运输[196]。NbHSWP7 与 *N. apis* 和 *E. bieneusi* 中注释为 ABC 转运蛋白的同源性较高，因此推断此蛋白发挥与 ABC 转运蛋白相似的功能。ABC 转运蛋白的核心结构一般由 4 个结构域组成，分别为 2 个核苷酸结合域（Nucleotide-binding domain, NBD）和 2 个高度疏水的跨膜结构域（Transmembrane domain, TMD），并且没有在 NbHSWP7 及以上 *N. apis* 和 *E. bieneusi* 中的同源基因预测到含有核苷酸结合域和跨膜结构域这两个结构域，可能由于微孢子虫是低等真核生物，这些结构域序列与高等生物的差别较大所致。

近年来，一些研究报道发现富含亮氨酸基序（LRR）由 20~30 个氨基酸组成，并且含有几个重复富含亮氨酸的基序，亮氨酸重复序列是一些小片段序列；它出现在不同的蛋白中，并且出现在不同定位的蛋白质中，包括此重复序列的所有蛋白都被认为参与蛋白与蛋白的相互作用[197-199]。11 个富含亮氨酸的氨基酸残基构成的片段特征为“LxxLxLxxN/CxL”，此结构与 β-折叠和连续的环状结构相似，在 LRR 蛋白质中比较保守；然而，其余部分的重复序列都是不同的[199,200]。在 NbHSWP7 序列 N 端也包括了一个类似 LRR 的一段序列，此序列为“LIYLFLFRCLEGRL”，推断 NbHSWP7 可能也通过此基序与其他蛋白相互作用。同时，在 NbHSWP7 序列中含有 6 个半胱氨酸，半胱氨酸之间可以形成二硫键，是相互作用中的一种方式，推断半胱氨酸可能也在 NbHSWP7 与其他蛋白的相互作用中发挥重要作用。

最近研究报道发现，微孢子虫侵染细胞的过程中，首先与细胞发生黏附，而这些黏附主要是通过孢子表面的孢壁蛋白完成[47]。在脑炎微孢子虫属中发现，孢子表面的孢壁蛋白 Enp1 在孢子黏附到宿主细胞过程发挥了重要作用，并且发挥功能的是 Enp1 中的肝素结合基序[19]。在 2009 年，本实验室李艳红也发现家蚕微孢子虫孢壁蛋白 NbSWP26 中含有 1 个肝素结合基序，此基序在孢子黏附到宿主细胞中也发挥着重要的功能[22]。在对 NbHSWP7 序列分析中也发现，其内部含有 1 个肝素结合基序，推断 NbHSWP7 可能在孢子黏附到宿主细胞的过程中发挥着重要作用。

2012 年，本实验室党晓群博士发现家蚕微孢子类枯草杆菌蛋白酶 NbSLP1 能够与家蚕微孢子虫几丁质壳结合[55]。通过多重序列比对发现，在 NbHSWP9 中也含有 1 个几丁质结合基序，内部的 1 个 Cys 和 1 个 Gly 较为保守，其二者在位置也较为保守，与文献报道的基本一致[195]，推测 NbHSWP9 可能与几丁质成分存在相互作用，并且在构成家蚕微孢子虫完整的孢壁中扮演着重要角色。此外，在生物体中，蛋白质发挥功能主要是通过与其他蛋白质相互作用来完成，在 NbHSWP9 含有 3 个半胱氨酸，推断 NbHSWP9 可能通过半胱氨酸与其他蛋白质进行互作。

在对 *Nbhswp7* 和 *Nbhswp9* 的转录特征分析过程中发现，二者在家蚕微孢子虫感染家蚕的 24 h 后就有转录，推测二者在家蚕微孢子虫黏附和侵染宿主中发挥着重要功能。因此，以后可以着力研究二者是否在孢子黏附和侵染过程中扮演重要的角色。

3 家蚕微孢子虫 NbHSWP7 和 NbHSWP9 的定位分析

关于专性细胞内寄生的微孢子虫定位研究中，到目前共鉴定且明确定位的有 14 个，主要集中在脑炎微孢子虫（*Encephalitozoon*）和 *N. bombycis* 中，在脑炎微孢子虫属中鉴定了 8 个孢壁蛋白，其中 *Ec*SWP1、*Ei*SWP1 和 *Ei*SWP2 定位于孢子外壁上[16,17]；*Ec*EnP1、*Ec*EnP2、*Ec*SWP3 和 *Ei*EnP1 主要定位于孢子内壁[18-20]；另外，一个几丁质脱乙酰酶（*Ec*CDA）定位于成熟孢子孢原质膜和孢子内壁的相接处[149]。对寄生于经济昆虫家蚕的家蚕微孢子虫的孢壁蛋白的研究目前鉴定了 6 个孢壁蛋白，SWP32 定位于家蚕微孢子虫孢子外壁[14]；SWP25、SWP26 和 SWP1 主要定位于孢子内壁[14,15,22]；SWP5 除了定位于孢子外壁，还定位极管区域[46,53]；SWP12 是在 2013 年新鉴定出来的孢壁蛋白，其在孢壁上的精细定位目前还不清楚[156]。基于前一章对 *Nbhswp7* 和 *Nbhswp9* 序列分析、转录活性和物种特异性分析，本章主要将 *Nbhswp7* 和 *Nbhswp9* 分别构建到 pET-30a(+)和 pGEX-4T1 载体中进行原核表达，制备多克隆抗体，利用免疫印迹、间接免疫荧光试验、免疫透射电镜技术对成熟家蚕微孢子虫以及不同发育时期家蚕微孢子虫中 NbHSWP7 和 NbHSWP9 的表达和分布进行研究。

3.1 材料与方法

3.1.1 材料

同本书 2.1.1 节所用材料。

3.1.2 原核表达载体

原核表达载体 pET-30a(+)购于 Invitrogen 公司，pGEX-4T1 由本实验室保存，见附录 1。

3.1.3 主要试剂与仪器

3.1.3.1 主要试剂及配制

A 主要实验药品

(1) 氨苄青霉素（Ampicillin）、卡那霉素（Kanamycin）、5-溴-4-氯-3-吲哚

半乳糖苷（X-gal）、异丙基-β-D-硫代半乳糖苷（IPTG）、λ-EcoRT14 I digest DNA marker、DL2000 DNA marker、pMD19-T simple vector 载体、*Bam*H I、*Sal* I、*Eco*R I、*Xho* I、T4 DNA 连接酶、HiFi 高保真酶、rTaq DNA 聚合酶、dNTPs，均购自 TaKaRa 公司。

（2）*Trans2K* plus DNA marker 购自北京全式金生物技术有限公司。

（3）蛋白酶 K 购自 Promega 公司。

（4）DNA 胶回收试剂盒和质粒提取试剂盒均购自 OMEGA 公司。

（5）液氮、异丙醇、三氯甲烷、pH 值为 7.2 的饱和酚、无水乙醇、EB 染色剂、琼脂糖、甲醇、乙酸等常用试剂购自重庆化学试剂有限公司。

（6）β-巯基乙醇、硝酸银、硫代硫酸钠、溴酚蓝、尿素、硫脲、过硫酸铵、无水碳酸钠、蔗糖、甘氨酸、丙烯酰胺（Acrylamide）、N, N′-亚甲双丙烯酰（Bis-acrylamide）、二硫苏糖醇（DTT）、考马斯亮蓝 R250、十二烷基磺酸钠（SDS）、N,N,N′,N′-四甲基二乙胺（TEMED）、苯甲基磺酰氟（PMSF）、甘氨酸、Giemsa、Tris base、低分子量标准蛋白质 marker、尿素和吐温 20 等购自生工生物工程（上海）股份有限公司。

（7）彩色预染蛋白质分子量 marker 购自碧云天生物公司。

（8）聚偏二氟乙烯膜（PVDF 膜）购自 Roche 公司。

（9）Ni-NAT 层析柱购自 GE Healthcare 公司。

（10）AEC 和 DAB 显色试剂盒购自北京中杉金桥公司。

（11）*EasySee* Western Marker 购自北京全式金生物技术有限公司。

（12）ECL plus Western 试剂盒购自 Thermo Scientific Pierce 公司。

（13）FITC 荧光标记羊抗鼠二抗、多聚赖氨酸、TritonX-100、弗氏完全佐剂、弗氏不完全佐剂、4,6-二乙酰基-2-苯基吲哚（DAPI）、抗荧光淬灭剂、鱼明胶和 HRP 标记羊抗鼠二抗均购自 Sigma 公司。

（14）18 nm 胶体金标记的羊抗兔抗体购自 Jackson Immuno Research, West Grove, PA 公司。

B 基因克隆相关试剂的配制

（1）氨苄青霉素（Amp）（100 mg/mL）：1 g Amp 溶于 10 mL 灭菌 ddH_2O 中，过 0.22 μm 滤膜，分装，−20 ℃保存备用。

（2）卡那霉素（Kan）（100 mg/mL）：溶解 1 g 卡那霉素于足量灭菌 ddH_2O 中，最后定容至 10 mL，过 0.22 μm 滤膜，分装成小份于−20 ℃贮存。

（3）氯霉素（Chloramphenicol）（25 mg/mL）：溶解 250 mg 氯霉素于足量的无水乙醇中，最后定容至 10 mL，分装成小份于−20 ℃贮存。

（4）LB 液体培养基（100 mL）：

蛋白胨（Tryptone） 1 g

酵母提取物（Yeast extract）	0.5 g
氯化钠（NaCl）	1 g

将上述药品加 ddH_2O 定容至 100 mL，121 ℃高压灭菌 20 min，4 ℃保藏备用，在配制含抗生素的培养基则在使用之前加入所需抗生素。

（5）LB 固体培养基：LB 液体培养基中加入 1.2%~1.5%琼脂粉，121 ℃高压灭菌 20 min，冷却至 60 ℃，倒平板。

（6）0.1 mol/L 苯甲基磺酰氨（PMSF）：0.017 g PMSF 溶解于 1 mL 无水乙醇中，贮存于-20 ℃，1~2 周有效。

（7）SOB 培养基（1 L）：

酵母提取物	5 g
氯化钠	0.5 g
蛋白胨	20 g
1 mol/L 氯化钾	2.5 mL

将上述药品溶解在 900 mL ddH_2O 中，用 ddH_2O 定容至 1 L；分成 100 mL/小份，高压灭菌，培养基冷却至室温后，再在每 100 mL 小份中加 1 mL 灭菌的 1 mol/L 氯化镁。

（8）1 mol/L 葡萄糖（100 mL）：18 g 葡萄糖溶于足量 ddH_2O 中，再用 ddH_2O 定容至 100 mL，用 0.22 μm 的滤膜过滤除菌。

（9）SOC 培养基：在上述每 98 mL SOB 培养基中加入 2 mL 已灭菌的 1 mol/L 葡萄糖，以 600 μL/管分装在 1.5 mL 灭菌离心管中，-20 ℃保存备用。

（10）10 mg/mL 溴酚蓝：30%蔗糖溶解，室温下避光保存。

（11）0.5 mol/L EDTA(pH 值为 8.0)：EDTA 钠盐 18.61 g，用 NaOH 调 pH 值到 8.0，定容至 100 mL。

（12）溶液Ⅱ：0.4 mol/L NaOH 与 2% SDS 等比混合，现配现用。

（13）24 mg/mL IPTG(100 mmol/L)：称取 0.24 g IPTG，溶于 8 mL ddH_2O 中，补加 ddH_2O 定容至 10 mL，过 0.22 μm 滤膜除菌，分装成 1 mL/管，-20 ℃冻存备用。

（14）20 mg/mL X-gal：称取 200 mg X-gal，用 N,N-二甲基甲酰胺（DMF）定容至 10 mL，分装成 1 mL/管，-20 ℃避光保存。

（15）oInoue 转化缓冲液：

PIPES（0.5 mol/L，pH 值为 6.7）	20 mL
$MnCl_2 \cdot 4H_2O$	10.88 g
$CaCl_2 \cdot 2H_2O$	2.20 g
KCl	18.65 g

将以上药品补充 ddH_2O 定容至 1 L，过滤除菌，分成小份于-20 ℃保存。

（16）10×TE 贮存液（pH 值为 7.0）：

Tris	24.228 g
EDTA	5.844 g

将以上药品加水到 150 mL，以浓 HCl 调 pH 值至 7.0，以灭菌 ddH_2O 定容到 200 mL，121 ℃高压灭菌 15 min，4 ℃保存备用。

（17）50 × TAE：

Tris	242.2 g
冰乙酸	57.1 mL
0.5 mol/L EDTA 贮存液	100 mL

将以上药品以 ddH_2O 定容到 1 L，室温贮存。

（18）2% CTAB 抽提液缓冲液：

CTAB	4 g
氯化钠	16.36 g
1 mol/L Tris · HCl（pH 值为 8.0）	20 mL
0.5 mol/L EDTA	8 mL

将以上药品先用 70 mL ddH_2O 溶解，再定容至 200 mL，121 ℃高压灭菌，冷却后加入 400 μL 0.2% β-巯基乙醇。

C　原核表达 SDS-PAGE 电泳相关试剂配制

（1）SDS-PAGE　3×上样缓冲液：

0.3 mol/L Tris-HCl（pH 值为 6.8）	30 mL
SDS	3 g
溴酚蓝	0.075 g
β-巯基乙醇	6 mL
甘油	12 mL
ddH_2O	2 mL

（2）10×SDS-PAGE 电泳缓冲液（pH 值为 8.3）：

SDS	100 g
Tris	303 g
甘氨酸	1440 g

将以上药品加 ddH_2O 定容至 10 L，室温储存。

（3）30%丙烯酰胺/甲叉双丙烯酰胺：

丙烯酰胺	58.4 g
甲叉双丙烯酰胺	1.6 g

将以上药品加 ddH_2O 定容至 200 mL，滤纸过滤，存放于 4 ℃。

（4）1.5 mol/L Tris-HCl（pH 值为 8.8）：称取 36.3 g Tris base，先用 160 mL

灭菌 ddH_2O 溶解，再用 10 mol/L HCl 调节 pH 值至 8.8，加 ddH_2O 定容至 200 mL。

（5）10%过硫酸铵：称取 2 g 过硫酸铵，加 20 mL ddH_2O 溶解，使用前新鲜配制。

（6）0.5 mol/L Tris-HCl（pH 值为 6.8）：称取 24 g Tris base，先用 80 mL ddH_2O 溶解，再用 10 mol/L HCl 调节 pH 值至 6.8，加 ddH_2O 定容至 200 mL。

（7）考马斯亮蓝染色液（2000 mL）：

考马斯亮蓝 R250	5 g
甲醇	908 mL
冰乙酸	184 mL

将以上药品加 ddH_2O 定容至 2000 mL。

（8）考马斯亮蓝脱色液（2000 mL）：

甲醇	100 mL
冰乙酸	150 mL
ddH_2O	定容至 2000 mL

（9）12%分离胶的配制（10 mL）：

30%丙烯酰胺/甲叉双丙烯酰胺	4 mL
1.5 mol/L Tris-HCl（pH 值为 8.8）	2.5 mL
10%过硫酸铵	0.1 mL
10% SDS	0.1 mL
TEMED	4 μL
ddH_2O	3.3 mL

（10）5%压缩胶的配制（3 mL）：

30%丙烯酰胺/甲叉双丙烯酰胺	0.5 mL
0.5 mol/L Tris-HCl（pH 值为 6.8）	0.75 mL
10%过硫酸铵	30 μL
10% SDS	30 μL
TEMED	3 μL
ddH_2O	1.68 mL

D　ELISA 测定抗体效价相关试剂配制

（1）包被液（pH 值为 9.6）：

Na_2CO_3	0.17 g
$NaHCO_3$	0.28 g
加 ddH_2O	定容至 100 mL，4 ℃保存

（2）洗涤液（PBST）：

KH_2PO_4	0.2 g
KCl	0.2 g
NaCl	8.0 g
$Na_2HPO_4 \cdot 12H_2O$	2.9 g
吐温 20	0.5 mL
加 ddH_2O	定容至 1 000 mL，调 pH 值至 7.2~7.4

（3）封闭液：PBST+5%全脱脂牛奶（现配现用，每次 50~100 mL）或 PBST+1%牛血清白蛋白（BSA），置 4 ℃保存备用。

（4）底物反应液：

1）底物缓冲液：柠檬酸 0.51 g，$Na_2HPO_4 \cdot 12H_2O$ 1.84 g，加 ddH_2O 至 100 mL，充分溶解，置 4 ℃保存备用。

2）底物反应液：

①OPD 显色：称 5 mg OPD，避光下加入 10 mL 底物缓冲液，一般现配现用，用时 5 mL +8 μL 30% H_2O_2。

②TMB 显色：预先配置 10 mg TMB/mL DMSO 溶液 5 mL，避光 4 ℃保存，用时 9.9 mL 底物缓冲液+100 TMB/DMSO 溶液+1.2 μL 30% H_2O（一般现配现用）。

E 免疫印迹相关试剂的配制

（1）封闭液：0.5 g 脱脂奶粉溶于 10 mL TBST 中。

（2）转膜缓冲液：

SDS	0.37 g
甘氨酸	2.9 g
Tris base	5.8 g
甲醇	200 mL
加 ddH_2O	定容至 1000 mL

（3）TBST：

1 mol/L(pH 值为 8.0)Tris-HCl	20 mL
NaCl	8.8 g
加 ddH_2O	定容至 1000 mL

（4）免疫印迹显影液：将可配制 3785 mL 的显影剂 A 溶解在约 3000 mL 40~50 ℃的 ddH_2O 中，充分搅拌至完全溶解；待显影剂 A 完全溶解后再加入显影剂 B，充分搅拌至完全溶解；待显影剂 B 完全溶解后再加入显影剂 C，充分搅拌至完全溶解；定容至 3 785 mL；冷却至 20~25 ℃后，放置过夜（不少于 12 h），然后用滤纸过滤后即可使用。

（5）免疫印迹定影液：将可配制 3785 mL 的定影剂 A（共两瓶）加入到约 2300 mL 40~50 ℃的 ddH_2O 中，充分搅拌至完全溶解；待定影剂 A 完全溶解后再加入定影剂 B，充分搅拌至完全溶解；待定影剂 B 完全溶解后再加入定影剂 C，充分搅拌至完全溶解，定容至 3785 mL，冷却至 20~25 ℃后，放置不少于 1 h，然后用滤纸过滤后即可使用。

F　硝酸银染色相关试剂的配制

（1）固定液：

甲醇	200 mL
冰醋酸	48 mL
甲醛	200 μL
用 MilliQ 水补足	定容至 400 mL

（2）清洗液：甲醇 200 mL，用 MilliQ 水补足至 400 mL。

（3）增感液：硫代硫酸钠 0.04 g，加超纯水补足至 400 mL。

（4）染色液：硝酸银 0.8 g，甲醛 300 μL，加 MilliQ 水补足至 400 mL。

（5）显影液：碳酸钠 24 g，甲醛 200 μL，取配好的增感液 32 mL，加 MilliQ 水补足至 400 mL。

（6）终止液：甲醇 200 mL，冰醋酸 48 mL，用 MilliQ 水补足至 400 mL。

G　间接免疫荧光试验主要试剂及配方

（1）透化液：含 0.5%Triton-100，1% 牛血清的 PBS（pH 值为 7.2）。

（2）固定液：4%多聚甲醛 + 2.5%戊二醛。

（3）封闭液（50 mL）：称取 5 g BSA（含量为 5%）、10 mL（含量为 10%）正常羊血清溶于 90 mL、0.01 mol/L PBS（pH 值为 7.2）。

（4）清洗液：含 0.5%的 Tween-20 的 0.01 mol/L PBST（pH 值为 7.2）。

（5）抗体稀释液：用上述配制的封闭液或 0.01 mol/L PBS（pH 值为 7.2）稀释。

（6）封片液：抗荧光淬灭剂。

H　免疫电镜试验主要试剂及配方

（1）封闭液（100 mL）：

鱼明胶（Fish gelatin）	1 g
用 0.01 mol/L PBS（pH 值为 7.3）	补至 100 mL

（2）0.2 mol/L 二甲砷酸钠缓冲液（100 mL）：

二甲砷酸钠	4.28 g
0.1 mol/L HCl	16 mL
用 ddH_2O	定容至 100 mL

（3）多聚甲醛（3%）-戊二醛（0.1%）固定液（200 mL）：

10%多聚甲醛	60 mL
25%戊二醛	0.8 mL

0.2 mol/L 二甲砷酸钠缓冲液	100 mL
蔗糖	8 g
用 ddH_2O	定容至 200 mL

（4）0.2 mol/L PBS 溶液（2×PBS，200 mL，pH 值为 7.2）：

$Na_2HPO_4 \cdot 2H_2O$	5.12 g
$NaH_2PO_4 \cdot H_2O$	1.544 g
用 ddH_2O	定容至 200 mL

（5）渗透剂：含 0.1% Triton X-100 的 0.1 mol/L 的 PBS。

（6）Lowicryl K4M（LK4M）低温包埋剂：

交联剂 A	2.70 g
交联剂 B	17.30 g
引发剂 C	0.1 g

（7）醋酸双氧铀染色剂（3%）：称取 3 g 醋酸双氧铀溶解在 50% 甲醇中，溶解 24 h，4 ℃避光保存。

（8）其他的试剂配制见《分子克隆》。

3.1.3.2　主要仪器

CR21G 高速冷冻离心机	贝克曼库尔特有限公司
TG16-W 台式离心机	长沙湘仪离心机仪器有限公司
DYY-12 型电泳仪	北京六一仪器厂
DYCP-40C 型电泳槽	北京六一仪器厂
DYY-6C 型电泳槽	北京六一仪器厂
SW-CJ-I 型净化工作台	江苏苏净安泰空气技术有限公司
制冰机	三洋
液氮生物容器	成都金凤液氮容器有限公司
恒温振荡器	金坛市富华仪器有限公司
超低温冰箱	三洋
高压灭菌锅	日本 TOMY KOGYO 有限公司
JD200-3 型电子天平	沈阳龙腾电子有限公司
电热恒温水浴锅	常州国华仪器有限公司
电热恒温培养箱	上海跃进医疗仪器厂
手动真空泵	Nalge 公司
抽滤装置	Nalge 公司
PCR 扩增仪	艾本德
UV 凝胶成像系统	Bio-Rad 公司
Delta 320 型 pH 计	梅特勒-托利多

高速组织打碎机	上海标本模型厂
电磁炉	格兰仕
隔水电热恒温培养箱	上海跃进医疗器械厂
富华 71-8 型磁力加热搅拌器	金坛市富华仪器有限公司
全温度恒温培养振荡器	上海智城分析仪器制造有限公司
荧光显微镜 BX53	日本 OLYMPUS
透射电子显微镜	日立 H-7500 透射电子显微镜
超声波清洗仪 SB-3200DT	宁波新芝生物科技股份有限公司
共聚焦显微镜 FV1000	日本 OLYMPUS
MT-360 型微量管混匀器	日本 TOMY KOGYO
Sunrise Remote 酶标仪	帝肯公司
SP-150 细胞培养箱	南京恒裕电子仪器厂
JY92-2D 超声波细胞粉碎机	宁波新芝生物科技股份有限公司
真空浓缩仪	LABCONCO 公司
National 微波（NN-MX25WF）	上海松下微波炉有限公司

3.1.4 主要研究方法

3.1.4.1 大肠杆菌感受态细胞的制备

参照《分子克隆实验指南》[201]。

3.1.4.2 家蚕微孢子虫基因组的提取

采用 CTAB 法提取家蚕微孢子虫基因组 DNA，具体步骤如下：

（1）取 10^9 个利用 Percoll 密度梯度离心纯化的家蚕微孢子虫，用灭菌的 ddH_2O 洗涤三次，最后将孢子沉淀悬浮于 400 μL 2%的 CTAB 抽提 buffer 中。

（2）在上述含有孢子的抽提 buffer 中加入蛋白酶 K（20 mg/mL）约 20 μL，混匀，55 ℃保温 4 h 或者过夜。

（3）冷却至室温后，加入 300 μL 的酚氯仿抽提，13200 r/min 离心 10 min，去除蛋白质杂质。

（4）取上清液，加入室温放置的 100%异丙醇 300 μL，然后于−80 ℃沉淀 10 min。

（5）随后，将放置于−80 ℃的样品 13200 r/min 离心 5 min，去上清，将沉淀用 70%乙醇洗涤后，晾干，用 1×TE 溶解。

3.1.4.3 引物设计及 PCR 扩增

（1）根据家蚕微孢子虫基因组数据预测和分析的基因序列信息[12]，使用 Premier 5.0 软件设计家蚕微孢子虫假定孢壁蛋白 *Nbhswp7* 和 *Nbhswp9* 基因的特异性引物（见表 2.1）。

(2) 以提取的家蚕微孢子虫基因组 DNA 为模板进行扩增，最后加入 HiFi Taq DNA 聚合酶。

PCR 反应体系：

DNA 模版	1.0 μL
10×反应缓冲液 I	2.5 μL
2.5 mmol/L dNTPs	2.0 μL
HiFi Taq DNA 聚合酶	0.5 μL
正向引物（10 mmol/L）	1.0 μL
反向引物（10 mmol/L）	1.0 μL
灭菌 ddH_2O	补至 25 μL

(3) 设定以下程序进行 PCR 扩增，95 ℃预变性 5 min，然后 95 ℃变性 60 s、57~60 ℃退火 60 s、72 ℃延伸 1~2 min，共 30 个循环，72 ℃终延伸 10 min，12 ℃保存。

3.1.4.4 目的片段的回收

将上述 PCR 产物进行电泳，并在紫外光下用消毒干净刀片切下含目的片段的胶。按照 OMEGA 公司的 PCR 产物回收试剂盒上操作说明，使用胶回收试剂盒回收目的片段。

3.1.4.5 目的片段与载体的连接

将 PCR 产物与 pMD19-T simple 载体在 16 ℃连接过夜，反应体系如下：

PCR 回收产物	4 μL
pMD19-T vector	1 μL
连接混合物	5 μL
总体积	10 μL

3.1.4.6 重组质粒的转化

(1) 从-80 ℃冰箱中快速取出一管感受态细胞，并立即转移至冰浴中 20 min，使其在冰浴中融化。

(2) 将连接好的重组质粒 10 μL 加入到装有感受态细胞的管中，将样品轻轻摇匀，冰上放置 30 min 后，42 ℃水浴中热击 90 s，然后迅速转入冰上冰浴 3~5 min。

(3) 向上述管中加入 800 μL 的 SOC 培养基，于 37 ℃缓慢振荡（100 r/min）培养 1 h。

(4) 取 4 μL 24 mg/mL IPTG、30 μL 20 mg/mL X-gal、20 μL 100 mg/mL 氨苄青霉素和 50 μL 灭菌 ddH_2O 混匀后均匀地涂布于 LB 固体培养基平板上，于 37 ℃放置 1 h 以充分吸收。

(5) 将 200 μL 转化菌液涂于含有上述 X-gal、IPTG 和 Amp 的 LB 固体培养基平板，37 ℃正置培养 15 min，然后 37 ℃倒置培养过夜。

3.1.4.7 阳性克隆的筛选

（1）挑取白色单菌落于 2 mL 加有氨苄青霉素的 LB 液体培养基中培养，37 ℃振荡培养 7~8 h，菌液电泳检测有无重组滞后质粒。步骤如下：

1）在超净工作台中，取 20 μL 菌液于 PCR 管中；

2）将 0.4 mol/L NaOH 和 2% SDS 等体积混合配制成为裂解液，同时加入 5 μL 上样缓冲液；

3）向上述菌液中加入 10 μL 裂解液，室温裂解 10 min 左右；

4）电泳检测，同时用裂解液裂解蓝斑菌液为对照，出现滞后带的确认为含有目的片段的重组质粒。

（2）用碱裂解法抽提滞后质粒 DNA。步骤如下（参照 OMEGA 公司的质粒提取试剂盒上操作说明）：

1）取 2 mL 菌液于 2 mL 的灭菌离心管中，12000 r/min 离心 1 min，倒掉培养基上清，尽可能倒干净，同时将 Elution buffer 提前放于 37 ℃培养基中预热；

2）加 Solution Ⅰ（含有 RNase）250 μL，轻轻涡旋悬浮沉淀；

3）加 250 μL Solution Ⅱ，轻轻颠倒 4~6 次，整个过程控制在 5 min 之内；

4）加预冷的 Solution Ⅲ 350 μL，轻轻颠倒 4~6 次，出现大量白色絮状沉淀；

5）将上述沉淀 13000 r/min 离心 10 min，取上清液至新的收集柱，切勿将沉淀移至收集柱内，12000 r/min 离心 2 min，弃离心流出液；

6）再在收集柱中加入 500 μL Buffer HB，轻轻摇匀，12000 r/min 离心 1 min，弃去流出液；

7）在收集柱内加入 700 μL DNA washing buffer，静置 2 min，12000 r/min 离心 1 min，弃离心流出液；

8）重复以上步骤 7）；

9）空柱 13400 r/min 离心 2 min，将收集柱转移至提前做好标记的 1.5 mL 离心管；

10）加入 30~50 μL 提前预热的 Elution buffer 溶解 5 min 左右；

11）12000 r/min 离心 2 min，收集液即为抽提好的质粒，进行电泳检测，然后放入-20 ℃保存。

3.1.4.8 滞后质粒的验证

对滞后质粒进行 PCR 验证和双酶切，随后进行电泳验证，并对通过初步验证正确的滞后质粒所含的目的 DNA 片段进行测序验证，以确认插入片段的准确性。

A PCR 验证体系

滞后质粒 DNA 1.0 μL

10×反应缓冲液 I	2.5 μL
2.5 mmol/L dNTPs	2.0 μL
HiFi Taq DNA 聚合酶	0.5 μL
正向引物（10 mmol/L）	1.0 μL
反向引物（10 mmol/L）	1.0 μL
灭菌 ddH_2O	补至 25 μL

B 双酶切验证

分别选取含有 *Nbhswp7* 和 *Nbhswp9* 片段的滞后质粒，用相应的限制性内切酶进行酶切反应，双酶切验证体系（10 μL）。

（1）含有 *Nbhswp7* 片段的滞后质粒双酶切体系：

滞后质粒 DNA	4 μL
ddH_2O	4 μL
10×H Buffer	1 μL
*Eco*R I	0.5 μL
Xho I	0.5 μL
总体积	10 μL

（2）含有 *Nbhswp9* 片段的滞后质粒双酶切体系：

滞后质粒 DNA	4 μL
ddH_2O	4 μL
10×T Buffer	1 μL
*Bam*H I	0.5 μL
Sal I	0.5 μL
总体积	10 μL
酶切反应条件	37 ℃，3 h

C 克隆测序验证

把 PCR 和双酶切验证正确的滞后质粒对应的菌液送金思特或上海英骏公司进行核苷酸测序。

3.1.4.9 重组表达质粒构建

将上述测序正确的 T 克隆滞后质粒进行双酶切并回收目的片段 *Nbhswp7* 和 *Nbhswp9*，同时分别用相同的限制性内切酶对表达载体 pET-30a(+) 和 pGEX4T1 进行双酶切，将获得的目的片段和双酶切的载体进行连接和转化，进而获得阳性重组质粒，并进行 PCR 和双酶切验证。

3.1.4.10 重组蛋白的表达与纯化

（1）将筛选的阳性重组表达质粒：pET30a-*Nbhswp7*、pGEX4T1-*Nbhswp7*、pET30a-*Nbhswp9* 和 pGEX4T1-*Nbhswp9*，取 1 μL 转入 *E. coli* BL21+(DE3) 或

Rosetta 感受态细胞，于 37 ℃培养箱培养 12 h，挑取含重组质粒的单菌落至 5 mL LB 液体培养基（含 50 μg/mL kan：pET30a-*Nbhswp7* 和 pET30a-*Nbhswp9* 或 50 μg/mL Amp：pGEX4T1-*Nbhswp7* 和 pGEX4T1-*Nbhswp9*）中 37 ℃过夜培养。

（2）用含抗生素的新鲜 LB 液体培养基按 1∶(50~100) 比例稀释菌液，每种菌液分别稀释平行的两管，然后 37 ℃振荡（225 r/min）培养至 OD_{600} = 0.6。

（3）取每种菌中其中 1 管菌液作为未诱导的对照组，剩下每管菌中加入 IPTG，终浓度为 0.5 mmol/L，在 37 ℃下诱导表达。

（4）约 6 h 后分别离心收集菌体，进行超声波破碎 20 min，13000 r/min 离心 40 min，分别回收沉淀和超声波上清，以空质粒诱导作对照，进行 SDS-PAGE 电泳检测。

（5）融合蛋白的纯化：将经滤膜过滤的 pET30a-*Nbhswp7* 和 pET30a-*Nbhswp9* 重组质粒表达蛋白质样品（超声波上清过滤样品和包涵体过滤样品），按 His-Bind 和 purification Kit（GE）操作说明分别进行亲和柱纯化，获得重组蛋白 rSWP7-HIS 和 rSWP9-HIS。同时，pGEX4T1-*Nbhswp7* 和 pGEX4T1-*Nbhswp9* 重组质粒表达蛋白质超声波上清样品按 GST-Bind purification Kit（GE）操作说明分别进行亲和柱纯化，获得重组蛋白 rSWP7-GST 和 rSWP9-GST。然后，将纯化好的融合蛋白进行 SDS-PAGE 电泳检测。

3.1.4.11　抗血清的制备

将纯化好的融合蛋白作为抗原免疫小鼠，免疫程序为：第一次免疫时将融合蛋白与等体积弗氏完全佐剂混匀，皮下注射小鼠，免疫量为 0.1 mg 蛋白/只小鼠，总体积不要超过 500 μL；1 周后进行第二次免疫，融合蛋白与等体积弗氏不完全佐剂混匀，皮下免疫小鼠，免疫量为 0.1 mg 蛋白/只小鼠，总体积不要超过 500 μL；1 周后进行第三次免疫，蛋白质与等体积弗氏不完全佐剂混匀，皮下注射小鼠，0.1 mg 蛋白/只小鼠；第三次免疫后过 1 周断尾采血，ELISA 检测抗体效价，若效价达到实验要求，第三次免疫一周后可进行腹腔免疫一次，3 天后摘除眼球采血，将采集到的小鼠血液于 37 ℃恒温箱中静置 1 h，之后于 4 ℃冰箱中放置过夜，次日待血清析出后将其转移至新的离心管中，0.1 mL/管分装，−20 ℃保存。同时取未免疫小鼠血清作为阴性对照。

兔抗血清的制备免疫程序同上，不同的是免疫剂量为 0.8 mg/(只·次)。

3.1.4.12　ELISA 测定抗体效价

（1）取酶标板，测定融合蛋白浓度，并以融合蛋白浓度 0.4 μg/孔，用抗原包被液将蛋白稀释至 100 μL，分别加入 96 孔板中，37 ℃ 2 h 或 4 ℃过夜。

（2）用 PBST 洗涤酶标板 3 次，每次 5 min，将酶标板尽量拍干后，每孔加 200 μL 封闭液（PBST+1% BSA 或 5%脱脂奶粉，现配现用），4 ℃封闭过夜或 37 ℃温箱封闭 2 h。

（3）将孔内封闭液弃掉，用 PBST 洗涤酶标板 3 次，每次 5 min，尽量拍干。

（4）用封闭液稀释阴性、阳性血清，对血清进行倍比稀释，稀释浓度为 1∶200、1∶400、1∶800、1∶1600、1∶3200、1∶6400、1∶12800、1∶25600、1∶51200、1∶102400 和 1∶204800，然后每孔加入 100 μL 稀释血清，37 ℃孵育 1 h 或 4 ℃过夜。

（5）将孔内一抗弃掉，用 PBST 洗涤酶标板 6 次，每次 5 min，尽量拍干。

（6）加入 1∶5000 羊抗鼠 IgG-HRP 稀释液，每孔 100 μL，37 ℃孵育 1 h。

（7）同步骤（5），拍干酶标板后避光加入底物反应液 OPD—$H_2O_2$100 μL，用前新鲜配制（5 mL OPD+8 μL H_2O_2），37 ℃避光孵育 10~30 min。

（8）加入 2 mol/L H_2SO_4 终止反应，每孔加 50 μL，读取 OD_{490}值，以 P/N>2.1 为判断标准，确定制备抗体的最终效价。

3.1.4.13　家蚕微孢子虫蛋白提取及硝酸银染色检测

A　家蚕微孢子虫总蛋白的提取

取 1×10^9 个纯化的家蚕微孢子虫，用灭菌 ddH_2O 洗 3 次，然后收集沉淀，加 400 μL 灭菌 PBS 重新悬浮孢子；称取 0.4 g 直径为 0.15~0.21 mm 玻璃珠加入孢子悬液中，加入 10 μL PMSF，4 ℃涡旋振荡 3 h；然后 4 ℃，12000 r/min 离心 2 次，每次 10 min，分离上清和沉淀，上清即为家蚕微孢子虫的总蛋白。沉淀加入水洗涤 5 次后，将沉淀用水悬浮，经两次 Percoll 密度梯度离心，收集纯化的孢壳，洗涤后分装，-20 ℃冰箱保存用于以下荧光定位实验。

B　家蚕微孢子虫孢壳纯化及孢壳蛋白和发芽液蛋白提取

利用发芽法纯化孢壳并提取孢壳蛋白，取新鲜纯化后的孢子约 10^7 个，在 1.5 mL 离心管中，加入 500 μL、0.1 mol/L K_2CO_3溶液混匀悬浮，在 28 ℃水浴孵育 30 min，每隔 10 min 摇晃 1 次。取发芽孢子悬液，12000 r/min 离心 5 min，将上清取样为发芽液蛋白，然后将沉淀用水悬浮，进行 Percoll 密度梯度离心，超高速冷冻离心机 14000 r/min 离心 40 min，取孢壳经吉姆萨染色后显微镜镜检，用水悬浮孢壳，12000 r/min 离心 5 min，洗涤后将孢壳进行第二次密度梯度离心，收集纯化的孢壳，洗涤后分装，-20 ℃冰箱保存。

孢壳蛋白的提取同上述家蚕微孢子虫总蛋白的提取。

C　家蚕微孢子虫碱溶蛋白的提取

取 1×10^7 个纯化的家蚕微孢子虫，用灭菌 ddH_2O 洗 3 次，然后收集沉淀，加 200 μL 0.1 mol/L NaOH 溶液重新悬浮孢子，在室温轻轻涡旋 20 min，12000 r/min 离心 5 min，上清即为碱溶蛋白。

D　SDS 提取家蚕微孢子虫蛋白

取 1×10^7 个纯化的家蚕微孢子虫，用灭菌 ddH_2O 洗 3 次，然后收集沉淀，加

200 μL、2% SDS 溶液重新悬浮孢子，在室温轻轻涡旋 20 min，12000 r/min 离心 5 min，上清即为 SDS 提取的家蚕微孢子虫蛋白。

E 硝酸银染色

（1）将上述蛋白样品进行 SDS-PAGE 电泳，电泳后将凝胶置于固定液中固定 1 h 以上或者固定过夜。

（2）室温下，清洗液清洗 1 h 以上。

（3）倒掉清洗液，用增感液增感 90 s。

（4）弃掉增感液，在 ddH_2O 中清洗 3 次，20 s/次。

（5）加入染色液，染色 30 min。

（6）在 ddH_2O 中清洗 3 次，20 s/次。

（7）加入显影液，置于水平摇床慢慢晃动，直至出现清晰条带。

（8）终止液进行终止反应。

（9）在 ddH_2O 中清洗 3 次，5 min/次，10%冰醋酸进行保存。

3.1.4.14 SDS-PAGE 及免疫印迹

（1）将上述提取的家蚕微孢子虫蛋白进行 SDS-PAGE 电泳，然后将胶浸泡于电转缓冲液中，浸泡至少 5 min。

（2）剪取与 PAGE 胶相同大小的 PVDF 膜和滤纸，将膜在甲醇中浸泡 10 s，再在 ddH_2O 中浸泡 5 min，然后与滤纸一起在电转 buffer 中浸泡 10 min 以上。

（3）同时将支持膜浸泡于电转 buffer 中，充分排除气泡。

（4）按从负极到正极的顺序放置依次为："支持膜→滤纸→PAGE 胶→PVDF 膜→滤纸→支持膜"，并在放置每一层时充分排除气泡。

（5）按照正负极的位置放到电泳槽中，加满电转缓冲液，将电转槽置于 4 ℃ 下 55 mA 稳流，1.0 mm 胶电转 1~1.5 h，1.5 mm 胶电转 2~2.5 h。

（6）电转后，将 PVDF 膜取出，标记正反方向，于封闭液中 37 ℃ 封闭 1 h 或 4 ℃ 过夜。

（7）用 TBST 洗掉封闭液，洗涤 3 次，每次洗涤 5 min。

（8）用封闭液稀释第一抗体（稀释浓度为 1∶6000），室温孵育 1.5 h。

（9）漂洗同步骤（7）。

（10）用封闭液稀释 HRP-IgG 二抗（稀释浓度为 1∶8000），室温孵育 1 h。

（11）漂洗同步骤（7）。

（12）用 AEC、DAB 或 ECL 显色试剂盒进行底物显色。

3.1.4.15 不同发育时期家蚕微孢子虫的提取与纯化

（1）取 10^9 个家蚕微孢子虫添食 1000 头 5 龄起蚕，取 5 龄第 7 天感染家蚕中肠，用组织捣碎机在 0.1 mol/L PBS（pH 值为 7.4）中捣碎，4 层纱布过滤以除去大块组织，收集滤液。

（2）将滤液以 20000 g，离心 5 min，收集离心后的沉淀，重悬浮沉淀后使用棉花过滤，再用 0.1 mol/L PBS(pH 值为 7.4）洗 3 次得到孢子粗提液。

（3）将孢子粗提液过 0.25 mol/L 蔗糖稀释的 70% Percoll，在 4 ℃下 45000 g 离心 30 min，离心后，孢子在 70% Percoll 中分为 4 层。

（4）收集每一层沉淀并使用 0.1 mol/L PBS（pH 值为 7.4）洗 3 次，再经过 0.25 mol/L 蔗糖稀释的 30%、45%、60%、75%、90% Percoll 密度梯度离心，在 4 ℃下 45000 g 离心 30 min，收集每一层孢子，使用 0.1 mol/L PBS（pH 值为 7.4）洗 3 次，最后收集底层沉淀，即为纯化的不同发育时期的家蚕微孢子虫。

3.1.4.16 间接免疫荧光试验（IFA）

参照李艳红等人[202]的方法进行，步骤如下：

（1）取 2×10^5 个家蚕微孢子虫于 1.5 mL 离心管中，用灭菌 ddH_2O 洗 3 次，然后收集沉淀，加入 100 μL、4 ℃保存的固定液将孢子悬起，固定 10~20 min。

（2）3000 r/min 离心 5 min，去除残留液体，用 PBST 洗 3 次，每次 5 min。

（3）加入透化液 30~50 μL，混匀，室温放置 20~30 min。

（4）同步骤（2）。

（5）加入 200 μL 封闭液，混匀，室温放置 2 h，期间注意避免沉淀；也可以 4 ℃封闭过夜。

（6）同步骤（2）。

（7）将第一抗体经封闭液 1∶200 稀释后，加入离心管中，混匀，37 ℃恒温箱中孵育 90 min，期间注意避免沉淀，也可以 4 ℃孵育过夜。

（8）同步骤（2）。

（9）加入 30 μL 的 FITC 和 Alexa 647 标记二抗（工作浓度 V/V＝1∶100），混匀，37 ℃恒温箱中孵育 60 min，期间注意避免沉淀。

（10）同步骤（2）。

（11）滴加 4′,6-二脒基-2-苯基吲哚（DAPI）室温染色 10~20 min。

（12）同步骤（2）。

（13）加入 5~10 μL 封片液，取 1 μL 均匀涂于载玻片，待其接近干燥时盖上盖玻片。

（14）置荧光显微镜下观察，同时设阴性对照，处理与上述相同。

3.1.4.17 免疫电镜试验（IEM）

（1）将纯化的不同发育时期家蚕微孢子虫，使用灭菌 ddH_2O 洗 3 次，然后收集沉淀，在 4 ℃固定液中固定 4 h 以上。

（2）离心收集孢子，在 4 ℃，利用含有 4% 蔗糖的 0.1 mol/L 二甲砷酸钠（CB）洗涤 4 次，每次 15 min，随后再在 4 ℃用含有 4%蔗糖和 0.1 mol/L 甘氨酸的 0.1 mol/L CB 中洗涤 30 min。

（3）12000 r/min 离心收集孢子，在 0 ℃依次用 30%和 50%甲醇溶液脱水，每步 15 min；随后再在-35 ℃(-20 ℃）冰箱中依次用 70%、80%、95%、100%、100%、100%甲醇溶液脱水，每步 15 min（注意：甲醇溶液首先在冰箱中预冷）。

（4）在-35 ℃(-20 ℃）冰箱中依次用稀释在 100%甲醇中的 LOWICRYL K4M 渗透，稀释比例为 1∶1、1∶2、1∶3 和 100% LOWICRYL K4M 进行渗透，每步 60 min，再利用 100% LOWICRYL K4M 将样品在-35 ℃(-20 ℃）冰箱中渗透过夜（注意：不断轻轻摇动样品使渗透完全）。

（5）次日，将样品管中充满 100% LOWICRYL K4M 在-35 ℃下距离 360 nm 紫外灯 20~30 cm 下聚合 48 h，随后在常温聚合 12 h；将聚合好的包埋块进行修块，用钻石刀切成厚度为 70 nm 的片子，并黏附在 200 目（0.074 mm）的镍网上。

（6）将镍网置于灭菌 ddH_2O 漂浮 3 min。

（7）0.1 mol/L 甘氨酸（pH 值为 7.4，PBS 配制）漂浮 30 min（选做）。

（8）封闭液中漂浮 30 min。

（9）使用封闭液稀释一抗（1∶300 稀释）孵育镍网 4 ℃过夜。

（10）次日在 0.01 mol/L PBS 上漂浮 6 次，每次 2 min。

（11）使用封闭液稀释胶体金标记的 HRP-IgG 二抗（1∶70）在室温孵育镍网 60 min。

10.01 mol/L PBS 上漂浮 6 次，每次 2 min，再在 ddH_2O 上漂洗 4 次，每次 2 min。

（12）醋酸双氧铀染色 3 min，再在 ddH_2O 上漂洗 4 次，每次 2 min，进行电镜观察。

3.2　结果与分析

3.2.1　家蚕微孢子虫 *Nbhswp7* 和 *Nbhswp9* 的基因克隆

3.2.1.1　家蚕微孢子虫基因组 DNA 的提取

本研究采用 CTAB 法[203]提取获得家蚕微孢子虫基因组，随后利用琼脂糖凝胶电泳进行检测（见图 3.1），在凝胶上基因组条带比较明显，拖带较少，表明基因组降解较少，符合进一步实验要求，可进行后续基因克隆。

3.2.1.2　家蚕微孢子虫 *Nbhswp7* 和 *Nbhswp9* 基因的原核表达载体构建

根据试验需要，设计了 *Nbhswp7* 的去信号肽以及 *Nbhswp9* 去信号肽和跨膜域引物，并在上下游引物分别加酶切位点 *Bam*H Ⅰ和 *Sal* Ⅰ以及 *Eco*R Ⅰ和 *Xho* Ⅰ。分别以家蚕微孢子虫基因组 DNA 为模板，以设计好的引物进行 PCR 扩增，扩增片段长度分别为 819 bp 和 996 bp。

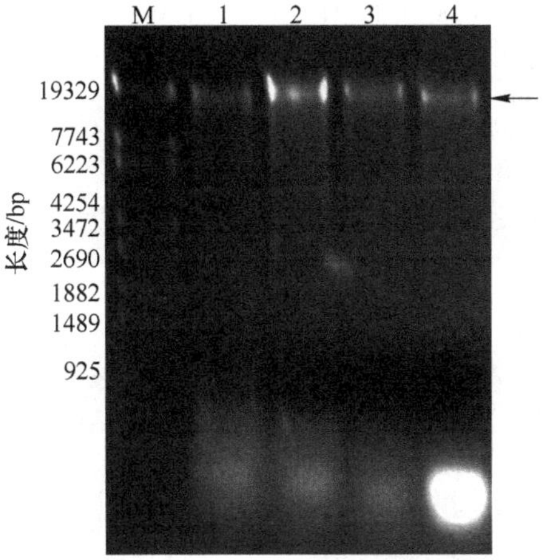

图 3.1 CTAB 法抽提家蚕微孢子虫基因组 DNA

（M：DNA 分子量标志物；泳道 1~4：家蚕微孢子虫基因组 DNA）

切胶回收目的片段并与 pMD-19 T simple 载体连接、转化，进行 TA 克隆，然后筛选阳性重组质粒，并通过 PCR 法、双酶切法和测序进行验证，如图 3.2 和图 3.3 所示。

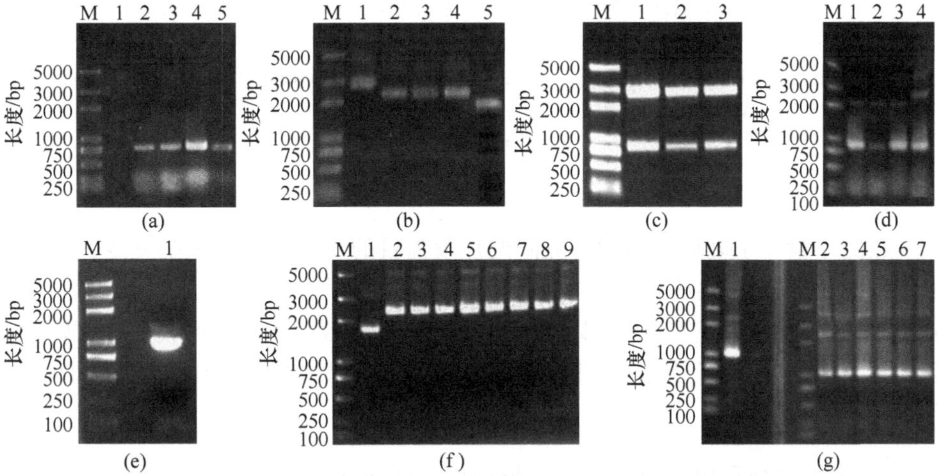

图 3.2 家蚕微孢子虫 *Nbhswp7* 和 *Nbhswp9* 的 T 克隆

（a）泳道 1~5：*Nbhswp7* PCR 结果；（b）泳道 1~4：重组质粒 pMD19-T simple-*Nbhswp7* 的检测，泳道 5：pMD19-T simple 载体；（c）泳道 1~3：重组质粒 pMD19-T simple-*Nbhswp7* 双酶切验证；（d）泳道 1~4：重组质粒 pMD19-T simple-*Nbhswp7* PCR 验证；（e）泳道 1：*Nbhswp9* PCR 结果；（f）泳道 1：pMD19-T simple 载体，泳道 2~9：重组质粒 pMD19-T simple-*Nbhswp9* 的检测；（g）泳道 1：重组质粒 pMD19-T simple-*Nbhswp9* PCR 验证，泳道 2~7：重组质粒 pMD19-T simple-*Nbhswp9* 双酶切验证

（M：DL2000 plus 标志物）

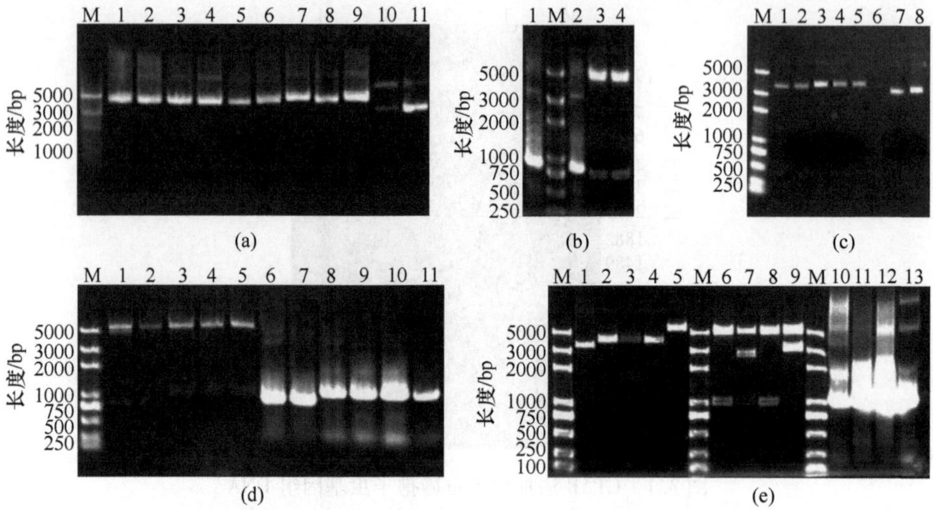

图 3.3　家蚕微孢子虫 *Nbhswp7* 和 *Nbhswp9* 的亚克隆

（a）泳道 1~9：重组质粒 pGEX4T1-*Nbhswp7* 的电泳检测，泳道 10 和 11：pGEX4T1 载体；（b）泳道 1~2：重组质粒 pGEX4T1-*Nbhswp7* PCR 验证，泳道 3 和 4：重组质粒 pGEX4T1-*Nbhswp7* 的双酶切验证；（c）泳道 1 和 2：重组质粒 pET30a-*Nbhswp7* 电泳检测，泳道 3~6：重组质粒 pET30a-*Nbhswp9* 电泳检测，泳道 7 和 8：pET30a 载体；（d）泳道 1 和 2：重组质粒 pET30a-*Nbhswp7* 双酶切验证，泳道 3~5：重组质粒 pET30a-*Nbhswp9* 双酶切验证，泳道 6 和 7：重组质粒 pET30a-*Nbhswp7* PCR 验证，泳道 8~11：重组质粒 pET30a-*Nbhswp9* PCR 验证；（e）泳道 1：pGEX4T1 载体，泳道 2~5：重组质粒 pGEX4T1-*Nbhswp9* 的电泳检测，泳道 6~9：重组质粒 pGEX4T1-*Nbhswp9* 双酶切验证，泳道 10~13：重组质粒 pGEX4T1-*Nbhswp9* PCR 验证（M：DL2000 plus 标志物）

经测序验证正确后，表明所克隆的片段为目的片段，且无碱基突变，可用于下一步的原核表达载体构建。将验证正确的重组质粒与表达载体 pGEX4T1 和 pET30a 分别经 *EcoR* I 和 *Xho* I 以及 *Bam*H I 和 *Sal* I 双酶切后，回收连接，转入大肠杆菌 *E. coli* DH5α，提取重组质粒进行 PCR 和双酶切验证，筛选阳性重组质粒。

3.2.2　家蚕微孢子虫 *Nbhswp7* 和 *Nbhswp9* 重组质粒原核表达及融合蛋白纯化

3.2.2.1　家蚕微孢子虫 *Nbhswp7* 和 *Nbhswp9* 的诱导表达

将已验证的 pET30a-*Nbhswp7*、pGEX4T1-*Nbhswp7*、pET30a-*Nbhswp9* 和 pGEX4T1-*Nbhswp9* 重组表达质粒分别转入表达菌 *E. coli* BL21+（DE3）和 Rosetta 中进行表达，在 37 ℃、0.5 mol/L IPTG 诱导表达 6 h，SDS-PAGE 电泳检测后，分别获得了目的蛋白条带。pGEX4T1-*Nbhswp7* 诱导表达融合蛋白 NbHSWP7（rSWP7-GST）为 58.8 kDa（见图 3.4（a）），pET30a-*Nbhswp7* 诱导表达融合蛋

白 NbHSWP7(rSWP7-HIS) 为 35.8 kDa（见图 3.4（b）），pGEX4T1-*Nbhswp9* 诱导表达融合蛋白 NbHSWP9(rSWP9-GST) 为 65.2 kDa（见图 3.4（c）），pET30a-*Nbhswp9* 诱导表达融合蛋白 NbHSWP9(rSWP9-HIS) 为 42.2 kDa（见图 3.4（d）），诱导蛋白质的表达量都比较高。

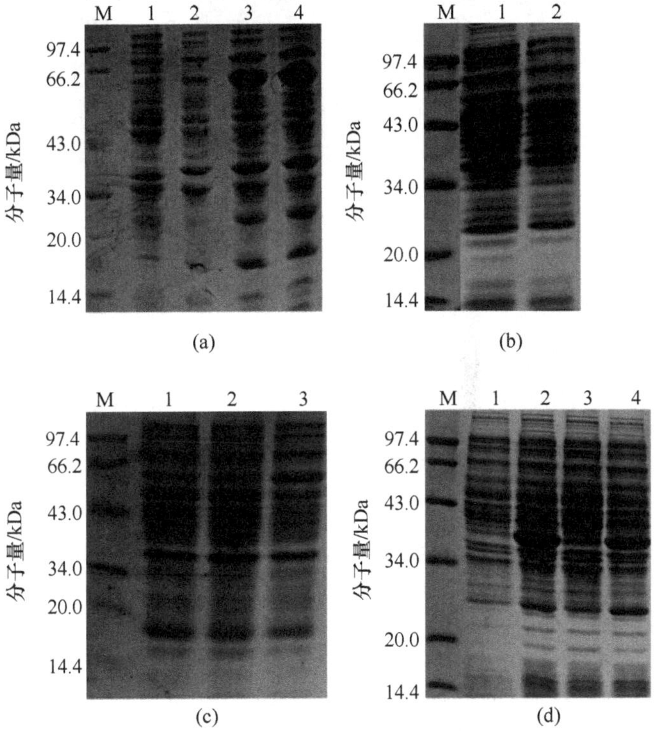

图 3.4 彩图

图 3.4　重组蛋白 NbHSWP7 和 NbHSWP9 表达的 SDS-PAGE 检测

（a）pGEX4T1-*Nbhswp7* 融合蛋白表达，泳道 1：pGEX4T1 加 IPTG 诱导表达，泳道 2：pGEX4T1-*Nbhswp7* 未加 IPTG 诱导表达，泳道 3：pGEX4T1-*Nbhswp7* 加 0.5 mmol/L IPTG 诱导表达，泳道 4：pGEX4T1-*Nbhswp7* 加 1 mmol/L IPTG 诱导表达；（b）pET30a-*Nbhswp7* 融合蛋白表达，泳道 1：pET30a-*Nbhswp7* 未加 IPTG 诱导表达，泳道 2：pET30a-*Nbhswp7* 加 0.5 mmol/L IPTG 诱导表达；（c）pGEX4T1-*Nbhswp9* 融合蛋白表达，泳道 1：pGEX4T1 加 0.5 mmol/L IPTG 诱导表达，泳道 2：pGEX4T1-*Nbhswp9* 未加 IPTG 诱导表达，泳道 3：pGEX4T1-*Nbhswp9* 加 0.5 mmol/L IPTG 诱导表达；（d）pET30a-*Nbhswp9* 融合蛋白表达，泳道 1 和 3：pET30a-*Nbhswp9* 未加 IPTG 诱导表达，泳道 2：pET30a-*Nbhswp9* 加 0.5 mmol/L IPTG 诱导表达，泳道 4：pET30a-*Nbhswp9* 加 1 mmol/L IPTG 诱导表达

（M：中分子量蛋白质标志物）

3.2.2.2　家蚕微孢子虫 *Nbhswp7* 和 *Nbhswp9* 诱导表达蛋白的纯化及多克隆抗体制备

经过蛋白表达形式鉴定以后，发现 pGEX4T1-*Nbhswp9* 诱导以可溶蛋白形式表达，利用亲和层析柱和分子筛进行蛋白纯化（见图 3.5（c）），但 pET30a-

Nbhswp7、pGEX4T1-*Nbhswp7* 和 pET30a-*Nbhswp9* 诱导后主要以包涵体的形式存在，只有少量蛋白以可溶形式表达（见图 3.5（a）（c）和（d））。

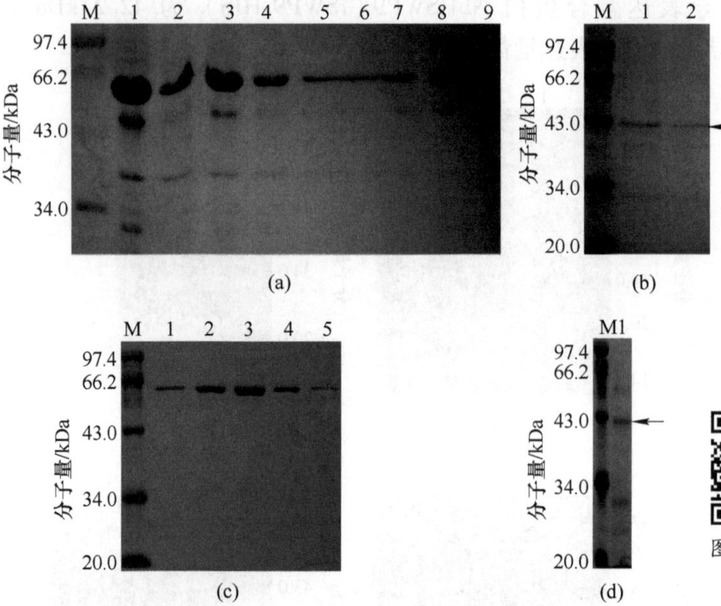

图 3.5 彩图

图 3.5　重组蛋白 NbHSWP7 和 NbHSWP9 纯化的 SDS-PAGE 检测

（a）pGEX4T1-*Nbhswp7* 融合蛋白的纯化，泳道 1~9：pGEX4T1-*Nbhswp7* 融合蛋白的纯化；（b）pET30a-*Nbhswp7* 融合蛋白的纯化，泳道 1 和 2：pET30a-*Nbhswp7* 融合蛋白的纯化；（c）pGEX4T1-*Nbhswp9* 融合蛋白的纯化，泳道 1~5：pGEX4T1-*Nbhswp9* 融合蛋白的纯化；（d）pET30a-*Nbhswp9* 融合蛋白的纯化，泳道 1：pET30a-*Nbhswp9* 融合蛋白的纯化，融合蛋白用箭头指示

（M：中分子量蛋白质标志物）

采用 Bradford 蛋白定量试剂盒测定所纯化的重组蛋白浓度，pGEX4T1-*Nbhswp9* 诱导表达纯化的融合蛋白每微升至少含有 0.682 μg，而 pGEX4T1-*Nbhswp7* 主要以包涵体形式表达，表达量较高，符合下一步多克隆抗体的制备。

经切胶纯化和亲和层析纯化获得重组蛋白，分别免疫健康雌性昆明小鼠和雄性新西兰大白兔，每个重组蛋白免疫 6 只小鼠，每次抗原的免疫量约为0.08 mg（鼠）和 0.8 mg（兔）。经第 4 次超免第 3 天后，采集血液于离心管中倾斜放置在 37 ℃培养箱静置 1 h 加速血液凝固，然后放于 4 ℃过夜，收集血清，即为抗血清。多克隆抗体分别标记为：anti-NbHSWP7 和 anti-NbHSWP9。采用 ELISA 实验检测发现 2 个蛋白制备的鼠和兔抗血清效价均高于 1：409600 和 1：51200。

3.2.3　家蚕微孢子虫 NbHSWP7 和 NbHSWP9 的免疫印迹分析

为了检测制备的多克隆抗体的特异性，应用蛋白质免疫印迹技术进行分析。首先利用获得的重组蛋白 rSWP7-HIS 和 rSWP9-GST 进行 SDS-PAGE 电泳，分别利用针对 NbHSWP7 和 NbHSWP9 的鼠和兔抗体作为一抗进行检测，结果发现针对 NbHSWP7 和 NbHSWP9 的鼠和兔抗体只能识别相应的重组蛋白 rSWP7-HIS 和 rSWP9-GST，两个抗体之间没有交叉反应，如图 3.6 所示。

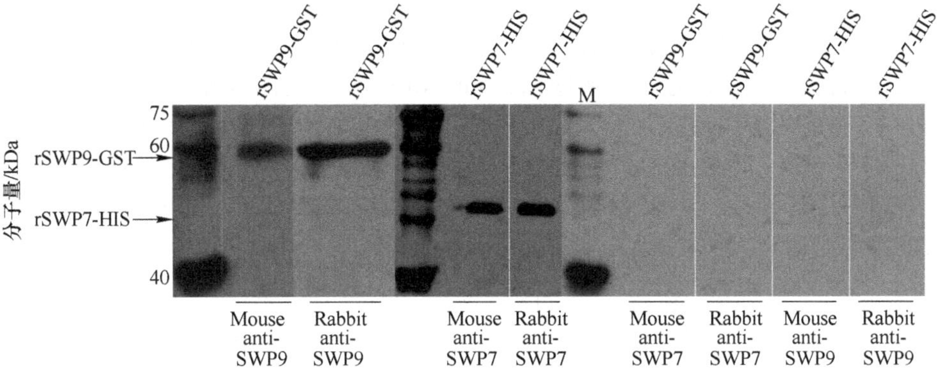

图 3.6 免疫印迹检测 NbHSWP7 和 NbHSWP9 抗体的特异性

（M：EasySee Western 标志；NbHSWP9 和 NbHSWP7 抗体分别识别其对应的 rSWP7-HIS 和 rSWP9-GST 融合蛋白条带，这两种抗体之间不存在交叉反应，亦未与其他孢子蛋白发生非特异性结合。Mouse anti-SWP9：针对 SWP9 的鼠源抗体；Rabbit anti-SWP9：针对 SWP9 的兔源抗体；Mouse anti-SWP7：针对 SWP7 的鼠源抗体；Rabbit anti-SWP7：针对 SWP7 的兔源抗体）

随后，采用玻璃珠破碎法提取获得了家蚕微孢子虫的总蛋白和孢壳蛋白；同时，利用 2% SDS 和 0.1 mol/L NaOH 处理成熟的家蚕微孢子虫分别获得了部分孢子表面蛋白，将以上所得蛋白进行 SDS-PAGE 和硝酸银染色，检测结果显示，蛋白条带较丰富（见图 3.7），随后将提取的家蚕微孢子虫蛋白经 SDS-PAGE 电

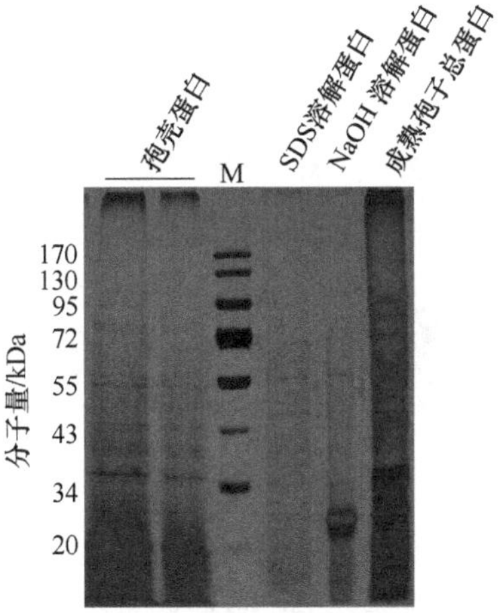

图 3.7 家蚕微孢子虫蛋白的提取

（利用玻璃珠破碎法提取获得了家蚕微孢子虫总蛋白和孢壳蛋白，随后利用 2% SDS 和 0.1 mol/L NaOH 分别提取家蚕微孢子虫表面蛋白，M：预染蛋白质标志物）

泳后转聚偏二氟乙烯（Polylinylidene Fluioride，PVDF）膜，分别与 anti-NbHSWP7 和 anti-NbHSWP9 鼠和兔抗体进行免疫印迹分析，同时以小鼠和兔阴性血清作为对照，结果如图 3.8 所示。Anti-NbHSWP7 抗体能够特异性识别家蚕微孢子虫总蛋白、孢壳蛋白、SDS 和 NaOH 溶解孢子蛋白中的单一条带，大小约 40 kDa，比NbHSWP7 的预测分子量（32.8 kDa）偏大，暗示 NbHSWP7 在微孢子虫中可能存在糖基化或其他修饰；anti-NbHSWP9 抗体也能特异性地与大小约为 43 kDa 的蛋白质条带发生免疫反应，大小与 NbHSWP9 预测蛋白质分子量 42.8 kDa 一致。两种抗血清均能特异识别孢子蛋白中的单一条带，说明了抗体具有较好的特异性，也表明本章所克隆的基因为 NbHSWP7 和 NbHSWP9 蛋白质的编码基因。

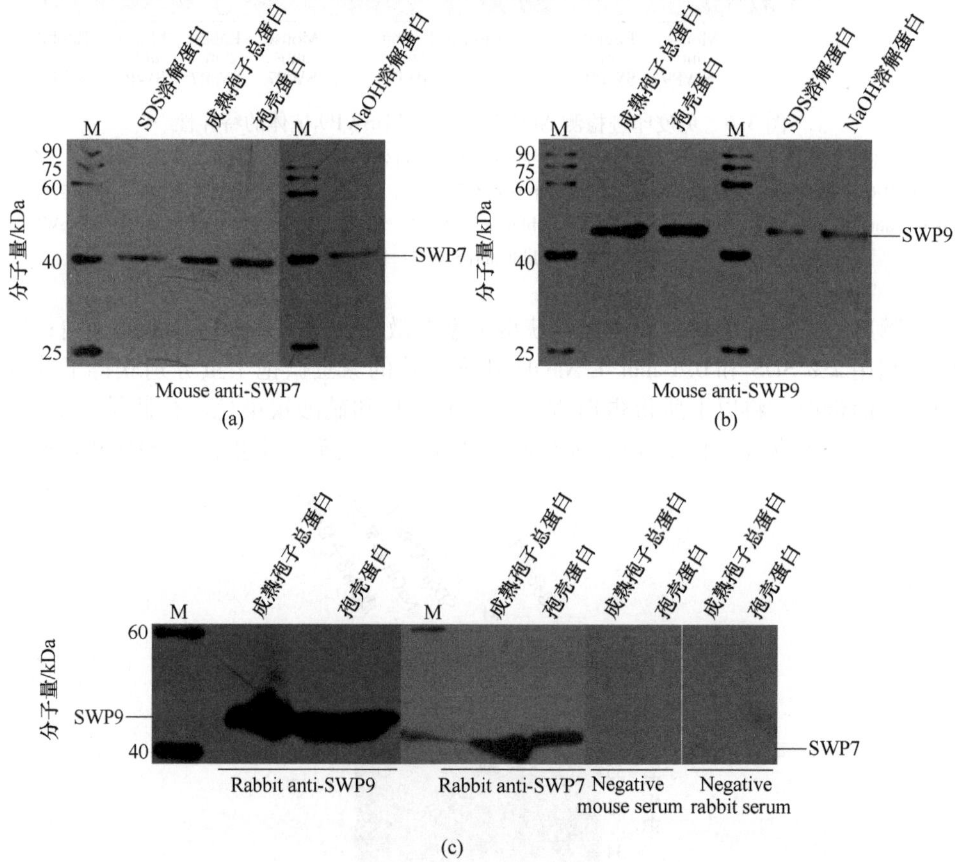

图 3.8　NbHSWP7 和 NbHSWP9 的抗体与家蚕微孢子虫蛋白的免疫杂交分析

（a）NbHSWP7 的鼠抗体与家蚕微孢子虫蛋白的免疫印迹分析；（b）NbHSWP9 的鼠抗体与家蚕微孢子虫蛋白的免疫印迹分析；（c）NbHSWP7 和 NbHSWP9 的兔抗体及兔和鼠阴性血清与家蚕微孢子虫蛋白的免疫印迹分析

（M：化学发光标志物）

将重组蛋白 rSWP7-HIS 和 rSWP9-GST 进行 SDS-PAGE，分别利用针对 NbHSWP7 和 NbHSWP9 抗体作为一抗进行检测，NbHSWP7 和 NbHSWP9 抗体只能识别相应的重组蛋白 rSWP9-GST 和 rSWP7-HIS，两个抗体之间没有交叉反应。

此外，从以上实验结果表明，NbHSWP7 和 NbHSWP9 除在家蚕微孢子虫总蛋白中含有以外，在孢壳蛋白以及 SDS 和 NaOH 溶解孢子蛋白中也存在，初步推断二者可能为新的孢壁蛋白，并且在孢子外壁上均含有这两个蛋白。

3.2.4 家蚕微孢子虫 NbHSWP7 和 NbHSWP9 的定位研究

3.2.4.1 间接免疫荧光检测 NbHSWP7 和 NbHSWP9 在不同时期家蚕微孢子虫中的定位

为了验证 NbHSWP7 和 NbHSWP9 是否为家蚕微孢子虫孢壁蛋白以及二者在孢子中的分布特征，将纯化好的成熟家蚕微孢子虫孢子以及孢壳用 4%的多聚甲醛固定制片，然后进行间接免疫荧光分析。一抗分别为 NbHSWP7 和 NbHSWP9 小鼠抗血清，以小鼠阴性血清为对照，稀释浓度为 1∶200；二抗为 FITC 标记的羊抗鼠 IgG（FITC-labeled goat anti-mouse IgG，Sigma，工作浓度为 1∶64），同时用 DNA 染料 DAPI 进行细胞核标记，最后用抗荧光淬灭剂封片，在荧光显微镜下进行观察（1000×）。在激发光波长 495 nm 处，在滴加了 NbHSWP7 和 NbHSWP9 两种抗体的成熟孢子样品里，均可以看到卵圆形孢子周围分布着较强的翠绿色荧光信号（见图 3.9（a2）和（b2）），并且孢子核被 DAPI 染成蓝色双核（见图 3.9（a1）、（b1）和（c1））；在家蚕微孢子虫孢壳样品中，孢壳被 DAPI 染成淡蓝色（见图 3.9（d1）、（e1）和（f1）），在激发光波长 495 nm 处，整个孢壳在滴加了 NbHSWP7 和 NbHSWP9 两种抗体后均呈现翠绿色荧光信号（见图 3.9（d2）和（e2）），而在阴性血清孵育的成熟孢子和孢壳中均没有任何信号（见图 3.9（c2）和（f2））。

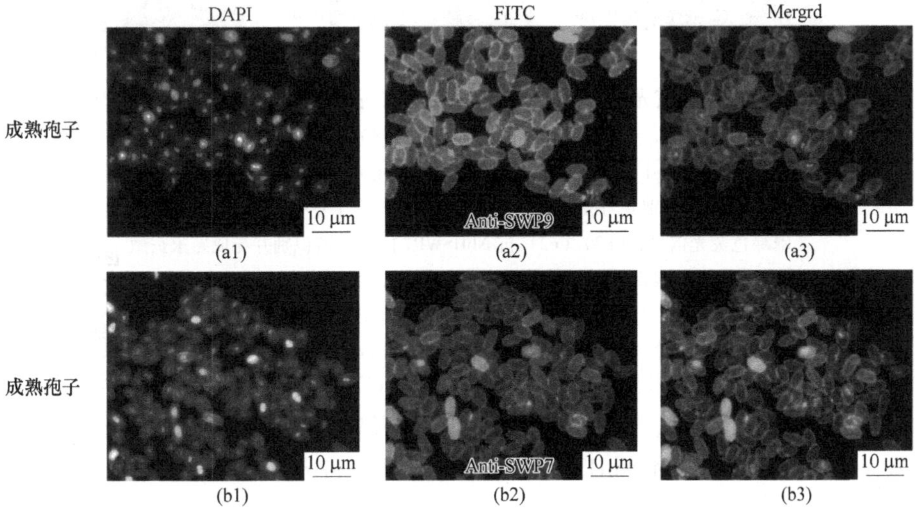

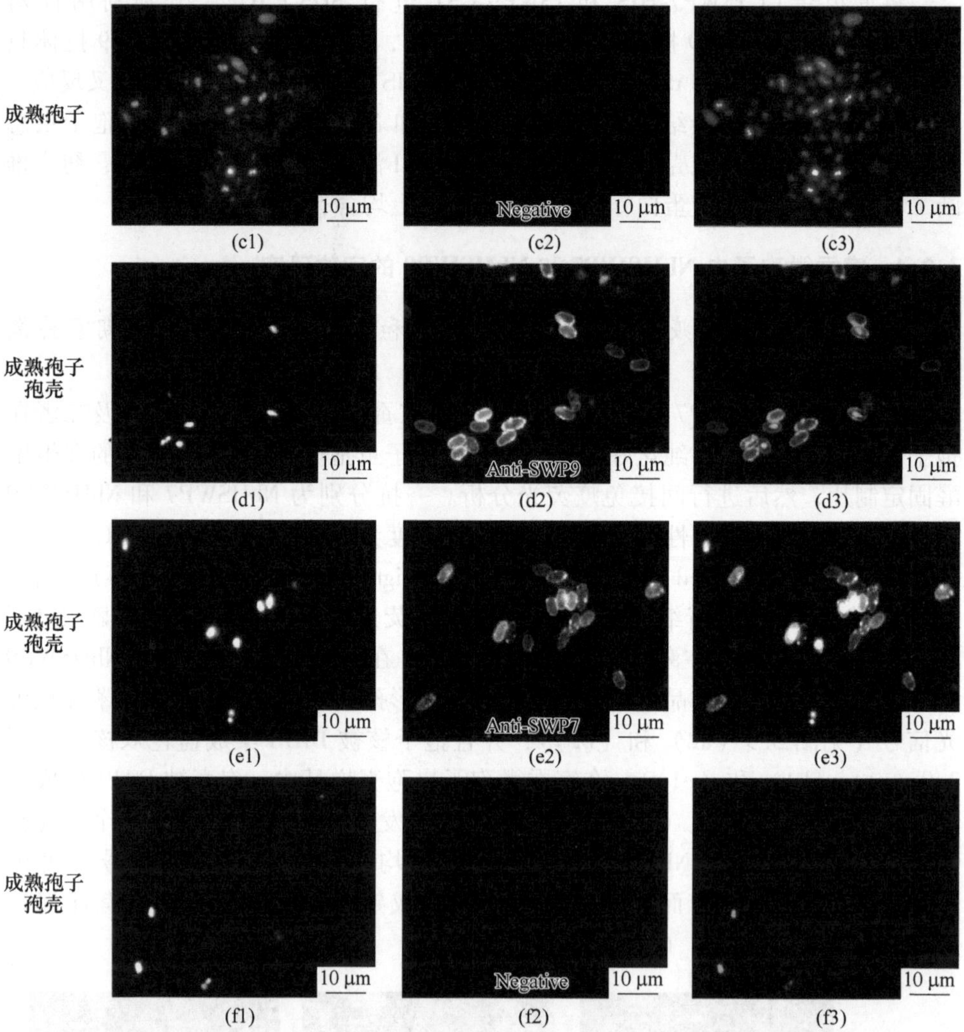

图 3.9　间接免疫荧光试验（IFA）检测成熟家蚕微孢子虫和孢壳中 NbHSWP7 和 NbHSWP9 的定位

（a1）（b1）（c1）（d1）（e1）（f1）DAPI 荧光染色对照；（a2）（d2）抗 NbHSWP9 的鼠血清识别并与成熟家蚕微孢子虫和孢壳发生免疫反应，孢子壁呈现强烈的翠绿色荧光信号；（b2）（e2）抗 NbHSWP7 的鼠血清识别并与成熟家蚕微孢子虫和孢壳发生免疫反应，孢子壁呈现强烈的翠绿色荧光信号；（c2）（f2）：鼠阴性血清对照；（a3）（b3）（c3）（d3）（e3）（f3）分别为（a1）和（a2），（b1）和（b2），（c1）和（c2），（d1）和（d2），（e1）和（e2），（f1）和（f2）的叠加

图 3.9 彩图

上述 IFA 结果显示，家蚕微孢子虫周围以及整个孢壳均能观察到翠绿色荧光信号，表明 NbHSWP7 和 NbHSWP9 两种抗体都能特异地识别成熟家蚕微孢子虫

孢壁上的抗原，并与之发生免疫反应。该结果表明，NbHSWP7 和 NbHSWP9 分布于成熟家蚕微孢子虫孢壁上，是两个新鉴定的家蚕微孢子虫孢壁蛋白，因此更名为“NbSWP7 和 NbSWP9”。

为了进一步观察成熟孢子的孢子外壁上是否含有 NbSWP7，因此利用 2% SDS 处理成熟孢子后，在激光共聚焦显微镜下观察，并以正常未处理成熟家蚕微孢子虫作为阳性对照。从图 3.10 可以清晰地看到，未处理成熟孢子表面有点状

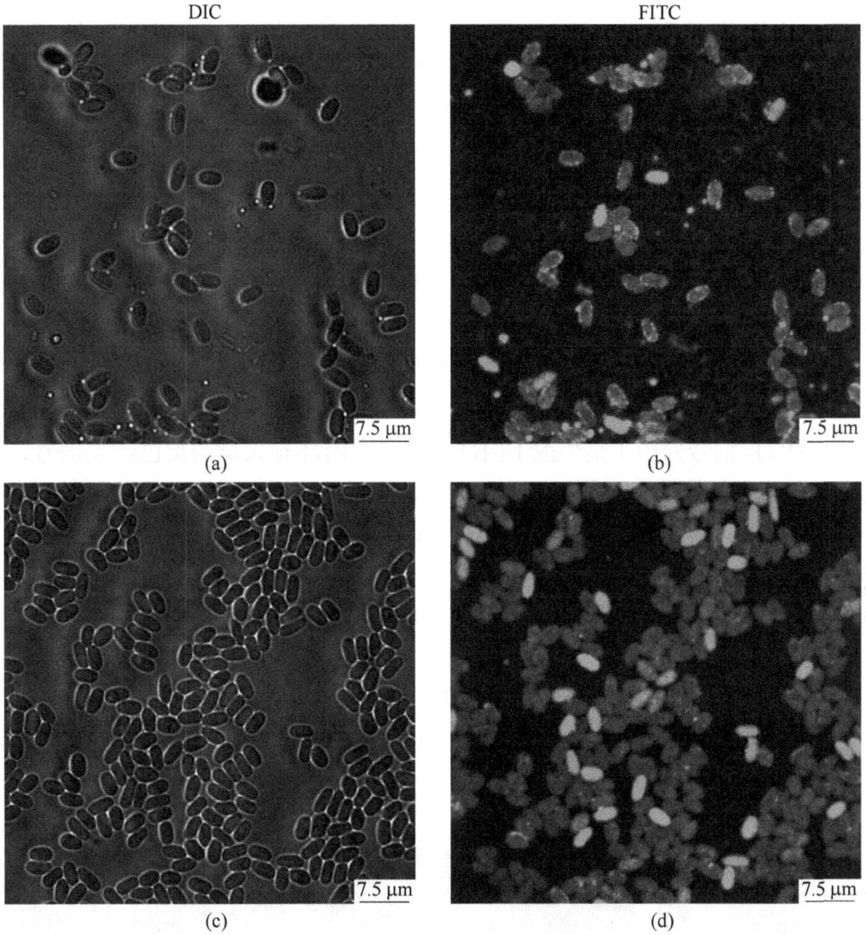

图 3.10 共聚焦显微镜检测成熟家蚕微孢子虫孢子外壁的 NbSWP7

(a)(c) 在微分干涉显微镜（DIC：Differential Interference Contrast Microscope）下的成熟家蚕微孢子虫；(b) 用抗 NbSWP7 的鼠抗血清为一抗、FITC 标记的羊抗鼠抗体为二抗与成熟家蚕微孢子虫孵育，孢子壁呈现翠绿色荧光；(d) 用抗 NbSWP7 的鼠抗血清为一抗、FITC 标记的羊抗鼠抗体为二抗与 2% SDS 处理的成熟家蚕微孢子虫孵育，孢子壁基本没有绿色荧光

图 3.10 彩图

的翠绿色荧光信号，而用 2% SDS 处理后的成熟孢子壁上基本没有绿色荧光信号，此结果与图 3.8（a）相一致，说明成熟家蚕微孢子虫外壁上含有 NbSWP7，并且 SDS 可以将 NbSWP7 从孢子外壁上处理下来。

3.2.4.2　间接免疫荧光检测 NbSWP7 和 NbSWP9 在不同发育时期孢子中的分布

为了调查 NbSWP7 和 NbSWP9 在家蚕微孢子虫发育过程中的分布情况和分泌路径，采用 Percoll 密度梯度离心获得不同发育时期的家蚕微孢子虫。通过密度梯度离心纯化获得 30%、45%、60%、75% 和 90%（Percoll）层孢子，30% 和 45% Percoll 层富含母孢子（Sporonts），母细胞能够观察到较清晰的孢壁；60% 和 75%（Percoll）层主要是早期孢子母细胞（Early sporoblasts）和晚期孢子母细胞（Late sporoblasts），孢子母细胞含有正在发育的孢壁，并且形成排列杂乱的极管；90%（Percoll）层主要成分是成熟家蚕微孢子虫（Mature spores），成熟孢子含有典型完整的厚壁。获得不同发育时期的家蚕微孢子虫后，利用 NbSWP7 和 NbSWP9 的抗体为一抗，再以绿色荧光 FITC 标记的抗体针对 NbSWP9，以红色荧光 Alexa Fluor® 647 标记的抗体针对 NbSWP7，最后用细胞核染色剂 DAPI 对孢子的核进行染色。在母细胞时期的孢子中，DAPI 不能将核染成蓝色，孢子内部既有翠绿色荧光也有红色荧光，NbSWP9 和 NbSWP7 主要呈点状绿色（NbSWP9）和红色（NbSWP7）信号分布于整个孢子内部，在孢子内部有大量的黄色荧光信号，说明绿色和红色荧光信号具有重叠，二者具有共定位现象，且 NbSWP9 比 NbSWP7 的表达量要高（见图 3.11（a3），（a4），（b3）和（b4））；由图 3.10（c3），（c4），（d3）和（d4）可知，在孢子母细胞时期，孢子壁上主要是翠绿色荧光，而孢子内部主要是红色荧光，说明一部分 NbSWP9 已经到达孢壁上，而 NbSWP7 还主要分布于孢子内部（见图 3.11（c5）和（d5）中箭头所示）；最后在成熟的家蚕微孢子虫中，整个孢壁上既有翠绿色荧光也有红色荧光（见图 3.11（e3）和（e4）），并且在叠加图（见图 3.11（e5））中出现大量黄色荧光信号，说明 NbSWP7 和 NbSWP9 全部定位于孢子孢壁上，并且二者能够共定位。

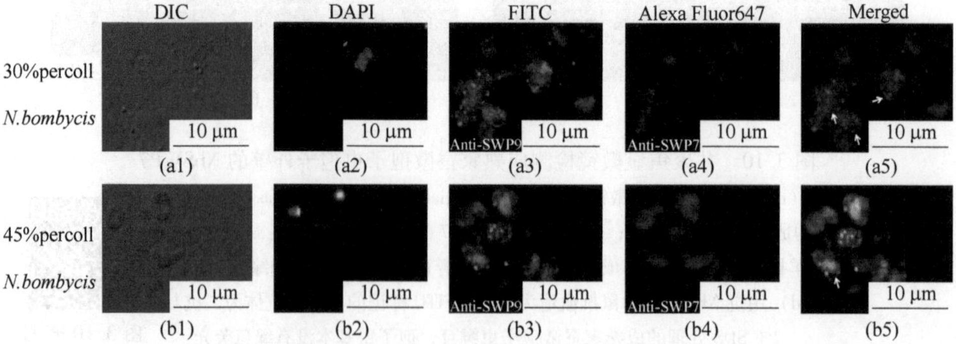

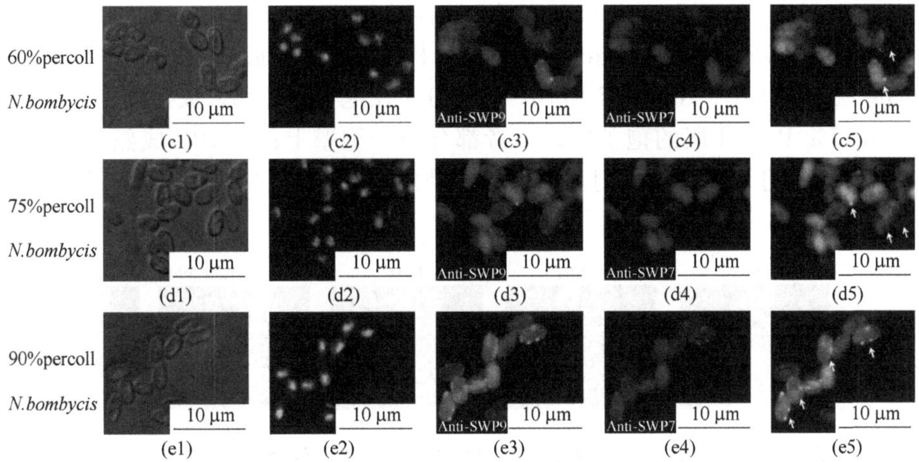

图 3.11 间接免疫荧光试验检测不同发育时期家蚕微孢子虫中 NbSWP7 和 NbSWP9 的定位

（a3）（b3）（c3）（d3）（e3）NbSWP9 通过 FITC（绿色）标记；（a4）（b4）（c4）（d4）（e4）NbSWP7 通过 Alexa Fluor® 647（红色）标记；（a1）（b1）（c1）（d1）（e1）孢子通过相差显微镜观察；（a2）（b2）（c2）（d2）（e2）使用 DAPI 进行核染色；（a5）（b5）（c5）（d5）（e5）合并图像，显示孢子内部及孢壁周围同时存在红色和绿色信号，并在重叠区域形成黄色信号（箭头所示）

（该图展示了在不同 Percoll 梯度分离组分中收集的 *N. bombycis* 孢子，通过间接免疫荧光（IFA）染色后显微成像的结果。实验中，将孢子分别与小鼠来源的抗 NbSWP7 抗体和兔来源的抗 NbSWP9 抗体共同孵育。30%和 45% Percoll 梯度离心组分中富集有带有可见细胞包膜和内部荧光点状信号的孢子体（箭头所示），而细胞核未被 DAPI 染色（见图（a2）和（b2））。60%和 75% Percoll 梯度组分中主要富集有早期孢子芽与晚期孢子芽，特征为荧光环状信号和正在形成的孢壁（见图（c5）和图（d5）箭头）。90% Percoll 梯度组分则富含成熟孢子，显示出典型完整的厚孢壁，并伴有强烈的荧光环状信号）

图 3.11 彩图

上述研究结果说明，利用 Percoll 密度梯度离心可以分离到不同发育时期的家蚕微孢子虫，在家蚕微孢子虫母细胞时期，NbSWP7 和 NbSWP9 主要分布在孢子内部，且具有共定位现象；在孢子母细胞时期，NbSWP9 先到达了孢子孢壁上，NbSWP7 还主要分布在孢子内部；在成熟的家蚕微孢子虫中，NbSWP7 和 NbSWP9 全部定位于孢子孢壁上，并且二者能够共定位，推断二者可能在母细胞内部和成熟孢子孢壁上存在相互作用共同构成家蚕微孢子虫孢壁，但还需要后面实验进一步验证二者的相互作用。

为了更加充分说明 NbSWP7 和 NbSWP9 在不同发育时期家蚕微孢子虫中的定位情况，利用 Percoll 密度梯度离心重新纯化不同发育时期的孢子，通过激光共聚焦显微镜进一步观察，随后利用 NbSWP7 和 NbSWP9 的抗体为一抗，再以绿色荧光 FITC 标记的抗体标记 NbSWP9，以红色荧光 Alexa Fluor® 594 标记的抗体标记 NbSWP7，最后用细胞核染色剂 DAPI 对孢子的核进行染色。通过观察发现，在 30%和 45% Percoll 层的家蚕微孢子虫不能被 DAPI 染成蓝色，随着孢子不断成熟，在 60%、75%和 90% Percoll 层的孢子核被 DAPI 染成蓝色。在 30%和 45% Percoll 层的孢子中，NbSWP7 和 NbSWP9 分布在孢子内部和未成熟的孢壁上；在 60%和 75% Percoll 层的孢子中，二者都分布于孢壁上；在 90%成熟的孢子中，二者全部定位于孢壁上，并且具有共定位现象，如图 3. 12 所示。

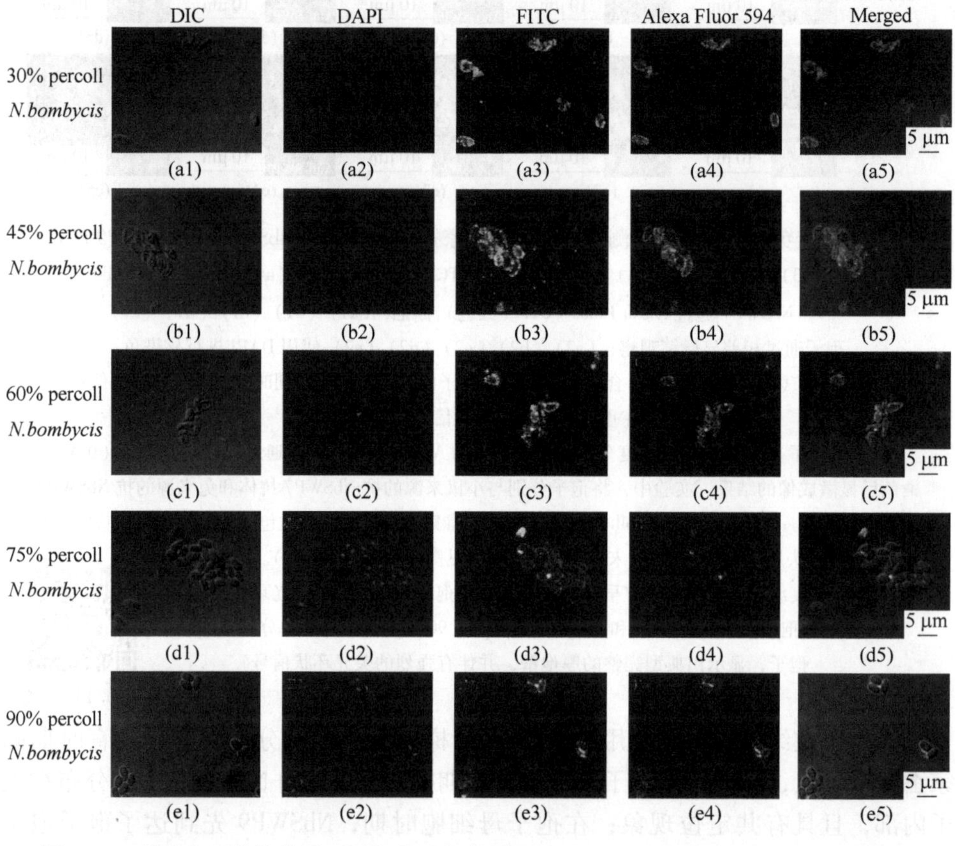

图 3. 12　共聚焦显微镜检测不同发育时期家蚕微孢子虫中 NbSWP7 和 NbSWP9 的定位

（该图展示了不同 Percoll 梯度分离组分中收集的 *N. bombycis* 孢子，在分别与小鼠抗 NbSWP7 抗体和兔抗 NbSWP9 抗体孵育后所获得的 IFA 图像。孢子经与抗 NbSWP9 抗体孵育后（图（a3）（b3）（c3）（d3）（e3）），再与 FITC（绿色）标记的二抗进行孵育；与抗 NbSWP7 抗体孵育后（图（a4）（b4）（c4）（d4）（e4）），再与 Alexa Fluor® 594（红色）标记的荧光二抗进行孵育；图（a1）（b1）（c1）（d1）（e1）为相差显微镜下观察的孢子形态图像；图（a2）（b2）（c2）（d2）（e2）为 DAPI 染色的细胞核荧光图像；图（a5）（b5）（c5）（d5）（e5）为桑加图像。所有图像的比例尺为 5 μm）

图 3. 12 彩图

从以上结果可以看出，NbSWP7 和 NbSWP9 在不同发育时期的孢子中，能够部分共定位，与上述结果相一致，进一步推断二者可能存在相互作用。

3.2.4.3　免疫电镜检测不同发育时期家蚕微孢子虫中 NbSWP7 和 NbSWP9 的精细定位

为了确定家蚕微孢子虫孢壁蛋白 NbSWP7 和 NbSWP9 在孢子整个发育过程中的精细定位及分泌路径，以上述 Percoll 纯化的不同发育时期家蚕微孢子虫为材料进行固定、包埋、切片和抗体标记，利用透射电子显微镜（Transmission electron microscopy）对不同发育时期孢子形态和胶体金标记进行观察，发现 30%、45%、60%、75%和 90% Percoll 层含有不同发育时期的孢子，孢子的成熟状况可以通过质膜的厚度来衡量。在孢子形成阶段，质膜表面有一定数量不规则的加厚，使质膜呈现圆齿状外形。从透射电镜结果发现，母孢子的特征是孢壳表面均匀增厚，接着母孢子转变为孢子母细胞；进入孢子母细胞时期，孢壳表面不规则的增厚，孢原质内部形成极管和其他的细胞器；随着孢子不断成熟，孢子母细胞最后转变为成熟孢子，成熟孢子内部含有排列整齐的极管、双核和其他细胞器。此外，更重要的特征是孢子质膜堆积了一层低电子密度的孢子内壁，孢子内壁外面又覆盖了一层高电子密度的孢子外壁。因此，30%和 45% Percoll 层主要富含母孢子；60%和 75% Percoll 层富含早期和晚期孢子母细胞，同时发现晚期孢子母细胞孢壁相对于早期孢子母细胞孢壁进一步加厚，孢壁的不规则的突起更为明显；而 90% Percoll 层几乎是成熟孢子，如图 3.13 和图 3.14 所示。利用透射电镜进一步观察 NbSWP7 和 NbSWP9 在已纯化的不同发育时期孢子中的精细定位，结果发现在母孢子时期，NbSWP7 和 NbSWP9 主要分布在孢原质内部，但是标记 NbSWP7 的胶体金颗粒比标记 NbSWP9 的胶体金颗粒要少，表明此发育阶段 NbSWP9 的表达量多于 NbSWP7；随着孢子的不断发育，在孢子母细胞时期，一部分 NbSWP9 仍然分布在孢原质中，还有一部分已经分泌到孢壁上，几乎所有 NbSWP7 仍然分布在早期和晚期孢子母细胞孢原质，说明 NbSWP9 比 NbSWP7 先分泌到家蚕微孢子虫的孢壁上。同时从结果发现，在早期孢子母细胞发育成晚期孢子母细胞的过程中，NbSWP7 有从孢原质向外分泌到孢壁的趋势；孢子母细胞进一步发育成为成熟孢子，此时，二者主要定位于孢子外壁、孢子内壁和极管区域。利用兔阴性血清作为对照，孢子上面没有任何胶体金颗粒，免疫电镜结果与上述间接免疫荧光试验结果一致。总之，NbSWP7 和 NbSWP9 是家蚕微孢子虫新鉴定的两个孢壁蛋白，二者主要定位于成熟孢子的孢壁和极管。

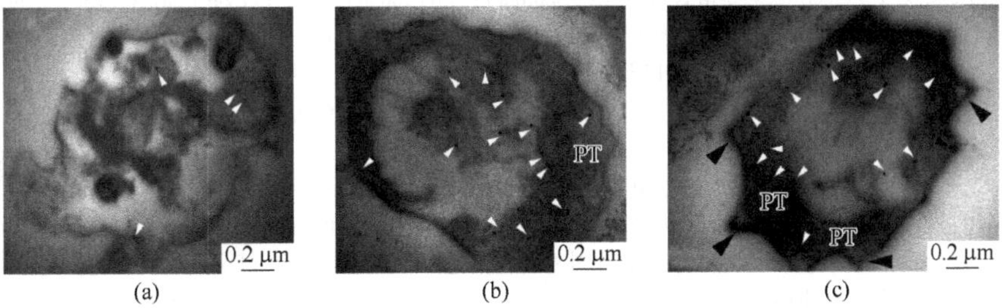

(a)　(b)　(c)

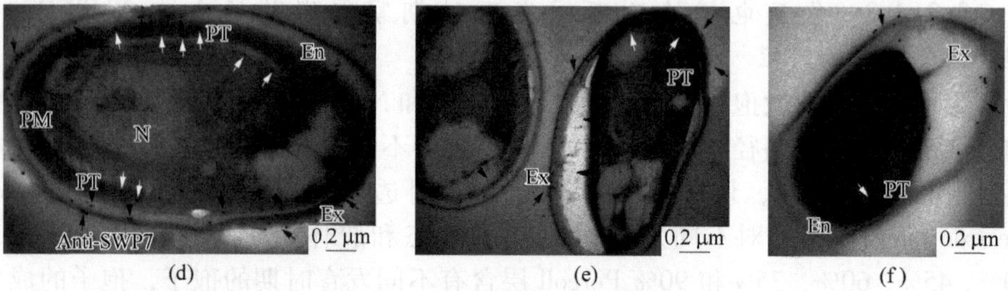

图 3.13　免疫透射电镜检测 NbSWP7 在不同发育时期家蚕微孢子虫中的表达和定位

（a）母孢子（Sporont）；（b）早期孢子母细胞（Early sporoblasts）；（c）晚期孢子母细胞（Late sporoblasts）；（d）~（f）成熟的家蚕微孢子虫（Mature spore）

（利用 Percoll 密度梯度离心分离纯化不同发育时期的家蚕微孢子虫，并以 NbSWP7 的抗体为一抗、18 nm 胶体金颗粒标记的羊抗兔抗体为二抗，胶体金所在位置即为 NbSWP7 的表达位置。（a）~（c）中白色箭头表示孢原质内部的 NbSWP7；红色箭头表示孢子内壁的 NbSWP7；黑色箭头表示圆齿状的孢壁突起；（d）~（f）中白色箭头表示极管区域的 NbSWP7；红色箭头表示质膜上的 NbSWP7；黑色箭头表示孢子外壁上的 NbSWP7）

图 3.13 彩图

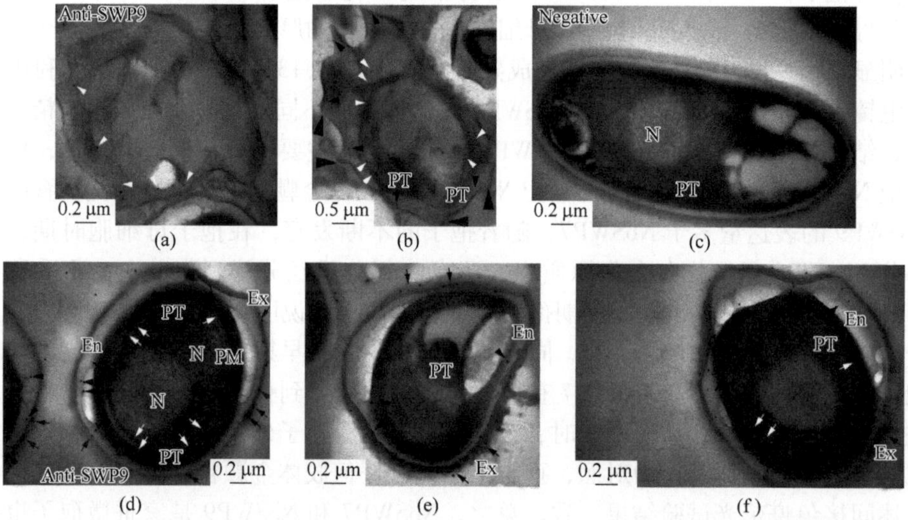

图 3.14　免疫透射电镜检测 NbSWP9 在不同发育时期家蚕微孢子虫中的表达和定位

（a）30%和 45% Percoll 层主要富含母孢子（Sporont）；（b）60%和 75% Percoll 层富含早期孢子母细胞（Early sporoblasts）和晚期孢子母细胞（Late sporoblasts）；（c）以兔阴性抗体为对照；（d）~（f）90% Percoll 层几乎全部是成熟的家蚕微孢子虫（Mature spore）

（以 NbSWP9 的抗体为一抗、18 nm 胶体金颗粒标记的羊抗兔抗体为二抗，胶体金所在位置即为 NbSWP9 的表达位置。（a）~（c）中白色箭头表示孢原质内部的 NbSWP9；红色箭头表示孢子内壁的 NbSWP9；黑色箭头表示锯齿状的孢壁突起；（d）~（f）中白色箭头表示极管区域的 NbSWP9；红色箭头表示质膜上的 NbSWP9；黑色箭头表示孢子外壁上的 NbSWP9。PT：极管（Polar Tube）；N：细胞核（Nucleus）；Ex：孢子外壁（Exospores）；En：孢子内壁（Endospore））

图 3.14 彩图

3.3 结论与讨论

本章主要依据家蚕微孢子虫基因组数据，分别设计针对家蚕微孢子虫孢壁蛋白 *Nbhswp7* 和 *Nbhswp9* 的表达引物，成功构建了这两个孢壁蛋白的原核表达载体 pET30a-*Nbhswp7*、pGEX4T1-*Nbhswp7*、pET30a-*Nbhswp9* 和 pGEX4T1-*Nbhswp9*，分别转化 *E. coli* Rosetta 和 BL21（DE3）后，经 IPTG 诱导后融合蛋白可以进行表达，pGEX4T1-*Nbhswp9* 重组蛋白主要以可溶蛋白形式表达，pGEX4T1-*Nbhswp7*、pET30a-*Nbhswp7* 和 pET30a-*Nbhswp9* 重组蛋白部分以可溶蛋白形式表达。经 Ni-NAT 和 GST 亲和层析柱纯化后，得到重组蛋白，同时我们将诱导表达纯化的重组蛋白免疫小鼠和新西兰大白兔制备相应的抗血清。

原核表达系统中大肠杆菌遗传背景简单，易于生长和控制，可进行大规模发酵培养，表达周期短且水平高、操作简单，而且用于细菌培养的材料不及昆虫细胞和哺乳动物细胞系统的材料昂贵，并且已有大量可供选择利用的载体，因此被人们作为克隆与表达外源基因首选的表达系统[204]。但是，大肠杆菌表达系统也存在一些无法突破的问题，比如：不能对表达蛋白质进行翻译后磷酸化、糖基化修饰，更让人烦恼的是目的蛋白常以包涵体形式表达而影响表达蛋白的生物学活性及构象。在 NbHSWP7 的重组蛋白表达过程中发现，不管更换表达载体还是改变诱导时间、转速、诱导温度及 IPTG 浓度，都得不到外源重组蛋白的可溶形式表达，只有在表达载体 pET30 能得到微量的重组蛋白，并且原核表达不稳定，放置一段时间可能就得不到可溶表达，给后续两个孢壁蛋白的功能研究带来巨大的不利。

在本研究中，利用 pET30a-*Nbhswp7* 在大肠杆菌表达系统获得的外源表达蛋白 NbHSWP7 比预测偏大 6 kDa 左右，并且以部分可溶蛋白的形式存在。分析其偏大的原因：一方面可能是由于蛋白本身的高级结构影响了电泳的迁移速率导致偏大；另一方面可能是由于大肠杆菌表达系统本身缺陷所致，即对蛋白很难进行正确的折叠和修饰。通过 HIS 标签抗体和利用重组蛋白 rSWP7-GST 制备的其自身抗体进行杂交验证，证明表达得到的确实是 NbHSWP7，因此可以用于后续的研究。我们利用诱导表达的重组蛋白 rSWP7-GST 和 rSWP9-GST 制备的多克隆抗体为一抗进行免疫印迹，发现二者同时存在于玻璃珠破碎的家蚕微孢子虫总蛋白中，且二者在孢子总蛋白中的含量都相对较高，但是 NbHSWP7 要比预测分子量偏大 6 kDa 左右；分析其偏大的原因可能是存在翻译后糖基化和磷酸化修饰，而 NbHSWP9 与预测分子量相一致。再者，二者在家蚕微孢子虫孢壳蛋白中都有非常特异的条带，且含量也相对较高，初步说明二者可能为家蚕微孢子虫的孢壁蛋白。在以前的报道中称，微孢子虫经过碱和 SDS 处理会使孢子外壁的蛋白脱落[14,53,147,205-207]，因此，利用 0.1 mol/L NaOH 和 2% SDS 处理家蚕微孢子虫后获得上清蛋白，通过免疫印迹检测发现在 0.1 mol/L NaOH 和 2% SDS 处理的上清样品都含有 NbHSWP7 和 NbHSWP9，推断家蚕微孢子虫的孢子外壁上含有这两个孢壁蛋白，二者可能在孢子侵染宿主中扮演着一定的角色，此推断需要后面的实验进一步证实。

目前，在寄生虫定位研究中，主要采用间接免疫荧光和免疫胶体金这两种技术手段。这两种技术以抗体特异性识别抗原为基础，通过化学反应使金属离子、同位素、荧光素、酶等标记抗体的显色剂显色来确定抗原位置，是定位研究中的经典方法之一。关于微孢子虫中孢壁蛋白定位研究，主要是通过间接免疫荧光和免疫胶体金这种抗原与抗体特异性结合的技术来确定。目前，在微孢子虫中共鉴定了 14 个孢壁蛋白，在脑炎微孢子虫属中鉴定 8 个，分别是：2000 年，Bohne 等人在兔脑炎微孢子虫中鉴定出了 SWP1，定位在孢子外壁上[16]；2001 年，Hayman 等人在肠道微孢子虫中鉴定了两个孢壁蛋白 SWP1 和 SWP2，都定位在外壁上[17]；2005 年，Brosson 等人在兔脑炎微孢子虫中发现了一个几丁质脱乙酰酶（EcCDA），其主要定位于成熟孢子孢原质膜和孢子内壁的相接处[149]；2006 年，Peuvel-Fanget I 等人在兔脑炎微孢子虫中鉴定了 2 孢壁蛋白 EnP1 和 EnP2，都定位于内壁上[18]；同年 Xu 等人鉴定 SWP3 定位于兔脑炎微孢子虫内壁上[20]；在 2007 年，Southern 等人也在脑炎微孢子中鉴定出 EnP1 并定位于内壁[19]。此外，对寄生于经济昆虫家蚕的微孢子虫孢壁蛋白的研究到目前还相对较少，本实验室李艳红等人[208]在家蚕微孢子虫中首次建立了免疫荧光检测方法，不仅用于病原的免疫学诊断，还可以对抗原进行定位。基于以上免疫荧光技术和免疫胶体金技术，在家蚕微孢子虫中共鉴定了 6 个孢壁蛋白，分别是：2008 年，Wu 等人鉴定 SWP1（SWP30）和 SWP32，前者定位于孢子内壁，后者定位于孢子外壁[14]；2009 年，Wu 等人又鉴定 SWP25，并将其定位于孢子内壁[15]；同年 Li 等人鉴定了 SWP26，其定位于成熟孢子内壁[22]；2011 年，Cai 等人鉴定了 SWP5，其定位于孢子外壁[46]；随后 Li 等人发现 SWP5 除了定位于孢子外壁，还定位于极管区域[53]；2013 年，Chen 等人鉴定了一个新的孢壁蛋白 NbSWP12[156]。在本实验中，利用免疫荧光和免疫胶体金实验证明 NbHSWP7 和 NbHSWP9 都能定位到成熟家蚕微孢子虫的孢壁上，并且在获得的成熟孢子的孢壳上也有很强的定位信号，表明 NbHSWP7 和 NbHSWP9 是家蚕微孢子虫的两个孢壁蛋白，即为“NbSWP7 和 NbSWP9”。为了进一步证明二者在家蚕微孢子虫孢壁的精细定位，又利用免疫胶体金技术结合碱和 SDS 处理成熟孢子的免疫印迹，从实验中可以看出，经过 NaOH 和 SDS 处理成熟孢子的上清蛋白中分别有这两个蛋白的存在，同时将 SDS 处理的成熟孢子与 NbSWP7 抗体孵育后，利用激光共聚焦观察发现未处理的孢子表面有强烈的点状绿色荧光信号，经 SDS 处理后绿色荧光信号基本消失。以上实验结果初步证明，在成熟家蚕微孢子虫的孢子外壁上有 NbSWP7 和 NbSWP9 这两个蛋白的存在。免疫电镜进一步证实二者不仅定位于成熟孢子的外壁，还定位于孢子内壁，推断二者可能在家蚕微孢子虫黏附和侵染宿主中发挥着一定的作用。此外，二者还定位于孢子极管区域，推断二者可能与极管在成熟孢子内部的整齐排列或极管弹出有重要的关系[209]。

单细胞真核生物寄生虫的分化必然与其复杂的生活史密切相关，其各个生活阶段是在同一个细胞内完成的[45]。微孢子虫的胞内发育阶段是直接与宿主细胞的孢原质接触的，家蚕微孢子虫也不例外。首先，微孢子虫在感受到外界一定的刺激后，将孢原质从孢子注射进宿主细胞内，在宿主细胞内发育，转化为裂殖体，裂殖体仅有一层质膜包裹。在孢子裂殖期的末期，大量的高电子密度物质逐渐沉积在质膜的外侧，慢慢形成较明显的壁结构界限。当细胞周围全部被高电子密度物质包围时，说明细胞开始进入孢子增殖期，此特征是母孢子的典型特征[187]。母孢子转变成孢子母细胞的最大特征是发芽器官开始形成且排列杂乱和具有假定的成熟孢子外形。进入孢子增殖阶段后，孢子母细胞成熟、转变成成熟孢子，成熟孢子的器官发生极化，且具有一个由高电子密度的孢子外壁和低电子密度的孢子内壁共同组成的厚壁，能够抵抗外界不利环境来保护孢子。最后，被寄生的宿主细胞破裂释放出成熟的微孢子虫[51,187]。为了对早期微孢子虫的调控生长和繁殖方面的代谢进行研究，不少学者利用 Percoll 密度梯度离心分离不同发育时期微孢子虫。但是，目前对蛋白质在不同发育时期中的表达和定位研究还相对较少，主要是因为分离不同发育时期的孢子非常困难。

在本章中利用 Percoll 密度梯度离心获得不同发育时期的孢子，主要获得了母孢子、孢子母细胞和成熟孢子，其中在 30% 和 45% Percoll 层分离到的主要是母孢子，此层孢子可以观察到明显的孢壁界限；在 60%和 75% Percoll 层获得的主要是早期孢子母细胞和晚期孢子母细胞，此层孢子孢原质内部有极管和其他细胞器的形成，早期孢子母细胞孢壁呈现波浪状的增厚，而晚期孢子母细胞孢壁呈现锯齿状的突起增厚，相对早期孢子母细胞，孢壁增厚更明显；90% Percoll 层分离得到的主要是成熟的孢子，孢子质膜上有低电子密度的孢子内壁覆盖，孢子内壁外面又有一层高电子密度的孢子外壁包围，孢壁厚度增厚，内部含有排列整齐的极管、双核和其他的细胞器。

此外，本章为了探究 NbSWP7 和 NbSWP9 在不同发育时期孢子中的分布情况及分泌路径，利用透射电镜和荧光显微镜分析了二者的分布情况及转运先后顺序。从上述结果可以看出，二者在母孢子时期主要分布在孢子内部，NbSWP7 合成量较少，说明二者在母孢子时期均有表达，并且具有共定位现象，推断二者可能存在相互作用；母孢子发育成为孢子母细胞后，二者的表达量都有所增加，一部分 NbSWP9 转移到孢壁上发挥功能，而 NbSWP7 还主要定位在孢子内部，说明

NbSWP9 比 NbSWP7 先到达孢壁上发挥功能；在早期孢子母细胞转变为晚期孢子母细胞过程中，NbSWP7 逐渐往靠近孢壁的孢原质处分泌。但是，比较有趣的是孢子母细胞转变为成熟孢子后，NbSWP7 和 NbSWP9 共同定位在成熟孢子的孢壁上，并且二者又具有明显的共定位现象，进一步推断二者在孢壁上可能存在相互作用。因此，NbSWP7 和 NbSWP9 从孢原质到达孢壁的过程说明二者在孢子成熟过程中与孢壁的增厚有关，并且与孢子发育周期相一致。随后，为了进一步验证上述结果，又重新利用 Percoll 密度梯度离心从感染家蚕微孢子虫的家蚕蚕蛹中提取不同发育时期的孢子，然后分别孵育 NbSWP7 和 NbSWP9 抗体，并且利用更高分辨率的激光共聚焦显微镜进行观察；从结果中可以看出，在 30% 和 45% Percoll 层的母孢子很少，可能是由于孢子繁殖经过家蚕幼虫期进入蛹后，大部分孢子也进入母孢子以后的时期或是由于操作过程中的失误，提取获得的母细胞时期的孢子较少，因此，NbSWP7 和 NbSWP9 也已经主要分布到孢子壁上。另外，在孢子母细胞时期也没有观察到 NbSWP9 先到达孢子壁上。但是，在激光共聚焦显微镜下观察到二者具有明显的共定位现象，在 30%、45% 和 90% Percoll 层的母孢子内部和周围以及成熟孢子孢壁上都有共定位信号，进一步说明二者存在相互作用的可能性较大。

基于以上原因，在以后的研究中，准备从家蚕中肠中提取不同发育时期的孢子，以期获得母孢子，再进行 NbSWP7 和 NbSWP9 在不同发育时期孢子中的定位研究。此外，这两个新鉴定的孢壁蛋白是否真正存在相互作用，还需要我们进行蛋白质相互作用方面的实验来证实。另外，在上一章中 RT-PCR 结果显示，NbSWP7 和 NbSWP9 在微孢子虫感染家蚕后的 24 h 就有转录；而本章对 NbSWP7 和 NbSWP9 在家蚕微孢子虫的各个时期的定位进行了分析，定位结果与上一章 RT-PCR 结果基本一致，从蛋白水平进一步验证了二者在微孢子虫感染家蚕的 24 h 就有转录和表达。

4　家蚕微孢子虫 NbSWP7 与 NbSWP9 的相互作用关系分析

关于家蚕微孢子虫蛋白质之间的相互作用，到目前为止，研究还相对较少。2010 年，在兔脑炎微孢子虫中报道，极管蛋白之间存在相互作用[56]；2012 年，在家蚕微孢子虫中发现，孢壁蛋白 SWP5 与极管蛋白之间存在相互作用[53]。但是，对于微孢子虫孢壁蛋白之间的相互作用研究目前还没有报道。家蚕微孢子虫孢壁蛋白 NbSWP7 和 NbSWP9 是两个新鉴定的孢壁蛋白，二者主要分布于家蚕微孢子虫的孢壁，并且二者在孢壁上存在共定位现象，据此推测二者可能存在相互作用。本章利用免疫共沉淀、far-免疫印迹、双分子荧光标记技术和免疫透射电镜来验证 NbSWP7 和 NbSWP9 之间是否存在相互作用。

4.1　材料与方法

4.1.1　材料

家蚕微孢子虫 CQ1 分离株，酵母 AH109 菌株，真核表达载体 pGADT7 和 pGBKT7。

4.1.2　主要试剂与仪器

4.1.2.1　主要试剂及配制

A　主要实验药品

（1）4′,6-二脒基-2-苯基吲哚（4′,6-diamidino-2-phenylindole，DAPI）和 FITC 荧光标记羊抗鼠二抗购于 Sigma 公司。

（2）Alexa Fluor® 488 和 Alexa Fluor® 647 荧光羊抗鼠和羊抗兔二抗均购于 Invitrogen 公司。

（3）Phenylmethanesulfonyl fluoride（丝氨酸蛋白酶抑制剂，PMSF）购于上海生工。

（4）IP(Immunoprecipitation) 裂解液、Protein A、Protein G 和 Protein A+G 球珠均购于碧云天。

（5）18 nm 胶体金标记的羊抗兔抗体购自 Jackson ImmunoResearch，West

Grove，PA 公司。

（6）YPDA 培养基、SD/-Ura、SD/-Trp、SD/-Ade、SD/-His、SD/-Leu、SD/-Trp-Ade、SD/-Ade-Trp-His-Leu 等筛选培养基均购自 clontech 公司。

B 主要试剂的配制

（1）PBS(pH 值为 7.4)（1 L）：

KH_2PO_4	0.2 g
$Na_2HPO_4 \cdot 12H_2O$	2.9 g
NaCl	8.0 g
KCl	0.2 g
ddH_2O	定容至 1 L

（2）YPDA 液体培养基（121 ℃，灭菌 15 min）：

YPD	15.0 g
0.2%腺嘌呤	4.5 mL
ddH_2O	定容至 300 mL

（3）SD/-Trp 固体培养基（121 ℃，灭菌 15 min）：

SD 琼脂基础培养基	4.67 g
10 × DO(-Leu-Trp)	10.0 mL
20 × Leu	5.0 mL
ddH_2O	定容至 100 mL

（4）SD/-Trp-Leu 固体培养基（121 ℃，灭菌 15 min）：

SD 琼脂基础培养基	4.67 g
10 × DO(-Leu-Trp)	10.0 mL
ddH_2O	定容至 100 mL

（5）SD/-Trp-Leu-His-Ade/3-AT/X-α-GAL 固体培养基：

SD 琼脂基础培养基	4.67 g
10 × DO(-Leu-Trp-His-Ade)	10.0 mL
ddH_2O	定容至 100 mL

121 ℃，灭菌 15 min，冷却至 40 ℃左右时，加入 100 μL X-α-Gal(20 mg/mL)后倒板。

4.1.2.2 主要仪器

DHP-9082 电热恒温培养箱	上海齐欣科学仪器有限公司
MT-360 型微量管混匀器	日本 TOMY KOGYO 有限公司
3K15 台式冷冻离心机	Sigma 公司
电转仪	伯乐公司
振荡破碎仪	Biospec products

4.1.3 主要研究方法

4.1.3.1 免疫共沉淀实验

（1）采用玻璃珠破碎法提取获得家蚕微孢子虫总蛋白（见本书第 3.1.4.13 节）。

（2）将提取的家蚕微孢子虫总蛋白分装到 2 个 1.5 mL 离心管内，加入 PMSF，保存于 4 ℃待用。

（3）分别取 20 μg anti-NbSWP7、anti-NbSWP9 和阴性纯化兔抗体用于免疫共沉淀，用 PBS 稀释至 700 μL，加入 60 μL Protein A+G Aagrese 球珠悬液，在冰上轻摇过夜。

（4）12000 r/min 离心 30 s，弃上清，加入 700 μL 家蚕微孢子虫总蛋白，冰浴中轻摇过夜。

（5）12000 r/min 离心 30 s，小心吸去上清。

（6）在冰上用 1 mL 1×IP 裂解液洗涤沉淀，5 min/次，12000 r/min 离心 30 s，反复洗 5 次。

（7）在冰上用 1 mL 0.1×IP 裂解液洗涤沉淀，5 min/次，12000 r/min 离心 30 s。

（8）小心吸去上清（注意：宁可留下一点上清也不要把珠子吸走），加入 60 μL 3×SDS-PAGE 电泳上样缓冲液重悬沉淀。

（9）沸水煮 5 min，瞬时高速离心取上清，部分用于 SDS-PAGE 电泳后，进行硝酸银染色并分析差异条带（配方和方法见本书第 3.1.3.1 节）。

（10）LTQ MS/MS 质谱分析硝酸银染色差异条带：由中国科学院上海生科院蛋白质组研究分析中心完成。

（11）另一部分样品利用免疫印迹分析。

4.1.3.2 Far-免疫印迹

（1）将重组蛋白 rSWP7-HIS、rSWP9-GST 和 rGST 分别作为猎物蛋白进行 SDS-PAGE 电泳，然后进行转膜。

（2）将含有猎物蛋白 rSWP7 的膜分别与诱饵蛋白 rSWP9 和 rGST 进行孵育，随后分别以 anti-SWP9 和 anti-GST 抗体作为一抗进行免疫印迹；将含有猎物蛋白 rSWP9-GST 和 rGST 的膜与诱饵蛋白 rSWP7 进行孵育，随后分别以 anti-SWP7 抗体作为一抗进行免疫印迹。

（3）与此同时，分别将 rSWP7-HIS 和 rSWP9-GST 作为猎物蛋白，而不加任何诱饵蛋白，然后分别用 anti-SWP9 和 anti-SWP7 抗体作为一抗进行免疫印迹分析。

4.1.3.3 非变性样品 SDS-PAGE

（1）将重组蛋白 rSWP7-HIS 和 rSWP9-GST 各 20 μg 混合与离心管在冰上轻

摇过夜。

（2）将孵育后的样品一部分进行含有 β-巯基乙醇的 3 × loading buffer 处理，另一部分利用不含有 β-巯基乙醇的 3 × loading buffer 处理，分别进行 SDS-PAGE 电泳，然后进行转膜。

（3）随后分别以 anti-NbSWP7 和 anti-NbSWP9 抗体作为一抗进行免疫印迹。

4.1.3.4　酵母双杂交实验

A　*Nbswp7* 和 *Nbswp9* 酵母双杂交引物设计

家蚕微孢子虫 *Nbswp7* 和 *Nbswp9* 酵母双杂交引物设计见表 4.1。

表 4.1　家蚕微孢子虫 *Nbswp7* 和 *Nbswp9* 酵母双杂交引物设计

基因名	引物名	引物序列	序列长度/bp	载体名称
Nbswp7	F	5′-cggaattc ATGATAAAAGGTTTAATTTAC-3′	873	pGADT7
	R	5′-ccctcgag TTATTTATTTATTAAGTGGTC-3′		
Nbswp9	F	5′-cggaattc ATGTCAACACAACCAACAAAA-3′	1101	pGADT7
	R	5′-ccctcgag TTATTTAGATAATAATTCCTT-3′		
Nbswp7	F	5′-cggaattc ATGATAAAAGGTTTAATTTAC-3′	873	pGBKT7
	R	5′-gcgtcgac TTATTTATTTATTAAGTGGTC-3′		
Nbswp9	F	5′-cggaattc ATGTCAACACAACCAACAAAA-3′	1101	pGBKT7
	R	5′-gcgtcgac TTATTTAGATAATAATTCCTT-3′		

B　酵母双杂交载体构建

方法如同 3.1.3 节中原核表达载体构建方法，在将 *Nbswp7* 和 *Nbswp9* 构建到 pGADT7 载体上时，所用的限制性内切酶为 *Eco*R Ⅰ和 *Xho* Ⅰ；在将二者构建到亚克隆载体 pGBKT7 中时，所用酶为 *Eco*R Ⅰ和 *Sal* Ⅰ。

C　酵母转化

（1）从 YPDA 平板上挑取生长状态良好的 AH109 单菌落，接种于 1 mL YPDA 液体培养基中，枪头吹散菌落，转接于 50 mL YPDA 液体培养基内，30 ℃、220 r/min 培养过夜至 OD600>1.2。

（2）取适量新培养的过夜菌液接种于 300 mL YPDA 液体培养基，30 ℃、220 r/min 培养至 OD600＝0.3~0.4。

（3）4 ℃，3000 r/min，离心 5 min，弃上清，收集酵母沉淀。

（4）酵母沉淀用预冷的 ddH_2O 洗涤 2 次，随后用 16 mL ddH_2O 重悬，加入 2 mL pH 值为 7.5 的 10 × TE，混匀，再加入 2 mL 10 × LiAc，混匀。

（5）加入 500 μL、1 mol/L DTT，混匀，30 ℃静置 15 min，随后在 4 ℃、3000 r/min，离心 5 min，收集沉淀，再利用冰冷 ddH_2O 洗涤酵母沉淀 3 次。

（6）利用 1 mol/L 山梨醇洗酵母沉淀两次，随后在 4 ℃、3000 r/min，离心收集沉淀，并用800 μL、1 mol/L山梨醇重悬，即为酵母感受态细胞，将感受态细胞置于冰上。

（7）预热电击转化仪，根据电击杯规格设置具体的参数，并清洗电击杯。同时，分装待转化的质粒DNA：用量均为0.2 μg。

（8）将分装的质粒按表4.2中加入静置在冰上的酵母感受态细胞中，冰上静置5 min，再转入洁净的电击杯中，冰上静置5 min；随后擦干电击杯外壁的水，进行电击，电击完后立即加入1 mL、1 mol/L山梨醇重悬菌体，并加入到另一新的1.5 mL离心管内，30 ℃放置1~2 h后，每管吸取100 μL分别涂布于SD/-Trp、SD/-Trp-Leu、SD/-Trp-Ade、SD/-Trp-His、SD/-Trp-His-Leu-Ade 固体平板上，30 ℃倒置培养2~3天，观察菌落生长情况，并用PCR和免疫印迹技术检测目的片段是否转入酵母感受态细胞中。

（9）挑取SD-Leu-Trp-His平板上生长良好的菌落（见表4.2），培养于液体培养基，将菌划线于SD/-Trp-Leu-His-Ade/X-α-gal平板上，于30 ℃培养箱中培养2~3天。

表4.2 酵母双杂交所需质粒

实验组	阳性对照组	阴性对照
pGADT7-*Nbswp7*/pGBKT7-*Nbswp9*	pGBKT7-53/	pGBKT7-lam/
pGADT7-*Nbptp1*/pGBKT7-*Nbswp7*	pGADT7-T	pGADT7-T
pGADT7-*Nbptp2*/pGBKT7-*Nbswp7*		
pGADT7-*Nbptp1*/pGBKT7-*Nbswp9*		
pGADT7-*Nbptp2*/pGBKT7-*Nbswp9*		
pGADT7/pGBKT7-*Nbswp7*		
pGADT7/pGBKT7-*Nbswp9*		

4.2 结果与分析

4.2.1 免疫共沉淀分析NbSWP7与NbSWP9之间的相互作用

在第3.2.4节的研究结果中发现，NbSWP7和NbSWP9在不同发育时期的家蚕微孢子虫中有共定位现象，推测二者在共同构成家蚕微孢子虫的孢壁时可能存在着相互作用。因此，本章首先利用免疫共沉淀验证二者是否真正存在相互作用。根据抗原抗体特异性结合的原理，利用已纯化获得的NbSWP7和NbSWP9抗体，采用传统的免疫共沉淀，验证NbSWP7和NbSWP9在家蚕微孢子虫中的相互作用。利用针对NbSWP7和NbSWP9的兔多克隆抗体与Protein A+G beads孵育2~3 h，同时以纯化的阴性抗体作为阴性对照，将未结合到beads上的抗体洗脱掉，再将Protein A+G beads-IgG与玻璃珠提取到的家蚕微孢子虫总蛋白进行孵育，利用免疫共沉淀裂解液洗 6 次，获得样品进行 SDS-PAGE，并将样品转至 PVDF 膜上，分别利用针对 NbSWP7 和 NbSWP9 的鼠多克隆抗体进行免疫印迹分析。

如图 4.1（a）所示，为了验证免疫共沉淀的可信性，利用针对 NbSWP7 和 NbSWP9 的兔多克隆抗体作为免疫共沉淀抗体，而用针对 NbSWP7 和 NbSWP9 鼠多克隆抗体作为免疫印迹的一抗，同时以家蚕微孢子虫总蛋白作为

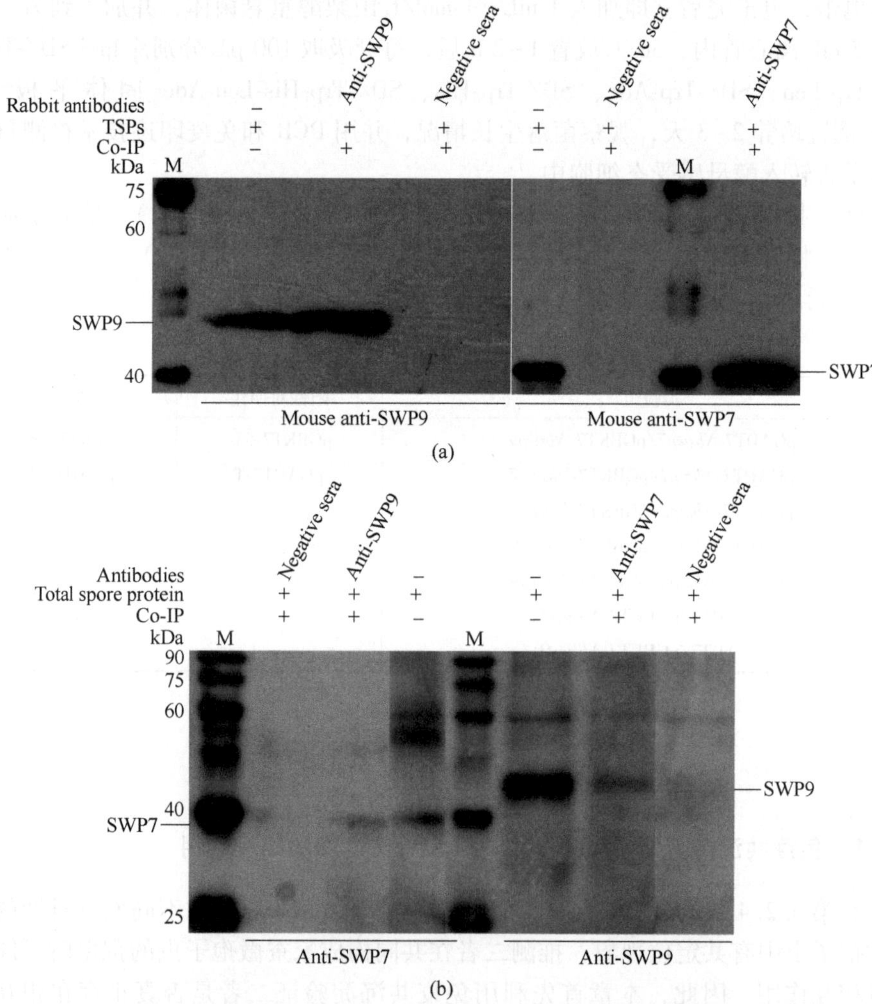

图 4.1　NbSWP7 和 NbSWP9 免疫共沉淀样品的免疫印迹分析

（a）利用针对 NbSWP7 和 NbSWP9 的兔多克隆抗体作为免疫共沉淀抗体，而用针对 NbSWP7 和 NbSWP9 鼠多克隆抗体作为免疫印迹的一抗，同时以家蚕微孢子虫总蛋白作为阳性对照，检测相应的 NbSWP7 和 NbSWP9；（b）NbSWP7 的兔多克隆抗体能够将 NbSWP9 沉淀，NbSWP9 的兔多克隆抗体能够将 NbSWP7 沉淀

（M：化学发光标志物；Negative sera：阴性血清；TSPs：成熟孢子总蛋白；Co-IP：免疫共沉淀）

阳性对照，结果发现在总蛋白中存在 NbSWP7 和 NbSWP9，并且二者的兔多克隆抗体都能将所对应的目的抗原沉淀，说明利用 NbSWP7 和 NbSWP9 的兔多克隆抗体进行免疫共沉淀验证二者互作是可行的。因此，我们利用针对 NbSWP7 和 NbSWP9 的兔多克隆抗体作为免疫共沉淀抗体，而用针对 NbSWP9 和 NbSWP7 鼠多克隆抗体作为免疫印迹的一抗（见图 4.1（b）），针对 NbSWP7 的兔多克隆抗体能够将 NbSWP9 沉淀，同时，针对 NbSWP9 的兔多克隆抗体能够将 NbSWP7 沉淀，此结果说明天然蛋白中 NbSWP7 和 NbSWP9 之间存在相互作用。

4.2.2 非还原处理样品分析 NbSWP7 与 NbSWP9 之间的相互作用

在上述免疫共沉淀结果中发现，家蚕微孢子虫天然蛋白中的 NbSWP7 与 NbSWP9 之间存在着相互作用，为了进一步验证二者之间的相互作用，采用重组蛋白 rSWP7-HIS 和 rSWP9-GST 进行样品的非还原处理和还原处理，分析二者是否能形成一个较大分子量的复合物。首先将重组蛋白 rSWP7-HIS 和 rSWP9-GST 进行孵育，然后分别利用含有 β-巯基乙醇和不含有 β-巯基乙醇的 loading buffer 处理孵育样品，进行 SDS-PAGE 电泳和免疫印迹分析。

如图 4.2（a）和（b）所示，当样品利用不含有 β-巯基乙醇的 loading buffer 处理时，针对 NbSWP7 和 NbSWP9 的抗体都能检测到一条比重组蛋白 rSWP7-HIS 和 rSWP9-GST 单独分子量都大的条带，说明二者能形成复合物；当利用含有 β-

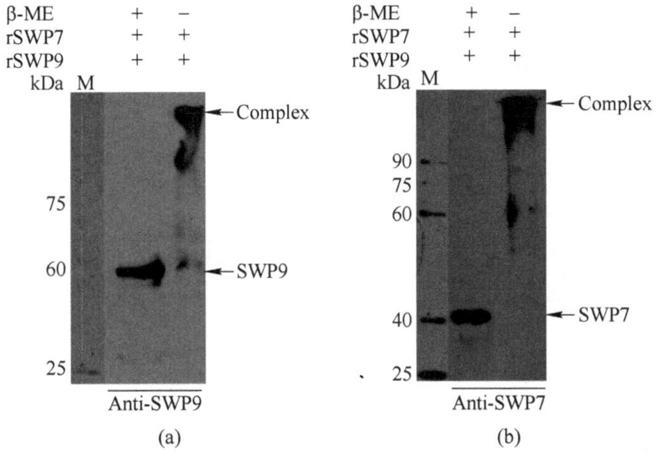

图 4.2 非还原和还原处理重组蛋白 rSWP7-HIS 和 rSWP9-GST 样品的免疫印迹分析

（a）将重组蛋白 rSWP7-HIS 和 rSWP9-GST 进行孵育，然后分别利用含有 β-巯基乙醇和不含有 β-巯基乙醇的上样缓冲液处理孵育样品，通过针对 SWP9 的抗体进行免疫印迹分析；

（b）将重组蛋白 rSWP7-HIS 和 rSWP9-GST 进行孵育，然后分别利用含有 β-巯基乙醇和不含有 β-巯基乙醇的上样缓冲液处理孵育样品，通过针对 SWP7 的抗体进行免疫印迹分析

（M：化学发光标志物；β-ME：β-巯基乙醇；
rSWP7：重组蛋白 SWP7；rSWP9：重组蛋白 SWP9；Complex：复合物）

巯基乙醇的 loading buffer 处理时，二者形成的大分子量条带消失，针对二者的抗体只能检测到 rSWP7-HIS 和 rSWP9-GST 各自分子量大小的条带，说明在 β-巯基乙醇存在的情况下，二者形成的复合物的键被破坏。根据以上结果，推断 rSWP7-HIS 和 rSWP9-GST 之间可能也存在相互作用。

4.2.3　Far-免疫印迹分析 NbSWP7 与 NbSWP9 之间的相互作用

在上述非还原和还原处理重组蛋白 rSWP7-HIS 和 rSWP9-GST 孵育样品，发现二者能形成复合物，为了验证重组蛋白 rSWP7-HIS 和 rSWP9-GST 的相互作用，进一步利用 far-免疫印迹验证二者之间的相互作用。Far-免疫印迹是一种基于免疫印迹的分子生物学方法，在免疫印迹中用抗体来检测目标蛋白，而在 far-免疫印迹中用能够与目标蛋白结合的非抗体蛋白质来检测目标蛋白。因此，免疫印迹用来检测特定的蛋白而 far-免疫印迹则用于检测蛋白质之间的相互作用。

本研究首先将重组蛋白 rSWP7-HIS 作为猎物蛋白（Prey protein）进行 SDS-PAGE，然后分别以 rSWP9-GST 和 rGST 作为诱饵蛋白（Bait protein），再用分别针对 rSWP9 和 rGST 的抗体作为一抗进行免疫印迹，如图 4.3（a）所示，利用针对 rSWP9 的抗体在 rSWP7-HIS 位置可以检测到条带，利用针对 rGST 的抗体在 rSWP7-HIS 位置不能检测到条带，说明 rSWP9-GST 可以与 rSWP7-HIS 结合，二者存在相互作用；同样，我们将 rSWP9-GST 和 rGST 分别作为猎物蛋白进行 SDS-PAGE，将针对 rSWP7-HIS 作为诱饵蛋白作为一抗进行免疫印迹，也发现只在 rSWP9-GST 位置有条带出现、在 rGST 位置没有条带出现，进一步证明 rSWP9-GST 与 rSWP7-HIS 存在相互作用，如图 4.3（b）所示。为了确证实验的可靠性，

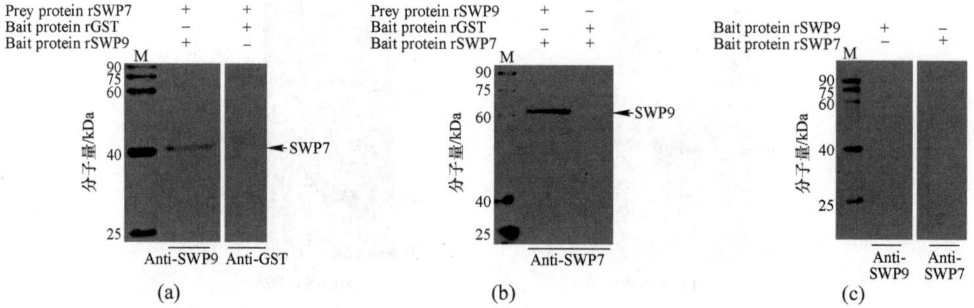

图 4.3　重组蛋白 rSWP7-HIS 和 rSWP9-GST 的 far-免疫印迹分析

（a）rSWP7-HIS 作为猎物蛋白，以 rSWP9-GST 和 rGST 作为诱饵蛋白，再用分别针对 rSWP9 和 rGST 的抗体作为一抗进行免疫印迹；（b）rSWP9-GST 和 rGST 分别作为猎物蛋白，将 rSWP7-HIS 作为诱饵蛋白进行免疫印迹，进一步证明 rSWP9-GST 与 rSWP7-HIS 存在相互作用；（c）在 SDS-PAGE 中没有加入任何猎物蛋白，而分别用诱饵蛋白 rSWP9-GST 和 rSWP7-HIS 孵育 PVDF 膜，再分别用针对 NbSWP7 和 NbSWP9 的抗体作为一抗进行检测，结果发现在没有加入猎物蛋白时，无法检测到诱饵蛋白 rSWP9-GST 和 rSWP7-HIS（Prey protein rSWP7：猎物蛋白 rSWP7；Bait protein rGST：诱饵蛋白 rGST；Bait protein rSWP9：诱饵蛋白 rSWP9；Bait protein rSWP7：诱饵蛋白 rSWP7；M：化学发光标志物）

在 SDS-PAGE 中没有加入任何猎物蛋白，分别用诱饵蛋白 rSWP9-GST 和 rSWP7-HIS 孵育 PVDF 膜，再分别用针对 NbSWP7 和 NbSWP9 的抗体作为一抗进行检测，结果发现在没有加入猎物蛋白时，诱饵蛋白不能结合到 PVDF 膜上，证实上述结果是可靠的（见图 4.3（c））。因此，上述一系列结果进一步证实 NbSWP7 和 NbSWP9 之间存在相互作用。

4.2.4 酵母双杂交分析 NbSWP7 和 NbSWP9 之间的相互作用

在研究蛋白质与蛋白质之间的相互作用时，酵母双杂交技术已经成为一种很有效的实验手段。为了进一步验证在真核生物中 NbSWP7 和 NbSWP9 之间的相互作用，本实验通过酵母双杂交系统来研究二者的相互作用。首先，将 *Nbswp7* 和 *Nbswp9* 基因构建到酵母双杂交载体 pGADT7 和 pGBKT7 上，获得重组质粒 pGADT7-*Nbswp7*、pGBKT7-*Nbswp7*、pGADT7-*Nbswp9* 和 pGBKT7-*Nbswp9*，通过双酶切、PCR 和测序验证，插入片段与预测结果一致（见图 4.4），表明用于酵母双杂交的载体构建成功，可用于后续蛋白质相互作用实验。

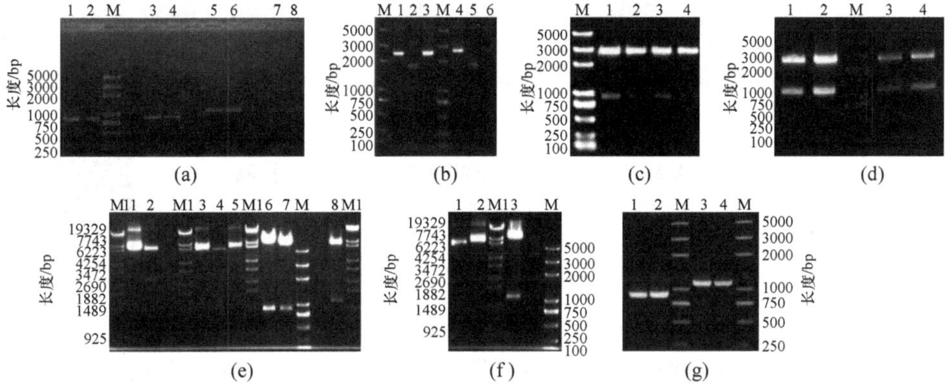

图 4.4 *Nbswp7* 和 *Nbswp9* 酵母双杂交载体的构建

（a）泳道 1~4：*Nbswp7* 的 PCR 扩增，泳道 5~8：*Nbswp9* 的 PCR 扩增；（b）泳道 1 和 3：pMD19-T-*Nbswp7* 重组滞后质粒，泳道 2 和 5：pMD19-T simple 空载质粒，泳道 4 和 6：pMD19-T-*Nbswp9* 重组滞后质粒；（c）泳道 1 和 2：pMD19-T-*Nbswp7* 重组滞后质粒 *Eco*R I-*Xho* I 双酶切验证，泳道 3 和 4：pMD19-T-*Nbswp7* 重组滞后质粒 *Eco*R I-*Sal* I 双酶切验证；（d）泳道 1 和 2：pMD19-T-*Nbswp9* 重组滞后质粒 *Eco*R I-*Xho* I 双酶切验证，泳道 3 和 4：pMD19-T-*Nbswp9* 重组滞后质粒 *Eco*R I-*Sal* I 双酶切验证；（e）泳道 1：pGADT7-*Nbswp7* 重组滞后质粒，泳道 2：pGADT7 空载质粒，泳道 3：pGBKT7-*Nbswp7* 重组滞后质粒，泳道 4：pGBKT7 空载质粒，泳道 5：pGBKT7-*Nbswp9* 重组滞后质粒，泳道 6：pGADT7-*Nbswp7* 重组滞后质粒 *Eco*R I-*Xho* I 双酶切验证，泳道 7：pGBKT7-*Nbswp7* 重组滞后质粒 *Eco*R I-*Sal* I 双酶切验证，泳道 8：pGBKT7-*Nbswp9* 重组滞后质粒 *Eco*R I-*Sal* I 双酶切验证；（f）泳道 1：PGADT 7 空载质粒，泳道 2：pGADT7-*Nbswp9* 重组滞后质粒，泳道 3：pGADT7-*Nbswp9* 重组滞后质粒 *Eco*R I-*Xho* I 双酶切验证；（g）泳道 1：pGADT7-*Nbswp7* 重组滞后质粒 PCR 验证，泳道 2：pGBKT7-*Nbswp7* 重组滞后质粒 PCR 验证，泳道 3：pGADT7-*Nbswp9* 重组滞后质粒 PCR 验证，泳道 4：pGBKT7-*Nbswp9* 重组滞后质粒 PCR 验证

（M：DL2000 plus 标志；M1：*Eco*T14 I digest DNA 分子量标志）

将重组质粒 pGBKT7-*Nbswp7* 和 pGBKT7-*Nbswp9* 电击转化进入酵母 AH109 细胞内，发现在 SD/-Trp 的一缺培养基上有酵母的生长，而在 SD/-Trp/-Leu、SD/-Trp/-Leu/-His 和 SD/-Trp/-Leu/-His/-Ade/X-α-gal 培养基上没有酵母生长，如图 4.5 所示。

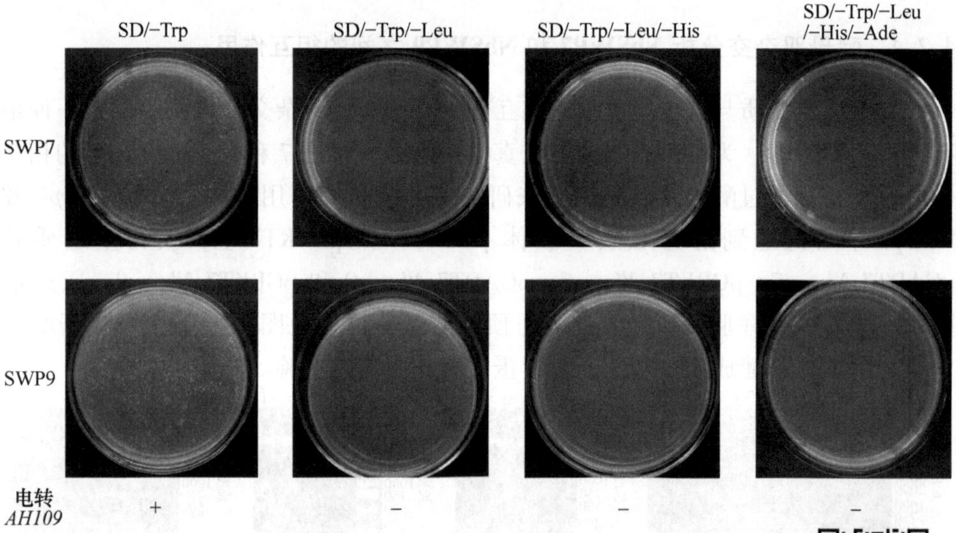

图 4.5 NbSWP7 和 NbSWP9 蛋白的自激活检测

（“+” 表示生长，“−” 表示不生长）

图 4.5 彩图

在 SD/-Trp 平板上挑取酵母单菌落，扩大培养后提取酵母基因组，利用针对 *Nbswp7* 和 *Nbswp9* 基因的引物进行 PCR 检测，分别在 876 bp（*Nbswp7*）和 1104 bp（*Nbswp9*）大小位置有单一条带出现，与二者实际核苷酸大小一致（见图 4.6（a））；同时，收集酵母，并提取酵母总蛋白，利用针对 NbSWP7 和 NbSWP9 蛋白的多克隆抗体作为一抗进行免疫印迹检测，分别发现在 40 kDa 和 43 kDa 大小附近有目的蛋白条带出现，NbSWP9 与理论分子量大小一致，而 NbSWP7 比理论分子量偏大（见图 4.6（b）），结果表明 pGBKT7-*Nbswp7* 和 pGBKT7-*Nbswp9* 质粒成功电击转化进入酵母内，并在酵母细胞内表达。但是，在利用针对 NbSWP7 抗体进行免疫印迹时，目的蛋白条带偏大，并且在 60 kDa 处有一条很浓的条带；利用针对 NbSWP9 抗体进行免疫印迹时，在 70 kDa 处出现一条很浓的条带，推断 NbSWP7 和 NbSWP9 可能在真核生物酵母中被进行不同程度的糖基化修饰，因此会出现比理论大小偏大的条带。

综上结果表明，NbSWP7 和 NbSWP9 没有自激活作用，可以利用酵母双杂交系统研究 NbSWP7 和 NbSWP9 之间的相互作用以及寻找二者的互作蛋白。

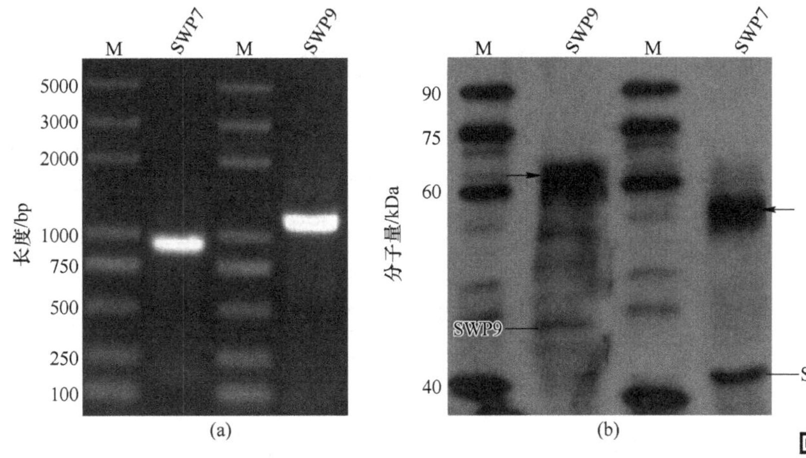

图 4.6 酵母转化后 *Nbswp7* 和 *Nbswp9* 的 PCR 和表达蛋白的免疫印迹检测

（a）酵母转化后 *Nbswp7* 和 *Nbswp9* 的 PCR 检测，M：DL2000 Plus 标志；

（b）酵母转化后 NbSWP7 和 NbSWP9 的免疫印迹检测，M：化学发光标志物

图 4.6 彩图

将 pGADT7-*Nbswp7* 和 pGBKT7-*Nbswp9* 共转化进入酵母 *AH109* 细胞内，在 SD/-Trp-Leu-His-Ade 营养缺陷型培养基上筛选，发现有酵母菌生长，挑取单菌落于 SD/-Trp-Leu-His-Ade 液体培养基中，利用接种环将液体培养基中的酵母菌划线于 SD/-Trp-Leu-His-Ade/X-α-Gal 平板，发现酵母菌生长并变为蓝色，表明下游的 α-半乳糖甘酶被激活表达，如图 4.7 所示。营养缺陷筛选、酵母菌表型筛选均表明 NbSWP7 与 NbSWP9 之间存在相互作用。

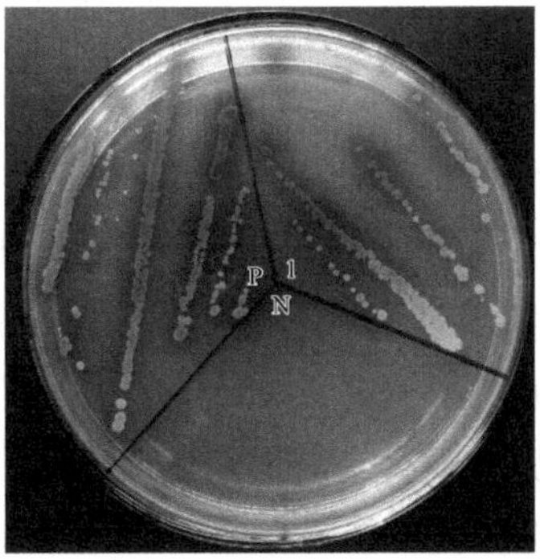

图 4.7 彩图

样品	质粒	相互作用
P	Positive control pGBKT7-53/pGADT7-T	是
N	Negative control pGBKT7-lam/pGADT7-T	否
1	pGADT7-*Nbswp7*/pGBKT7-*Nbswp9*	是

图 4.7 pGADT7-*Nbswp7* 和 pGBKT7-*Nbswp9* 共转酵母菌后的表现型筛选

（Positive control pGBKT7-53/pGADT7-T：阳性对照；Negative control pGBKT7-lam/pGADT7-T：阴性对照）

4.3 结论与讨论

间接免疫荧光（IFA）和免疫电镜（IEM）结果显示，家蚕微孢子虫孢壁蛋白 NbSWP7 和 NbSWP9 主要定位于成熟孢子的孢壁和极管区域上。此外，通过间接免疫荧光实验还发现，NbSWP7 和 NbSWP9 在成熟孢子的孢壁上具有共定位现象。基于此，我们推断 NbSWP7 和 NbSWP9 之间存在相互作用。本章主要利用一些研究蛋白质之间互作的方法分析 NbSWP7 和 NbSWP9 之间的相互作用，进而推断在家蚕微孢子虫发育过程中，NbSWP7 和 NbSWP9 在孢壁的形成过程中可能扮演的角色。

蛋白质与蛋白质之间相互作用是细胞生化反应网络的一个主要组成部分，蛋白质-蛋白质互作网络与转录调控网络对调控细胞及其信号有重要意义。目前，研究蛋白质互作的方法有免疫共沉淀（Co-Immunoprecipitation，Co-IP）、Pull down（GST-pull down 和 HIS-pull down）、far-免疫印迹、Native PAGE、酵母双杂交（Yeast two-hybrid system）、噬菌体展示技术（Phage display system）、化学交联技术（Cross-linKing）、细菌双杂交技术（Bacteria two-hybrid system）等，本章主要采用免疫共沉淀、far-免疫印迹、非还原性样品 SDS-PAGE 和酵母双杂交来研究 NbSWP7 和 NbSWP9 之间的相互作用。免疫共沉淀是以抗原和抗体的特异性结合为基础，用于研究蛋白质相互作用的传统方法，是确定两种蛋白质在完整细胞内生理性相互作用的有效方法。其基本原理是：在裂解样品中加入抗诱饵蛋白的抗体，孵育一段时间后再加入与抗体特异结合的结合在 Sepharose beads 上的金黄色葡萄球菌 Protein A（PAS）或 G，如果样品中有与诱饵蛋白结合的目的蛋白，就可以形成目的蛋白-诱饵蛋白-抗诱饵蛋白抗体-Protein A 或 G 的复合物，经 SDS-PAGE 复合物又被分开，然后通过免疫印迹或质谱鉴定目的蛋白。这种方法的优点是：获得的目的蛋白与诱饵蛋白样品中是天然结合的，理论上与体内实际情况相符，因此得到相互作用的结果可信度高。这种方法常用于测定两种目标蛋白质是否在体内结合，也可用于确定一种特定蛋白质的新作用搭档[210]。

通过免疫共沉淀发现，针对 NbSWP7 和 NbSWP9 的兔抗不只能把相应的 NbSWP7 和 NbSWP9 沉淀下来，而且针对 NbSWP7 抗体能把 NbSWP9 沉淀下来，针对 NbSWP9 的抗体也能把 NbSWP7 沉淀下来，推断二者可能存在相互作用；接着，利用非还原性样品 SDS-PAGE 分析原核表达蛋白 rSWP7-HIS 和 rSWP9-GST 是否也能够结合而形成较大的复合物。rSWP7-HIS 和 rSWP9-GST 孵育样品在含有巯基乙醇的蛋白质 loading buffer 处理时，二者在 loading buffer 处理后能够形成 SDS-蛋白质复合物；此复合物在强还原剂 β-巯基乙醇存在时，复合物中的二硫键被打开而不被氧化，使复合物完全变性和解聚，并形成棒状结构，稳定均一地存在于 loading buffer 中。但是，当蛋白质 loading buffer 中不含有 β-巯基乙醇时，蛋白质分子内的二硫键不能被打开而被氧化，rSWP7-HIS 和 rSWP9-GST 可能形成一个复合物；结果发现，二者确实能形成一种分子量比较大的复合物，说明 rSWP7-HIS 和 rSWP9-GST 之间确实存在相互作用。Far-免疫印迹是一种基于免疫印迹的分子生物学方法，在免疫印迹中用抗体来检测目标蛋白，而在 far-免疫印迹中用能够与目标蛋白结合的非抗体蛋白质。因此，免疫印迹用来检测特定的蛋白而 far-免疫印迹则用于检测蛋白质之间的相互作用。

在本章中，无论是以 rSWP7-HIS 作为诱饵蛋白（Bait protein）或是猎物蛋白（Prey protein），都能检测到猎物蛋白或是诱饵蛋白 rSWP9-GST 与其存在相互作用。1989 年，Fields 和 Song 发现了酵母双杂交系统，其原理是酵母转录因子 GAL4 含有独立的 DNA 结合结构域和转录激结构域，同时证明这两个结构域相融合蛋白可以发生相互作用；根据此原理建立双杂交系统[211]，利用杂交基因通过激活报道基因的表达来研究蛋白-蛋白的相互作用，酵母双杂交技术在后基因组时代研究生命活动调节网络中发挥重要作用。因此，本部分内容利用这个研究蛋白质互作的经典方法在真核生物酵母菌体内分析了 NbSWP7 和 NbSWP9 之间的相互作用，共转入 pGADT7-*Nbswp7* 和 pGBKT7-*Nbswp9* 质粒的酵母菌在 SD/-Trp-Leu-His-Ade/X-α-Gal 平板上，酵母菌生长并变为蓝色，表明下游的 α-半乳糖甘酶被激活表达。上述结果表明，NbSWP7 与 NbSWP9 在真核生物酵母菌体内存在相互作用[209]。

本章证明了家蚕微孢子虫孢壁蛋白 NbSWP7 与 NbSWP9 之间存在相互作用。NbSWP7 与 NbSWP9 是在微孢子虫中第一对被发现存在相互作用的孢壁蛋白，微孢子虫的孢壁上存在大量的孢壁蛋白，这些蛋白不是孤立存在于孢壁上，而是通过直接或间接的相互作用形成一个互作网络来形成厚厚的孢壁。因此，孢壁蛋白之间相互作用的研究对于我们阐明孢壁形成过程是十分重要的。

5 孢壁蛋白在构成孢壁中的作用

家蚕微孢子虫的孢壁主要由孢子外壁、孢子内壁和原生质膜组成，其中孢子外壁含有高密度电子层的蛋白质成分，孢子内壁主要由低电子密度几丁质层和少量蛋白质组成，而原生质膜主要是纤维性内层结构[4-6]。孢壁在维持孢子固有形态和孢内渗透压发挥着重要的作用，在第 4 章中发现孢壁蛋白 NbSWP7 和 NbSWP9 之间存在相互作用，推断孢壁上的大部分蛋白均可能通过彼此间的相互作用来构成孢壁。那么，孢壁蛋白与孢子内壁中的几丁质成分如何组装成这个坚实而又完整的孢壁来发挥相应的功能呢？

针对上述问题，本章着重对孢壁蛋白 NbSWP7 和 NbSWP9 在微孢子虫孢壁形成中的作用进行了研究。首先，通过 1 mol/L NaOH 煮沸成熟的家蚕微孢子虫获得脱蛋白几丁质壳，对获得的几丁质壳进行特性分析和鉴定；其次，通过几丁质结合实验证明 NbSWP7 和 NbSWP9 以及其他孢壁蛋白与几丁质壳在构成孢壁中的作用；随后，通过免疫共沉淀、免疫电镜、双分子荧光标记和酵母双杂交分析 NbSWP7 和 NbSWP9 与极管蛋白之间的相互作用，并验证二者在孢子发芽中的作用。

5.1 材料与方法

5.1.1 材料

家蚕微孢子虫 CQ1 分离株，重组蛋白 rSWP7-HIS 和 rSWP9-GST。

5.1.2 主要试剂与仪器

5.1.2.1 主要试剂

（1）荧光增白剂 Fluostain I（4,4-Bis［4-anilino-6-di（hydroxyethyl）animos-triazine-2-ylamino］-2,2-stilbenedisulfonic acid,disodium salt）。

（2）邻苯二甲酸正丁酯（Dibutylphthalate）、4′,6-二脒基-2-苯基吲哚（4′,6-diamidino-2-phenylindole，DAPI）、FITC 标记的麦胚凝集素（Wheat germ agglutinin，WGA）和 FITC 标记羊抗鼠和羊抗兔荧光二抗均购于 Sigma 公司。

（3）NaOH 和 Phenylmethanesulfonylfluoride（丝氨酸蛋白酶抑制剂，PMSF）购于上海生工。

5.1.2.2 主要仪器

电热恒温水浴锅	常州国华仪器有限公司
荧光显微镜 BX53	日本 OLYMPUS
3K15 台式冷冻离心机	Sigma 公司
其他仪器设备	同第 3 章

5.1.3 主要研究方法

5.1.3.1 家蚕微孢子虫脱蛋白几丁质壳的提取

家蚕微孢子虫脱蛋白几丁质壳（Deproteinated chitin spore coats，DCSCs）的提取，参照 Aparajita Chatterjee 等报道的方法[68]。

（1）取 10^8 个纯化的成熟家蚕微孢子虫，用灭菌 ddH_2O 清洗 3 次。

（2）将清洗的孢子在 100 ℃、1 mol/L NaOH 溶液中煮沸 1 h，在煮沸的过程中，每隔 5 min 取一次煮沸的上清，进行上清中蛋白质的检测。

（3）2000 r/min，离心 10 min 收集煮沸后的孢子沉淀，再将沉淀溶于 500 μL、0.75 mol/L 的 NaOH，在 75 ℃进行水浴处理 2 h。

（4）将在 0.75 mol/L NaOH 溶液中的样品冷却至室温，再抽提 16 h 以上。

（5）将不溶的沉淀在去离子水中洗涤 10 次，每次以 2000 r/min，离心 10 min。

（6）最后一次将在去离子水中的沉淀回收，即为家蚕微孢子虫脱蛋白几丁质壳。

（7）将回收的家蚕微孢子虫脱蛋白几丁质壳和步骤（2）中收集的上清进行 SDS-PAGE 和硝酸银染色检测提取过程中蛋白去向，将孢壳同时进行免迹印迹、IFA、DAPI、WGA、Fluostain I 和免疫电镜检测。

5.1.3.2 几丁质结合实验

A 天然孢壁蛋白与几丁质的结合实验

（1）采用玻璃珠破碎法提取家蚕微孢子虫总蛋白上清，方法同第 3.1.4.13 节，取上清样品作为阳性对照样品。

（2）取 500 μL（蛋白含量约 200 μg）提取的家蚕微孢子虫总蛋白上清与家蚕微孢子虫脱蛋白几丁质壳（DCSCs）于 4 ℃孵育 2 h。

（3）8000 r/min 离心 1 min，弃上清，将结合有蛋白的几丁质壳在 0.01 mol/L PBS 中清洗 6 次，收集 6 次洗涤以后的上清和沉淀作为检测样品。

（4）将上述样品进行 SDS-PAGE，并利用 anti-NbSWP7、anti-NbSWP9、anti-NbSWP25、anti-NbSWP1 和 anti-NbSWP32 抗体作为一抗进行免疫印迹分析上述样品，同时，利用上述抗体作为一抗，通过 IFA 检测几丁质壳上蛋白结合的情况。

B　碱溶蛋白与几丁质的结合实验

(1) 利用 0.1 mol/L NaOH 提取家蚕微孢子虫碱溶蛋白，方法同第 3.1.4.13 节。

(2) 剩余步骤与上述步骤相同。

C　重组蛋白与几丁质的结合实验

(1) 将 20 μg 重组蛋白 rSWP7-HIS、rSWP9-GST 和 rGST 分别与提取的 DCSCs 在 4 ℃孵育 2 h。

(2) 8000 r/min 离心 1 min，收集上清，作为检测样品之一。

(3) 将结合有蛋白的 DCSCs 在 PBS 中洗 6 次，收集最后一次洗涤后上清和沉淀都作为检测样品。

(4) 将上述样品进行 SDS-PAGE，并利用 anti-NbSWP7、anti-NbSWP9 和 anti-GST 抗体作为一抗进行免疫印迹分析上述样品，同时，利用上述抗体作为一抗，通过 IFA 检测几丁质壳上结合蛋白的情况。

5.2　结果与分析

5.2.1　NbSWP7 和 NbSWP9 在构成家蚕微孢子虫孢壁中的作用

5.2.1.1　家蚕微孢子虫脱蛋白几丁质壳的提取及鉴定

A　家蚕微孢子虫脱蛋白几丁质壳及处理液上清中蛋白质检测

微孢子虫孢子内壁主要由低电子密度的几丁质构成，此成分在支撑微孢子虫的孢壁框架中发挥着重要作用。为了分离几丁质成分，本实验利用热碱煮沸法提取了几丁质壳。

(1) 将 10^8 个家蚕微孢子虫在 1 mol/L NaOH 中煮沸 1 h 以上，提取获得了家蚕微孢子虫几丁质壳。

(2) 在此过程中每 5 min 取一次上清液，最后进行 SDS-PAGE 检测，发现在孢子被煮沸的过程中，5~15 min 时，12%的聚丙烯酰胺凝胶上显示有蛋白存在；在 10~25 min 中，可以看到胶的溴酚蓝下端有小分子量条带出现（见图 5.1 箭头表示小肽），推测可能是蛋白质在被处理的过程由大分子降解而成的小肽（Small peptide）；从 30 min 开始，在胶中检测不到条带，推测蛋白质和小肽都被降解成氨基酸，不能被 SDS-PAGE 检测到（见图 5.1）。

(3) 将提取获得的几丁质壳在蛋白质上样缓冲液中处理，进行 SDS-PAGE 分析，通过硝酸银染色检测在几丁质壳上有无蛋白的存留，染色后发现，在蛋白胶中没有任何条带存在，如图 5.2 所示。

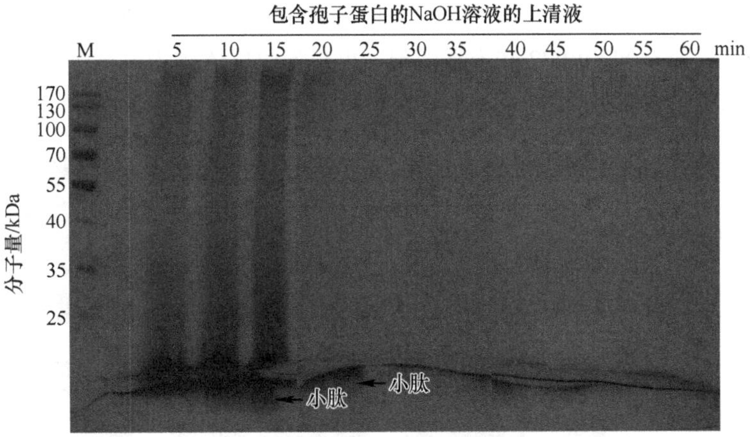

图 5.1 SDS-PAGE 和硝酸银染色分析 1 mol/L NaOH 煮沸法提取几丁质壳上清中的蛋白

（利用 1 mol/L NaOH 煮沸孢子，每隔 5 min 取上清液 1 次，并进行硝酸银染色，孢子蛋白已经释放到 1 mol/L 热 NaOH 溶液的上清液中；M：预染蛋白标志；箭头表示可能的小分子肽段）

图 5.1 彩图

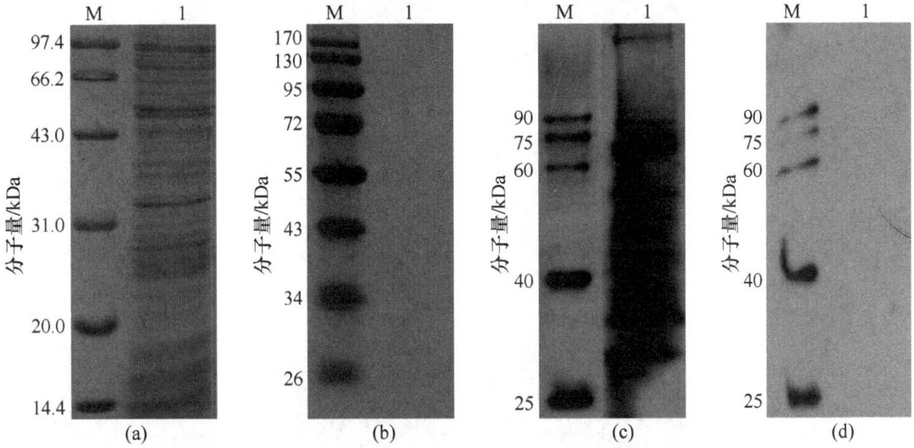

图 5.2 SDS-PAGE 和免疫印迹分析 1 mol/L NaOH 煮沸法提取几丁质壳上的蛋白

（a）*N. bombycis* 成熟孢子的总蛋白的考马斯亮蓝染色结果，泳道 1：成熟孢子的总蛋白；（b）*N. bombycis* 脱蛋白层的银染结果，泳道 1：DCSCs；（c）采用兔源抗 *N. bombycis* 总抗进行免疫印迹分析检测成熟孢子的总蛋白，泳道 1：成熟孢子的总蛋白；（d）采用兔源 *N. bombycis* 多克隆抗体作为一抗，检测几丁质孢壁中的蛋白，泳道 1：DCSCs

（M：蛋白标志）

图 5.2 彩图

进一步利用免疫印迹和 IFA 对提取的几丁质壳上的蛋白进行分析，以家蚕微孢子虫总蛋白抗体为一抗进行免疫印迹分析，经过曝光没有发现任何条带，如

图 5.2 所示。另外，以 anti-NbSWP7、anti-NbSWP9、anti-NbSWP25、anti-NbSWP26、anti-NbSWP1、anti-NbSWP32 和家蚕微孢子虫总蛋白抗体作为一抗进行 IFA 分析上述几丁质壳中是否含有蛋白质，如图 5.3 所示。

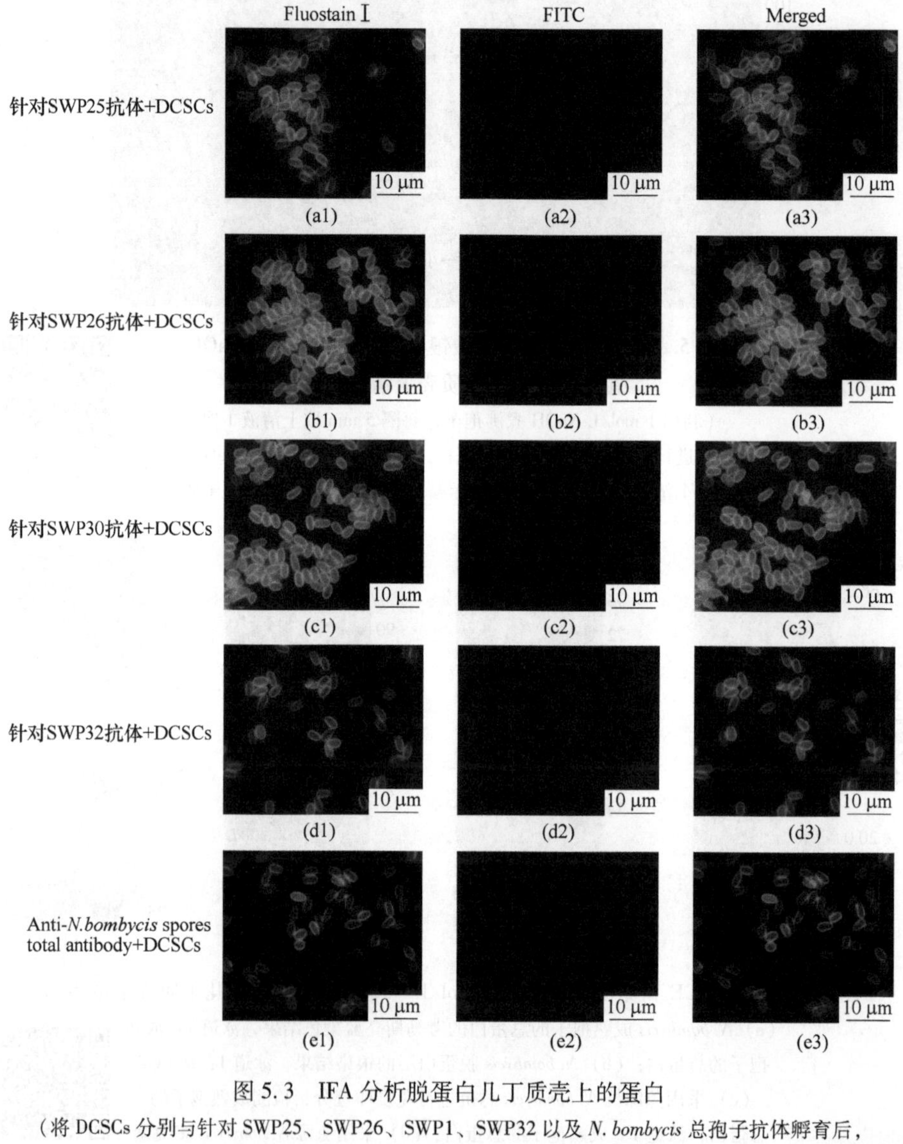

图 5.3　IFA 分析脱蛋白几丁质壳上的蛋白

（将 DCSCs 分别与针对 SWP25、SWP26、SWP1、SWP32 以及 *N. bombycis* 总孢子抗体孵育后，使用 FITC 标记的山羊抗小鼠 IgG 作为二抗，进行荧光显微镜观察（(a2)(b2)(c2)(d2)(e2)）。结果显示，DCSCs 与上述抗体孵育后均未检测到相关蛋白表达（(a2)(b2)(c2)(d2)(e2)），提示这些蛋白不在去蛋白壳层中表达。(a1)(b1)(c1)(d1)(e1) 为使用 Fluostain I 染色后结果。(a3)(b3)(c3)(d3)(e3) 分别为 (a1) 与 (a2)、(b1) 与 (b2)、(c1) 与 (c2)、(d1) 与 (d2)、(e1) 与 (e2) 的合并图像。Fluostain Ⅰ：荧光增白剂）

图 5.3 彩图

上述抗体没有检测到几丁质壳上有荧光信号出现，说明没有蛋白存在。如图5.2（a）和（c）所示，在蛋白质检测过程中，我们以正常孢子的总蛋白为阳性对照。因此，通过1 mol/L NaOH中煮沸提取获得的家蚕微孢子虫几丁质壳没有任何蛋白质的存在，家蚕微孢子虫蛋白质在热碱液处理的过程被降解成氨基酸，通过SDS-PAGE、免疫印迹和IFA不能将氨基酸检测到，将此几丁质壳称为“家蚕微孢子虫脱蛋白几丁质壳”（Deproteinated chitin spore coat，DCSC）。

利用碱煮沸孢子提取的几丁质壳没有任何蛋白成分存在，为了进一步分析DCSCs成分的稳定性，利用含有荧光增白剂的蛋白质上样缓冲液对孢壳进行处理，看其在上样缓冲液处理后，在胶中是否能检测到几丁质壳的成分。如图5.4所示，将处理样品进行SDS-PAGE电泳，电泳后的蛋白胶先放于凝胶成像系统观察，观察发现DCSCs只滞留在上样孔里出现明亮条带，在胶中没有任何条带出现；随后，将蛋白胶放在倒置荧光显微镜下观察，也发现只在上样孔里发出蓝色荧光，而在胶中没有任何荧光，说明提取的脱蛋白几丁质壳比较稳定，在含有β-巯基乙醇和SDS的上样缓冲液处理后，此壳没有成分脱落而进入胶中。

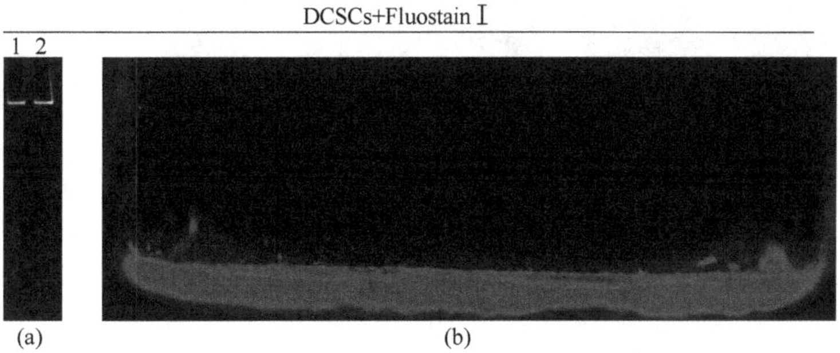

图5.4 家蚕微孢子虫脱蛋白几丁质壳的特性分析

（a）SDS-PAGE凝胶在紫外光（UV）下通过凝胶成像分析系统进行观察，泳道1和2为DCSCs样品的平行上样通道；（b）上述SDS-PAGE凝胶中泳道1经荧光显微镜观察分析，结果显示，DCSCs未能进入凝胶中迁移（DCSCs样品经Fluostain Ⅰ染色后进行SDS-PAGE分析）

图5.4彩图

B 家蚕微孢子虫脱蛋白几丁质壳超微结构及几丁质成分鉴定

为了进一步对家蚕微孢子虫脱蛋白几丁质壳进行鉴定和超微结构观察，将DCSCs分别进行DAPI、WGA、Fluostain Ⅰ染色以及透射电子显微镜（TEM）观察，结果如图5.5所示。经过DAPI染色后，1 mol/L NaOH煮沸法提取的几丁质壳内部没有家蚕微孢子虫典型的双核结构（见图5.5（b）），而在正常未处理孢子内可以观察到双核结构（见图5.5（a））；利用TEM对几丁质壳的超微结构进行观察发现，处理后的几丁质壳内没有任何细胞器，并且孢壁变得疏松（见图5.5（f）和（g）），而在正常孢子内部含有双核结构（Nuclei，Nu）、整齐排列的极管（Polar Tube，PT）以及后极泡（Posterior Vacuole，PV）等细胞器，并且孢壁坚实（见图 5.5（e））；利用 WGA 和 Fluostain I 对脱蛋白几丁质壳进行染色，鉴定提取的几丁质壳成分，通过 FITC 标记的 WGA 染色后，此壳带有一圈翠绿色荧光信号（见图 5.5（c）），说明 DCSCs 成分为几丁质；为了进一步确认此壳为几丁质壳，又利用 Fluostain I 进行染色验证，结果发现此壳呈现一圈蓝色荧光信号（见图 5.5（d））。因此，通过上述染色证明 1 mol/L NaOH 煮沸法提取的壳主要成分为几丁质。

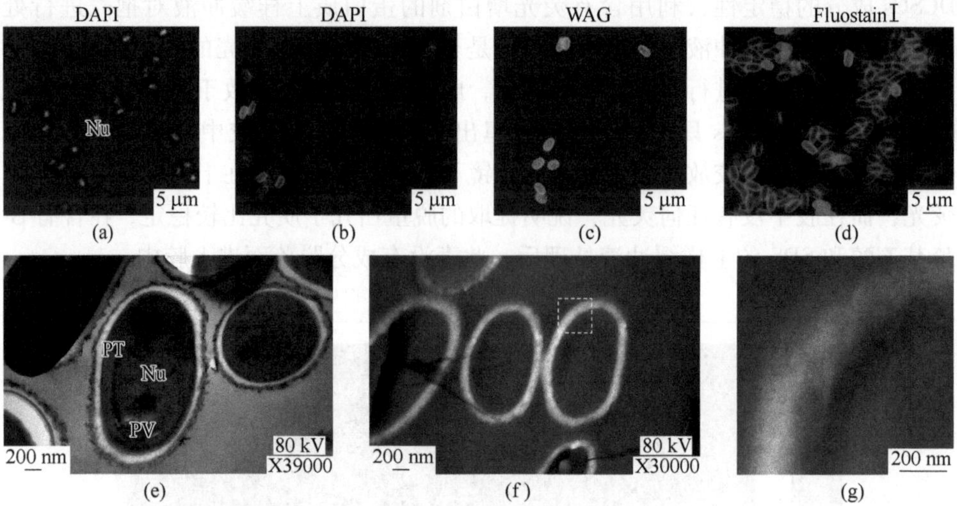

图 5.5　家蚕微孢子虫脱蛋白几丁质壳的鉴定和超微结构

（a）未处理的正常成熟孢子经 DAPI 染色，作为对照组，Nu：细胞核；（b）去蛋白壳层孢子（DCSCs）经 DAPI 染色；（c）DCSCs 经 FITC 标记的小麦胚芽凝集素（WGA）染色，以确认其含有几丁质成分；（d）DCSCs 经 Fluostain Ⅰ染色，用以进一步验证几丁质层的存在；（e）未处理的正常 *N. bombycis* 孢子的内部超微结构，用于展示正常孢子与 DCSCs 之间的结构差异，PT：极性管，PV：后液泡；（f）经过热碱处理后的 *N. bombycis* DCSCs 的超微结构图像；（g）图（f）中选定区域的放大图，显示 DCSCs 呈现出松散、卷曲的几丁质孢壁结构

图 5.5 彩图

5.2.1.2　NbSWP7 和 NbSWP9 与几丁质结合分析

A　天然孢壁蛋白与家蚕微孢子虫几丁质壳结合分析

通过煮沸 NaOH 提取到家蚕微孢子虫 DCSCs，几丁质是微孢子虫孢子内壁的重要组成部分，在微孢子虫孢壁上除几丁质成分外，还含有大量的孢壁蛋白，那么，孢壁蛋白与几丁质成分是如何构成完整的孢壁？为了阐述孢壁蛋白与几丁质构成孢壁的机制，首先利用玻璃珠破碎法提取获得天然孢子总蛋白，将获得的天然孢子蛋白与 DCSCs 进行几丁质结合实验。几丁质结合实验结束后，分别利用

anti-NbSWP7、anti-NbSWP9、anti-NbSWP25、anti-NbSWP26、anti-NbSWP1 和 anti-NbSWP32 抗体作为一抗进行免疫印迹和 IFA，验证这些孢壁蛋白是否可以结合到 DCSCs 上。

如图 5.6（a）~（e）和图 5.7（a）~（e）所示，通过 IFA 结果发现，anti-NbSWP7、anti-NbSWP9、anti-NbSWP26、anti-NbSWP1 和 anti-NbSWP32 抗体孵育结合有蛋白的几丁质壳后，在孢壳上有一圈翠绿色荧光出现，而 anti-NbSWP25 抗体孵育后，几丁质壳上没有荧光出现；同时，将没有进行几丁质结合实验的 DCSCs 直接与 anti-NbSWP7 和 anti-NbSWP9 抗体孵育作为阴性对照，从图 5.7（d2）可以看出，此几丁质壳上不出现绿色荧光，说明此壳上不含有 NbSWP7 和 NbSWP9，上述结果说明天然蛋白中的孢壁蛋白 NbSWP7、NbSWP9、NbSWP26、NbSWP1（SWP30）和 NbSWP32 能够与几丁质壳结合，但是，NbSWP25 不能结合到几丁质壳上；通过免疫印迹结果显示，除 NbSWP25 以外，其他几个孢壁蛋白都能结合到几丁质壳上（见图 5.6（f）和图 5.7（f））。因此，在以后的实验中以 anti-NbSWP25 抗体作为阴性对照。

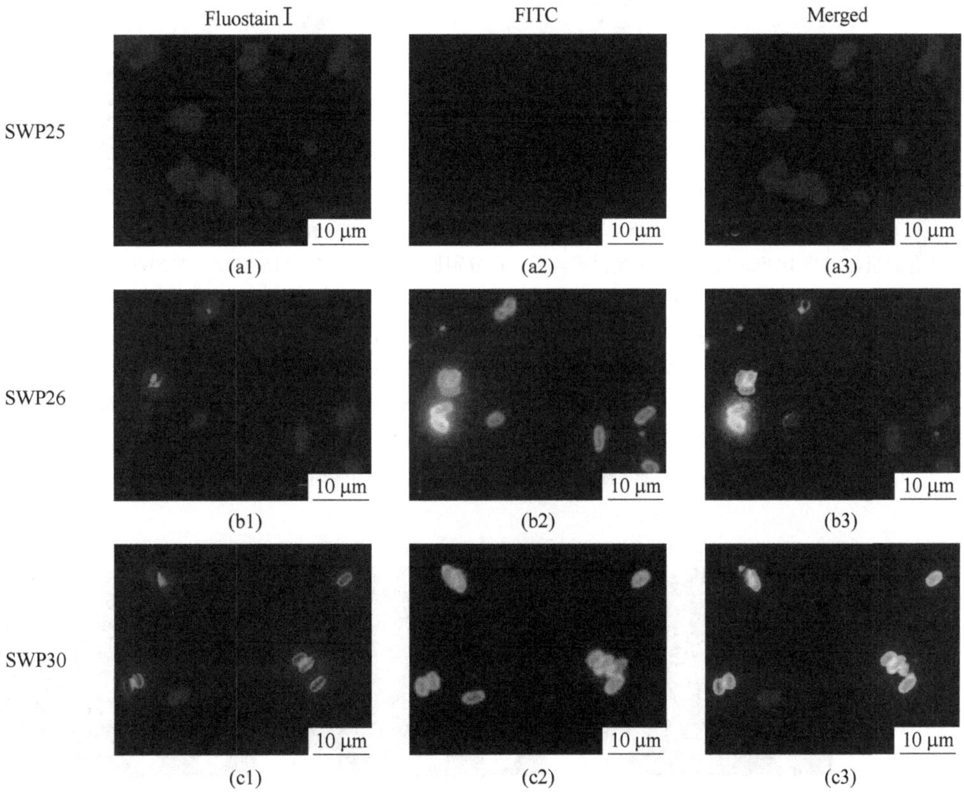

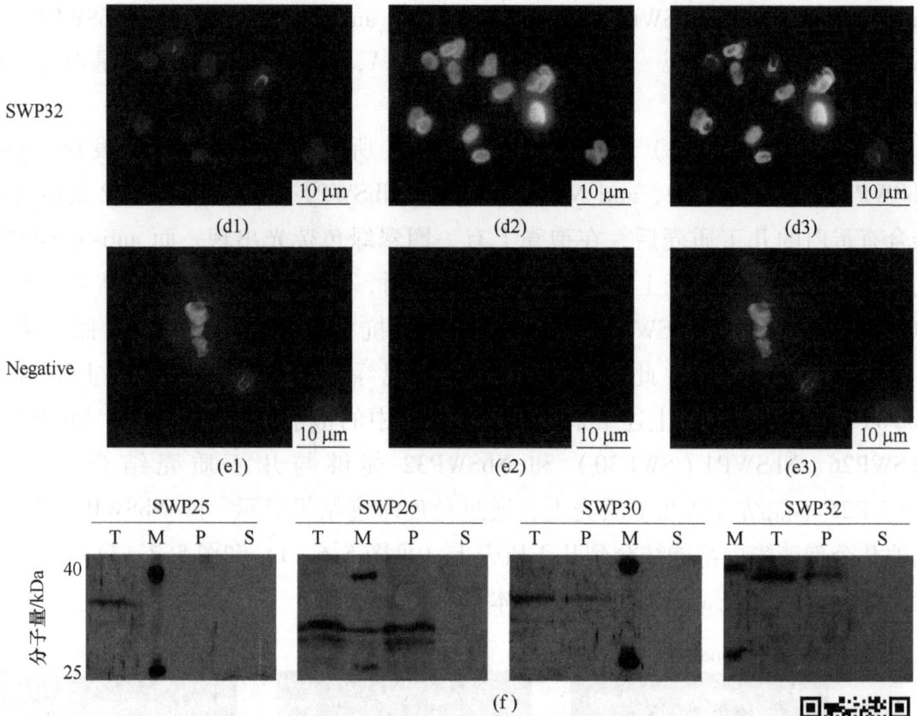

图 5.6　天然家蚕微孢子虫总蛋白中的孢壁蛋白与脱蛋白几丁质壳的结合分析

图 5.6 彩图

（a）~（e）通过间接免疫荧光检测可溶性孢子总蛋白与 DCSCs 的结合情况；（f）采用免疫印迹分析 NbSWP25、NbSWP26、NbSWP1（SWP30）和 NbSWP32 抗体检测与 DCSCs 结合的蛋白（将 DCSCs 与天然孢子蛋白孵育后，再分别加入 NbSWP25、NbSWP26、NbSWP1（SWP30）和 NbSWP32 的一抗进行荧光标记（a2）（b2）（c2）（d2），进行荧光显微镜观察。（e2）为阴性对照组（DCSCs 与阴性血清孵育），未观察到荧光信号，表明无非特异性结合。（a1）（b1）（c1）（d1）（e1）使用 Fluostain Ⅰ染色；（a3）（b3）（c3）（d3）（e3）为（a1）与（a2）、（b1）与（b2）、（c1）与（c2）、（d1）与（d2）、（e1）与（e2）的合并图像。泳道 T：总可溶性孢子蛋白上清组分；泳道 S：6 次 PBS 洗涤后的上清液，表示未被洗脱的蛋白；泳道 P：经 6 次洗涤后与 DCSCs 结合的可溶性蛋白沉淀部分；M：EasySee Western 标志（上条带约为 40 kDa，下条带约为 25 kDa））

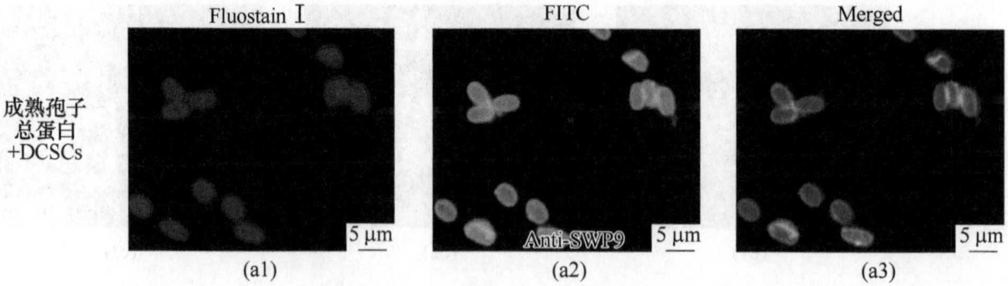

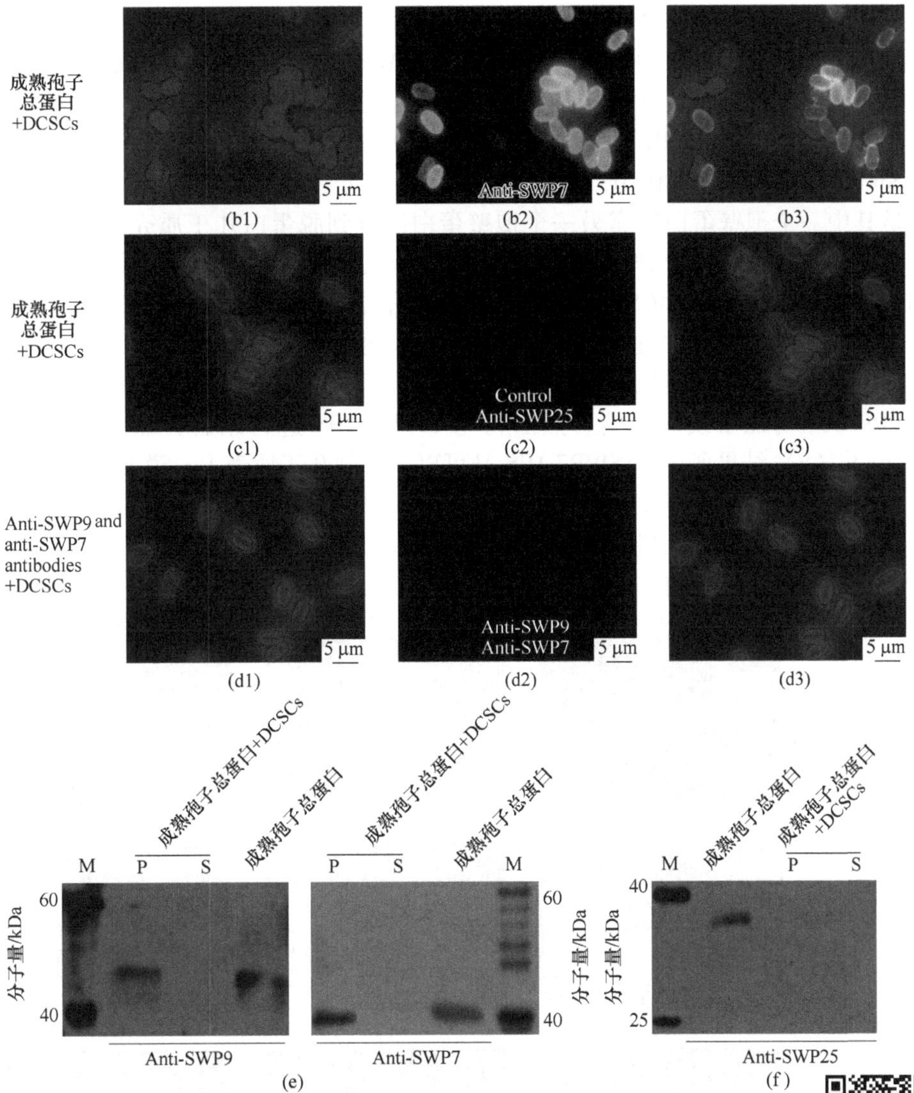

图 5.7 彩图

图 5.7 天然孢壁蛋白 NbSWP7 和 NbSWP9 与脱蛋白几丁质壳的结合分析

(a)~(d) DCSCs 与成熟孢子总蛋白结合后的 IFA 检测；(e)(f) 免疫印迹分析 DCSCs 是否与成熟孢子总蛋白发生结合，使用 NbSWP9 和 NbSWP7 抗体进行免疫印迹检测以验证 DCSCs 是否结合了成熟孢子蛋白，NbSWP25 抗体作为阴性对照（DCSCs 与成熟孢子的总蛋白孵育后，再分别加入 NbSWP9、NbSWP7 和 NbSWP25 抗体进行标记（(a2)(b2)(c2)），通过荧光显微镜进行观察。(c2) 为使用 NbSWP25 抗体作为阴性对照孵育的 DCSCs，未观察到绿色荧光信号。(d2) 为 DCSCs 同时与 NbSWP9 和 NbSWP7 抗体孵育后的阴性对照结果，同样未检测到绿色荧光，说明无非特异性结合。(a1)(b1)(c1) 和 (d1) 使用 Fluostain Ⅰ染色以显示几丁质结构；(a3)(b3)(c3)(d3) 为 (a1) 与 (a2)、(b1) 与 (b2)、(c1) 与 (c2) 及 (d1) 与 (d2) 的合并图像。泳道 S：6 次 PBS 洗涤后的上清液，表示 DCSCs 未结合的残留孢子蛋白；泳道 P：6 次洗涤后 DCSCs 结合的孢子蛋白沉淀部分；M：EasySee Western 标志）

B　rSWP7-HIS 和 rSWP9-GST 与家蚕微孢子虫脱蛋白几丁质壳结合分析

在玻璃珠破碎提取的天然总蛋白中，NbSWP7 和 NbSWP9 能与家蚕微孢子虫脱蛋白几丁质壳结合，并且前面章节序列分析发现 NbSWP9 内部有一个预测的几丁质结合位点，NbSWP7 序列分析没有发现几丁质结合位点，而 NbSWP7 和 NbSWP9 之间存在相互作用；那么，这两个孢壁蛋白与几丁质壳结合是直接结合还是其中一个孢壁蛋白依靠另一个孢壁蛋白结合到脱蛋白几丁质壳上。基于此，利用 rSWP7-HIS 和 rSWP9-GST 与家蚕微孢子虫脱蛋白几丁质壳进行结合分析。如图 5.8 所示，rSWP9-GST 能与几丁质壳结合，rSWP7-HIS 不能与几丁质壳结合，说明 NbSWP9 能够直接与几丁质壳结合，而 NbSWP7 不能与几丁质壳直接结合，推断 NbSWP7 可能依靠 NbSWP9 而与几丁质壳结合。为了验证此推断，先将 rSWP9-GST 与几丁质壳结合，然后再与 rSWP7-HIS 进行结合，如图 5.8（c2）和（g）~（h）结果所示，rSWP7-HIS 又可以结合到几丁质壳上，说明 NbSWP7 依靠 NbSWP9 结合到几丁质壳上。同时，以 rGST 作为对照，结果表明 rGST 不能与几丁质壳结合。此外，利用硝酸银染色也发现，rSWP9-GST 能与几丁质壳结合，rSWP7-HIS 和 rGST 不能与几丁质壳结合，如图 5.9 所示。

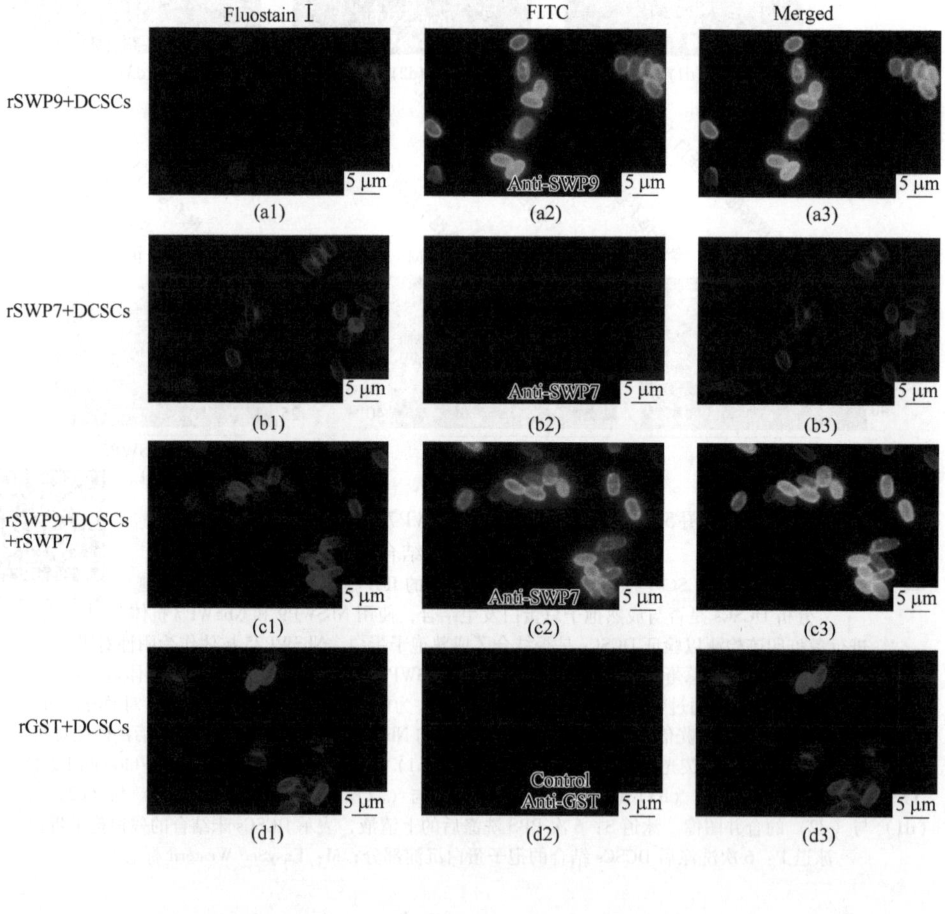

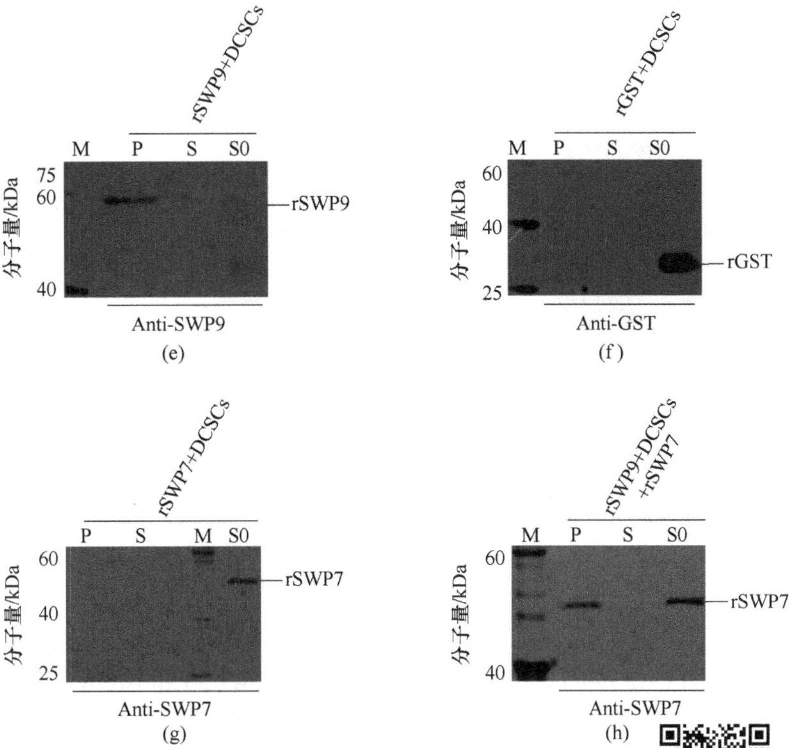

图 5.8 重组蛋白 rSWP7-HIS 和 rSWP9-GST 与脱蛋白几丁质壳的结合分析

图 5.8 彩图

(a)~(d) DCSCs 与重组蛋白 rSWP9-GST、rSWP7-HIS 和 rGST 结合后的 IFA 检测；(e)~(h) Western blotting 检测 rSWP9-GST 和 rSWP7-HIS 是否能与 DCSCs 结合，分别使用抗 NbSWP7 和抗 NbSWP9 抗体检测重组蛋白与 DCSCs 的结合情况，同时以 rGST 作为阴性对照（DCSCs 分别与重组蛋白 rSWP9-GST、rSWP7-HIS 和 rGST 孵育后，再分别使用抗 NbSWP7、抗 NbSWP9 和抗 GST 抗体进行孵育（(a2)(b2)(d2)），通过荧光显微镜观察。在(c2)中，先将 DCSCs 与 rSWP9-GST 孵育，PBS 洗涤去除未结合的 rSWP9-GST 后，再与 rSWP7-HIS 孵育，并使用抗 SWP7 抗体进行检测，观察是否仍可结合 SWP7。(d2) 为与 rGST 孵育并使用抗 GST 抗体检测的阴性对照组。(a1)(b1)(c1)(d1) 分别为 DCSCs 经 Fluostain I 染色后的几丁质成分图像；(a3)(b3)(c3)(d3) 为各组荧光与 Fluostain Ⅰ的合并图像。泳道 S0：DCSCs 与重组蛋白孵育后的初始上清液；泳道 S：6 次 PBS 洗涤后的上清液，表示未结合蛋白已基本洗去；泳道 P：DCSCs 沉淀部分，表示与重组蛋白结合的 DCSC 组分；M：EasySee Western 标志）

C 碱溶蛋白与家蚕微孢子虫脱蛋白几丁质壳结合分析

家蚕微孢子虫总蛋白中，孢壁蛋白 NbSWP9、NbSWP26、SWP30 和 NbSWP32 能够与脱蛋白几丁质壳结合。脱蛋白几丁质壳是通过 1 mol/L NaOH 煮沸提取得到的，为了验证碱溶蛋白也能与几丁质壳结合，采用 0.1 mol/L NaOH

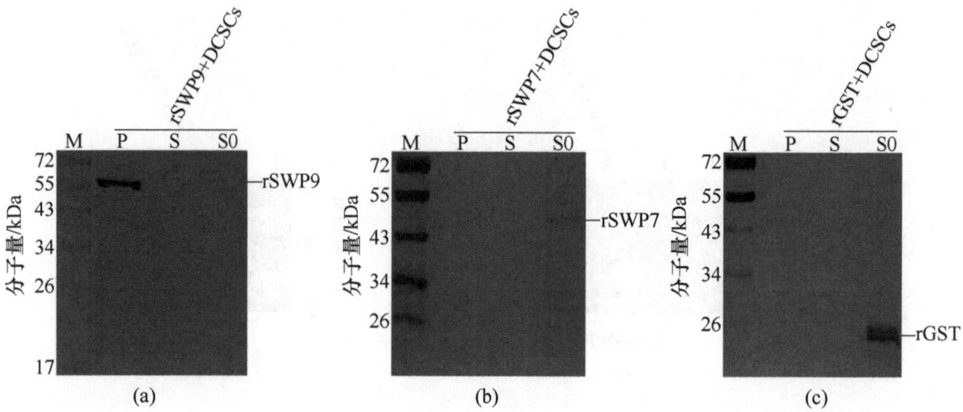

图 5.9　重组蛋白 rSWP7-HIS 和 rSWP9-GST 与脱蛋白几丁质壳结合的硝酸银染色分析
（a）银染结果显示大肠杆菌表达的 rSWP9-GST 能够与 DCSCs 结合；（b）与 rSWP9-GST 相比，rSWP7-HIS 未显示出与 DCSCs 的结合能力；（c）阴性对照 rGST 同样未与 DCSCs 发生结合（泳道 S：6 次 PBS 洗涤后的上清液，表示未结合蛋白已基本洗去；泳道 P：DCSCs 沉淀部分，表示与重组蛋白结合的 DCSC 组分；M：预染蛋白分子量标准（Prestained Marker））

处理成熟家蚕微孢子虫，获得碱溶蛋白。经免疫印迹检测发现，此碱溶蛋白中含有孢壁蛋白 NbSWP7、NbSWP9、NbSWP26、SWP30 和 NbSWP32，但没有检测到 NbSWP25，将提取的碱溶蛋白与脱蛋白几丁质壳进行结合实验。如图 5.10 和图 5.11 所示，除 NbSWP32 外，其他几个孢壁蛋白都不能与几丁质壳结合，推断可能由于碱处理将孢壁蛋白上的几丁质结合位点破坏导致大部分碱溶孢壁蛋白不能与几丁质壳结合。

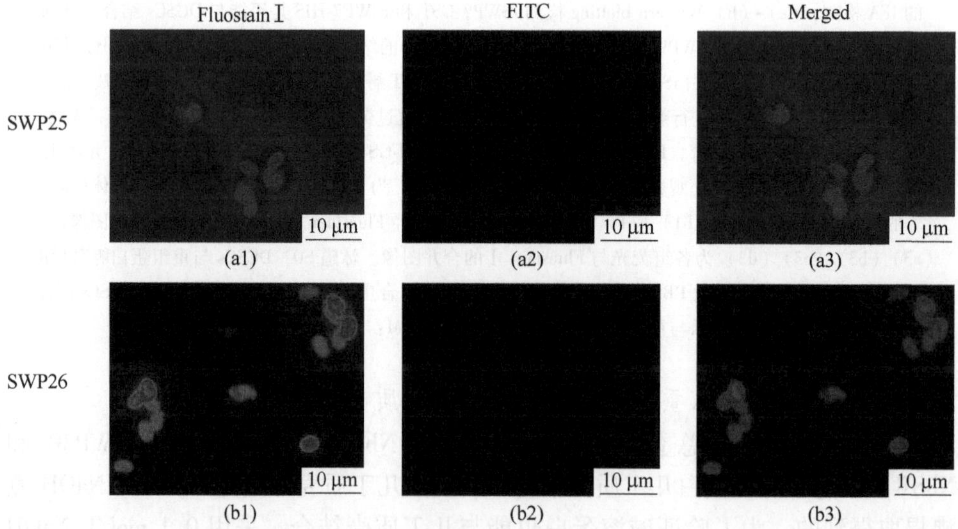

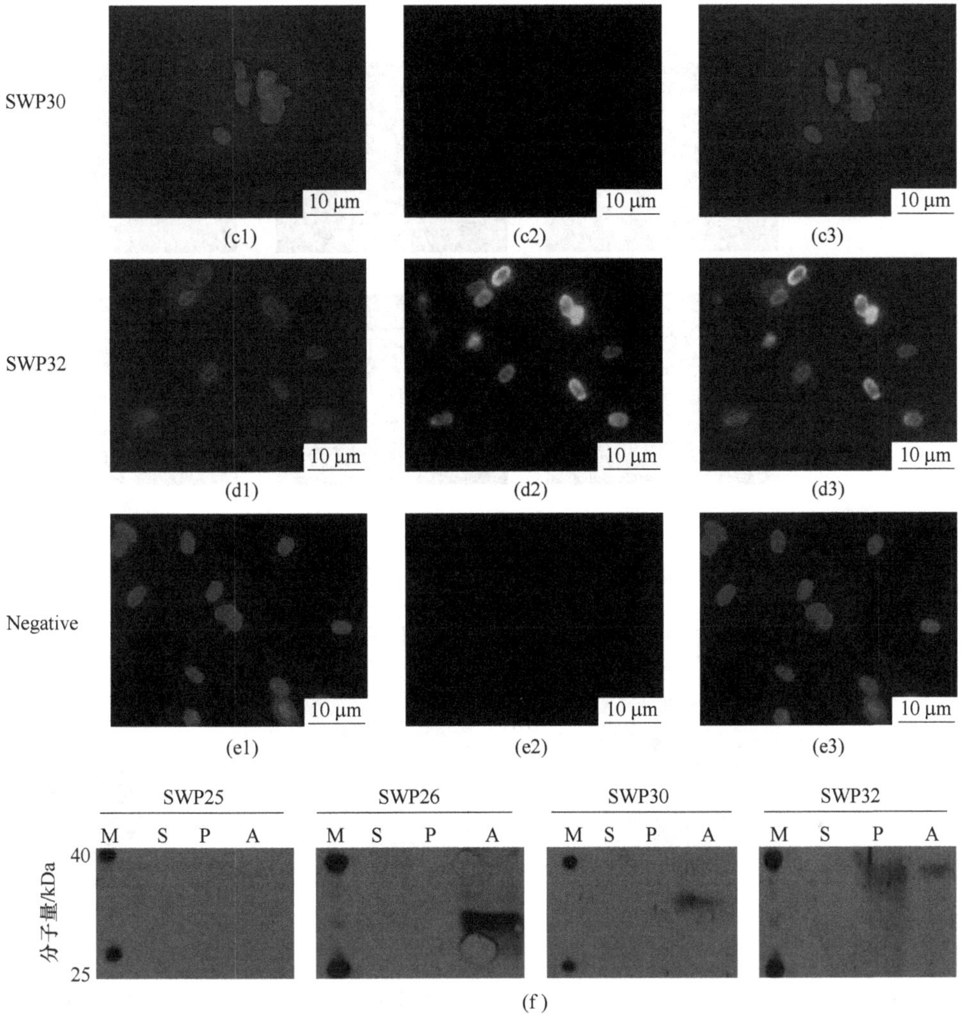

图 5.10　碱溶蛋白与脱蛋白几丁质壳的结合分析

(a)~(e) DCSCs 与碱溶性孢子蛋白结合的 IFA 检测；(f) 免疫印迹分析碱溶性蛋白是否与 DCSCs 结合，使用抗 SWP25、SWP26、SWP1 (SWP30) 和 SWP32 抗体检测碱溶性蛋白与 DCSCs 的结合情况

图 5.10 彩图

(DCSCs 与碱溶性蛋白孵育后，分别加入 SWP25、SWP26、SWP1(SWP30) 和 SWP32 抗体进行荧光标记（分别对应 (a2) (b2) (c2) (d2)），并使用荧光显微镜进行观察。(e2) 为 DCSCs 与阴性血清孵育后的对照组，未观察到荧光信号，表明无非特异性结合。(a1) (b1) (c1) (d1) (e1) 为使用 Fluostain I 染色后的 DCSCs 几丁质结构；(a3) (b3) (c3) (d3) (e3) 为 (a1) 与 (a2)、(b1) 与 (b2)、(c1) 与 (c2)、(d1) 与 (d2) 和 (e1) 与 (e2) 的合并图像。泳道 A：碱溶性蛋白原液；泳道 S：经 200 μL PBS 洗涤 6 次后的上清液，代表未被完全洗脱但与 DCSCs 结合的蛋白；泳道 P：6 次洗涤后结合于 DCSCs 的蛋白沉淀部分；M：EasySee Western 标志)

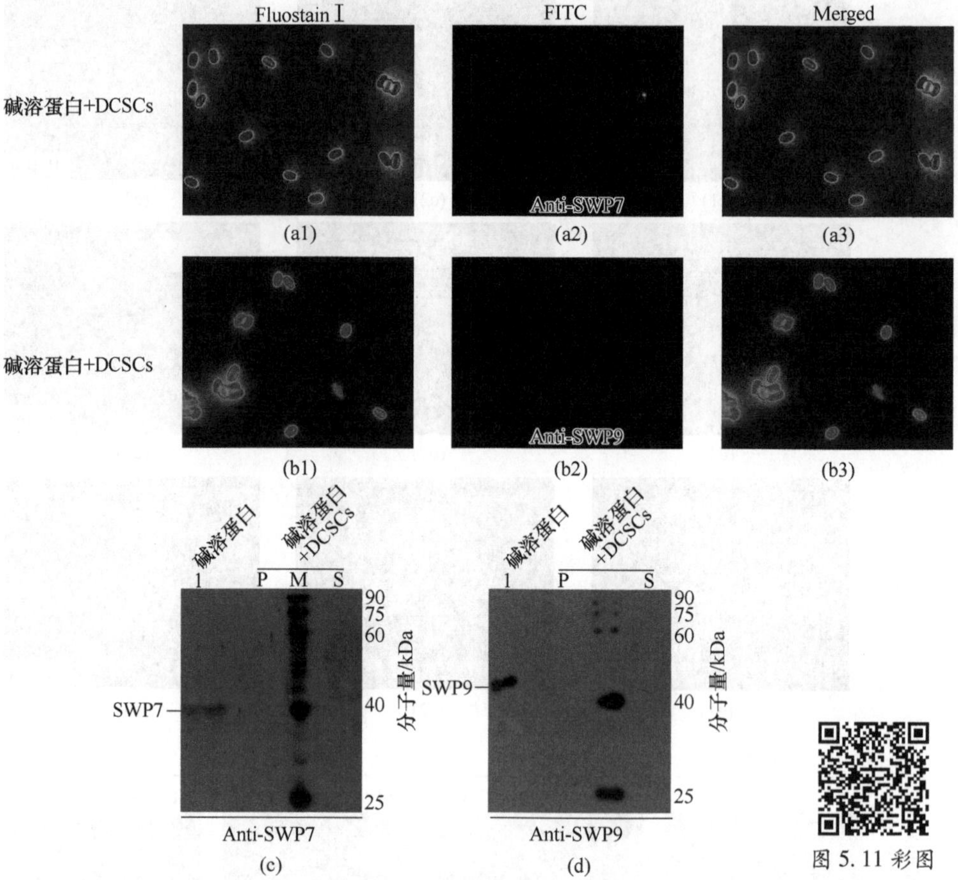

图 5.11 彩图

图 5.11　碱溶孢壁蛋白 NbSWP7 和 NbSWP9 与脱蛋白几丁质壳的结合分析

(a)(b) DCSCs 与碱溶性蛋白结合的 IFA 检测；(c)(d) 免疫印迹分析碱溶性蛋白 NbSWP7 和 NbSWP9 是否与 DCSCs 结合，使用抗 NbSWP7 和抗 NbSWP9 抗体检测碱溶性蛋白与 DCSCs 的结合情况（(a1) 和 (b1) 为使用 Fluostain I 染色后显示的 DCSCs 几丁质结构；(a2) 和 (b2) 分别为 DCSCs 与碱溶性蛋白孵育后，经抗体标记所得的荧光图像；(a3) 和 (b3) 为 (a1) 与 (a2)、(b1) 与 (b2) 的合并图像，用以观察蛋白结合的荧光信号分布；一抗稀释比例为 1∶200；二抗为 FITC 标记的山羊抗小鼠 IgG（Sigma 公司，稀释比例 1∶64）；泳道 1：碱溶性蛋白原液；泳道 S：经 200 μL PBS 洗涤 6 次后的上清液，代表未被完全洗脱但与 DCSCs 结合的蛋白；泳道 P：6 次洗涤后结合于 DCSCs 的蛋白沉淀部分；M：EasySee Western 标志）

5.2.2　NbSWP7 和 NbSWP9 与 NbPTPs 之间的相互作用及其在孢子发芽中的作用

5.2.2.1　免疫共沉淀分析 NbSWP9 和极管蛋白的相互作用

通过第 4 章研究证实，家蚕微孢子虫孢壁蛋白 NbSWP9 和 NbSWP7 之间存在相互作用。为了进一步寻找 NbSWP7 和 NbSWP9 在家蚕微孢子虫内部的互作靶蛋白，采用 anti-NbSWP7 和 anti-NbSWP9 的纯化兔多克隆抗体进行免疫共沉淀，以兔阴性抗体作为对照，将免疫共沉淀样品进行 SDS-PAGE 电泳，并结合硝酸银染色进行差异条带分析，结果如图 5.8 所示，与阴性对照相比，发现 anti-NbSWP9 抗体与孢子总蛋白共孵育的免疫共沉淀样品经 SDS-PAGE 电泳后，95 kDa 附近有一条差异条带（图 5.12 中箭头标示），将差异条带切取进行 LTQ MS/MS 质谱鉴定。同时，将免疫共沉淀样品转 PVDF 膜，并以针对 NbSWP9 的鼠多克隆抗体为一抗进行免疫印迹，结果发现在 NbSWP9 的免疫共沉淀样品中确实含有目的蛋白 NbSWP9，说明实验是可行的，如图 5.12 所示。NbSWP7 免疫共沉淀样品中没有出现明显的差异条带。表 5.1 为箭头所指差异条带的质谱鉴定结果，根据表中的信息可知，鉴定到的蛋白主要有以下 9 种，分别为：2 个氨肽酶 M1（M1 family aminopeptidase 1）、1 个 ATP 酶（Cdc48-like AAA ATPase）、1 个极管蛋白 2（Polar tube protein 2）、1 个海藻糖磷酸酶（trehalose-phosphatase）、1 个氨基葡萄糖–果糖-6-磷酸转氨酶（Glucosamine-fructose-6-phosphate aminotransferase 1）、1 个极管蛋白 3（Polar tube protein 3）、1 个热激蛋白 70（Heat shock 70 kDa protein）、1 个 ATP 结合盒 G1（ATP-binding cassette sub-family G member 1）。

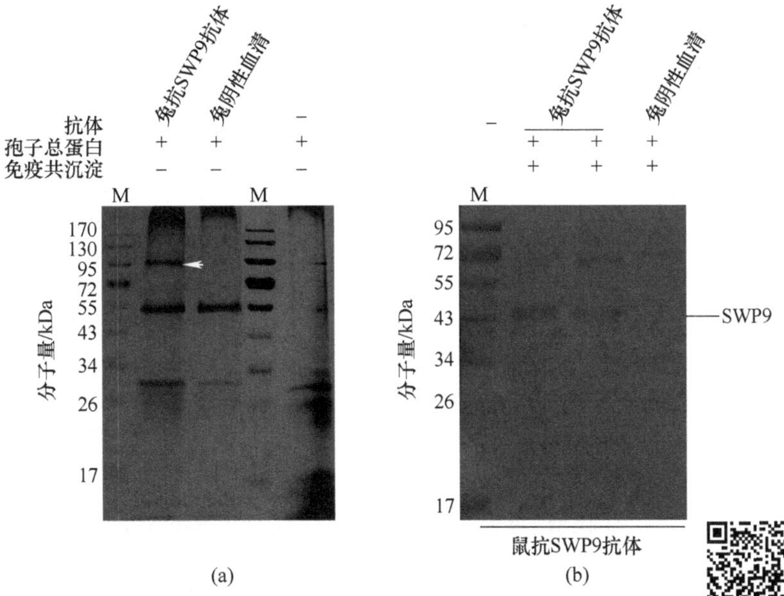

图 5.12 NbSWP9 免疫共沉淀样品的 SDS-PAGE(a) 与免疫印迹分析（b）

图 5.12 彩图

表 5.1　NbSWP9 免疫共沉淀的 LTQ MS/MS 分析

基因座	注释	序列					
		覆盖率/%	电荷	分子量/kDa	单一肽段数	肽段数	单一肽段
NBO_38g0007	M1 家族氨肽酶 1	50. 93	6. 25	50. 09	16	45	K. AIDVIVLCELFR. D K. EFSEDWITTNSILINNALR. S K. GSINPEFIR. S K. HLNEVISDLIGSR. V K. IIELLNLK. K K. INMGGYAFFR. T K. IPITFSWGETILMTQR. E K. IVALSSLANINNEK. S K. LEVESFMNDWINK. Q K. LNLVNDIFALCNAK. M K. QGYPIVYVSEDKEDILLR. Q R. DETNPEILSSIFSTLNK. F R. DLILNFICENFDEIR. S R. M * LEGFIGQDEFKK. G R. SVFISVIDEKYEEIFSLTK. T R. VNEIDIFTK. E
NBO_61gi002	Cdc48 功能相似的 AAA 家族 ATP 酶	22. 96	5. 2	86. 98	13	23	K. AVANETGAFIYLINGPEIMSK. M K. AVATECQANFISIK. G K. GILLYGPPGTGK. T K. GPELLTM * WVGESESNVR. E K. M * AGESENNLR. K K. TIEDLNFIDGDYVTLK. G K. TPLSPDVNLVQLAEATDR. F R. ISSGIGSVEYK. V R. IVSQLLTLMDGSK. S R. KTPLSPDVNLVQLAEATDR. F R. LDQLVYIPLPDLDSR. L R. SAAPCVLFFDEIDSVAK. S R. VLNQLLTEMDGMNQK. K
NBO_7g0015	极管蛋白 2	41. 37	9. 39	30. 92	11	30	K. AKEAYVFNAIGEVLSTK. Q K. EAYVFNAIGEVLSTK. Q K. LLNELKNEPEYTVTGEENK. V K. LLNELKNEPEYTVTGEENKVNVFK. K K. NEPEYTVTGEENK. V K. NEPEYTVTGEENKVNVFK. K K. NYDLFVNILSNTTVSEPGPEEK. K K. STPQTAEGTPLINECK. Q R. AQQQMLPAVVDPR. K R. AVQTIEHIKQEPK. C R. QAQAIETAAR. A

续表 5.1

基因座	注释	序列					
		覆盖率/%	电荷	分子量/kDa	单一肽段数	肽段数	单一肽段
NBO_95g0003	M1 家族氨肽酶 1	16.73	5.51	92.2	11	22	K. DVLTYNSLLVTNAIK. F K. EIIDGYYVFNTTPK. M K. FKVESLMNSWTGNK. G K. M * SIYNVAIVSGK. L K. MSIYNVAIVSGK. L K. NKDVLTYNSLLVTNAIK. F K. SPLNVEDR. Y R. DYIALSNMSVK. E R. EIILDFICDHFDDIR. A R. LCDSINNETDPEVLK. V R. YNLVSDMFALCNAK. M
NBO_29g0027	海藻糖磷酸酶	13.64	5.15	77.6	8	12	K. GDLIIAAGDDTTDEDMFK. H K. VIKDTLEGFTFR. Q K. VISNSLIGFIK. S R. NEM * GLKPIETLIQK. A R. QVFSGDQLEMWK. E R. SGGKDEVLK. Y R. TPGSHLEK. K R. VNISSFLPR. D
NBO_374g0007	葡萄糖胺-果糖-6-磷酸-氨基转移酶 1	10.33	6.39	68.3	6	14	K. DISDILITGLK. R K. DISDILITGLKR. I K. IAQVLGLNDNIK. E K. IIDTELNAIMK. G K. TVSLGGLKDYINIIK. K R. MSLDFFNVNYGTK. R
NBO_10g0052	极管蛋白 3	7.29	6.29	150.3	6	11	K. AGGSTDEAAAVR. V K. FIEDTFNSAYSSGQAQR. F K. TFIDEEVSNVGEAYVK. N R. ALADSLGMTEEDFIQFAR. K R. NALYDDIGKEPIEIK. S R. SDQVIAGPNGGTSALSQATAPR. T
NBO_377g0003	热激 70 kDa 蛋白 6	12.05	5.1	73.97	6	9	K. EAAIIAGFNKDK. I K. EDQLTQSSLLR. L K. GCLLLSVGAQNVNYSK. D K. LLLTPQLENQLLEVK. K K. NMVSTDPSSVVFDAK. R
NBO_7g0023	ATP 结合盒亚家族 G 成员 1	6.25	6.43	48.1	2	2	R. ARFEYLCENLFK. S K. FVSGELTAVMGASGAGK. S K. LSVAEDLLR. R

通过质谱结果发现，NbSWP9 抗体可以将极管蛋白 2 和 3（PTP2 和 PTP3）从总蛋白中沉淀下来，推断 NbSWP9 与极管蛋白可能存在相互作用。此结果类似于家蚕微孢子虫中的另一个已报道的孢壁蛋白 NbSWP5，此蛋白与极管蛋白 PTP2 和 PTP3 也存在类似的相互作用，并且可能与极管的整齐排列有关[53]。因此我们猜测，NbSWP9 作为一个孢壁蛋白也可能与极管蛋白相互作用而使散乱的极管整齐排列，以及与极管在孢壁上的锚定相关。为了进一步证实上述结果，我们利用上述 NbSWP9 的兔多克隆抗体的免疫共沉淀样品进行 SDS-PAGE，将样品转至 PVDF 膜上，并以针对极管蛋白 PTP1 和 PTP2 的鼠多克隆抗体为一抗进行免疫印迹；结果发现，PTP1 和 PTP2 不仅存在于提取的家蚕微孢子虫总蛋白样品中，还存在于 NbSWP9 免疫共沉淀的样品中。值得强调的是，免疫印迹结果中的 PTP1 呈现拖带状，可能是因为 PTP1 为糖蛋白所致（如图 5. 13 所示，箭头为 PTP2 在 NbSWP9 免疫共沉淀样品中的条带），进一步证明 NbSWP9 与极管蛋白 PTP1 和 PTP2 存在相互作用。由于 NbSWP7 与 NbSWP9 存在相互作用，为了证明 NbSWP7 是否也与 PTP1 和 PTP2 存在直接相互作用，我们将针对 PTP1 和 PTP2 的鼠多克隆抗体为一抗，对 NbSWP7 免疫共沉淀的样品进行免疫印迹；结果发现，只能在孢子总蛋白中检测到 PTP1 和 PTP2，而不能在 NbSWP7 免疫共沉淀的样品中检测到二者，推断 NbSWP7 不与极管蛋白存在直接的相互作用。

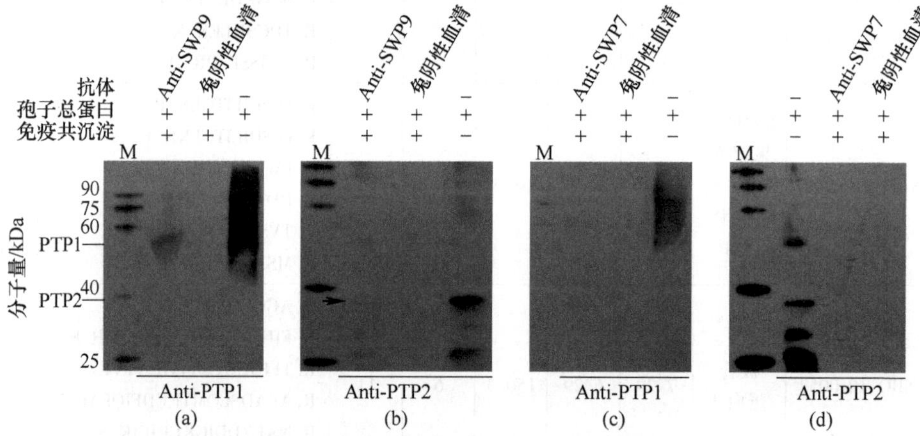

图 5. 13　免疫共沉淀样品的免疫印迹分析 NbSWP7 和 NbSWP9 与 PTP1 和 PTP2 的相互作用

(a)(c) 以 Anti-SWP9 和 Anti-SWP7 抗体分别进行免疫共沉淀；
(b)(d) 利用 Anti-PTP1 和 Anti-PTP2 的抗体进行免疫印迹检测

5. 2. 2. 2　免疫电镜分析 NbSWP7 和 NbSWP9 与极管的相互作用

通过免疫共沉淀结果发现 anti-NbSWP9 抗体能把极管蛋白沉淀，而没有发现 NbSWP7 与极管蛋白存在相互作用。进一步利用免疫透射电子显微镜观察 NbSWP7 和 NbSWP9 在成熟孢子和孢子母细胞中的定位情况，查看二者能否定位在孢子的极管区域，继而证明二者与极管的相互作用。通过 Percoll 密度梯度离心分离到不同发育时期的家蚕微孢子虫，如图 5.14 所示，（a）和（b）分别表示 NbSWP9 在早期孢子母细胞和晚期孢子母细胞中的定位，可以看到大部分的胶体金颗粒集中在孢子中散乱排列的极管处，还有部分胶体金颗粒分布在孢子孢壁上；（c）所示的是 NbSWP9 在成熟孢子中的定位，大部分胶体金颗粒集中在极管区域和孢壁上。对于 NbSWP7 来说，在孢子母细胞时期，大部分胶体金颗粒主要集中在孢原质中，而没有定位在孢子的极管上（见图 5.14（d））；在成熟微孢子虫中，NbSWP7 与 NbSWP9 的定位趋势一致，分布在极管区域和孢壁上。

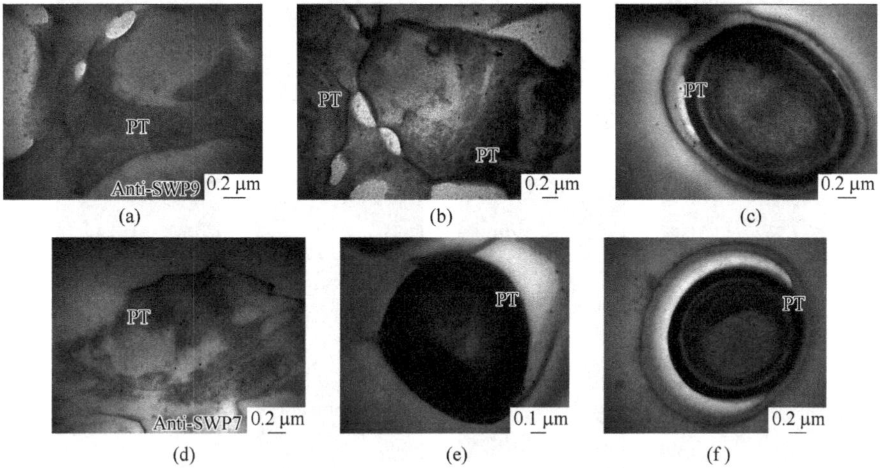

图 5.14 免疫电镜分析 NbSWP7 和 NbSWP9 与极管的相互作用

（a）（b）分别表示 NbSWP9 在早期孢子母细胞和晚期孢子母细胞中的定位；（c）NbSWP9 在成熟孢子中的定位；（d）在孢子母细胞时期，大部分 NbSWP7 胶体金颗粒主要集中在孢原质中，而没有定位在孢子的极管上；（e）（f）在成熟微孢子虫中，NbSWP7 与 NbSWP9 的定位趋势一致，分布在极管区域和孢壁上（PT：极管）

由以上结果可知，无论在孢子母细胞还是成熟孢子时期，大部分 NbSWP9 都定位在极管上，进一步说明 NbSWP9 与极管蛋白存在相互作用；NbSWP7 在孢子母细胞时期定位于孢原质内，在成熟孢子时期才定位于极管，进一步说明 NbSWP7 不直接与极管相互作用。其定位于极管区域可能是由于与 NbSWP9 相互作用，导致在成熟孢子中与 NbSWP9 的定位相同，而不是因为与极管的相互作用而到达极管区域。

5.2.2.3 免疫荧光分析 NbSWP7 和 NbSWP9 与极管蛋白的相互作用

无论是在孢子母细胞还是成熟孢子中，NbSWP9 都能定位到微孢子虫极管区域，而 NbSWP7 只能定位到成熟孢子的极管上，并且可能是由于与 NbSWP9 互作所致。接下来，我们将微孢子虫固定在载玻片上，在 0.1 mol/L K_2CO_3 中诱导孢子发芽，随后将在载玻片上发芽的孢子进行 anti-NbSWP7 和 anti-NbSWP9 的抗体孵育，采用兔荧光二抗 Alexa Fluor 594（红色）标记 NbSWP7 和 NbSWP9，FITC 标记的鼠荧光二抗标记 NbPTP1，进行间接免疫荧光实验，结果如图 5.15 所示。

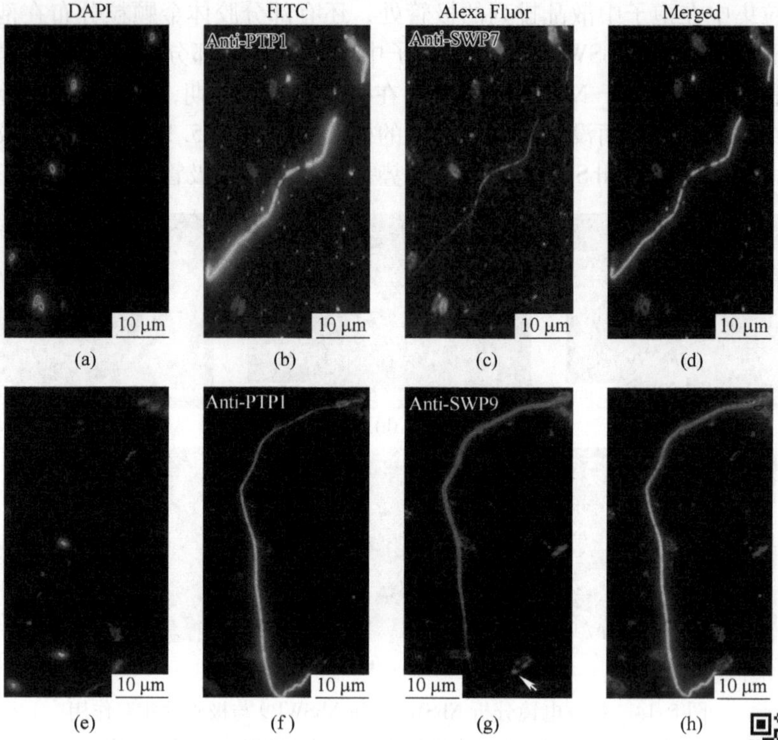

图 5.15　IFA 分析 NbSWP7 和 NbSWP9 与 PTP1 的共定位

(a)(e) DAPI 荧光染色对照；(b)(f) 抗 NbPTP1 的鼠血清识别成熟家蚕微孢子虫发芽弹出的极管，用 FITC 标记的鼠荧光二抗标记；(c) 抗 NbSWP7 的兔血清孵育成熟家蚕微孢子虫发芽弹出的极管，用兔 Alexa Fluor® 594 二抗标记；(g) 抗 NbSWP9 的兔血清识别成熟家蚕微孢子虫发芽弹出的极管，用兔 Alexa Fluor® 594 二抗标记；(d)(h) 为 (b) 和 (c)、(f) 和 (g) 的叠加

（二抗分别为 FITC 标记的山羊抗小鼠 IgG（Sigma，稀释比例 1：64）和 Alexa Fluor® 594 标记的山羊抗兔 IgG（Invitrogen，稀释比例 1：2000））

图 5.15 彩图

微孢子虫在 0.1 mol/L K_2CO_3 诱导下发芽，弹出极管，整个弹出的极管能被 NbPTP1 抗体识别并被 FITC 标记的鼠荧光二抗染成绿色。同时，极管也能被针对 NbSWP9 的抗体识别，呈现比较强的红色荧光，并在微孢子虫的发芽口有积累（见图 5.15（g）箭头所示）。绿色和红色荧光可以完全重合，说明 NbSWP9 能与 NbPTP1 共定位，进一步证明二者之间存在相互作用（见图 5.15（g））；针对 NbSWP7 的抗体对极管的识别能力比较弱，极管呈现比较弱的红色荧光，说明 NbSWP7 与 NbPTP1 相互作用较弱或不存在相互作用（见图 5.15（c））。

为了验证 NbSWP7、NbSWP9 和 NbPTP1 的共定位不是由于所标记的二抗不同所致，因此，采用鼠荧光二抗 Alexa Fluor 594（红色）标记 NbPTP1，利用 FITC 标记的兔荧光二抗标记 NbSWP7 和 NbSWP9，进行间接免疫荧光实验，结果如图 5.16 所示。

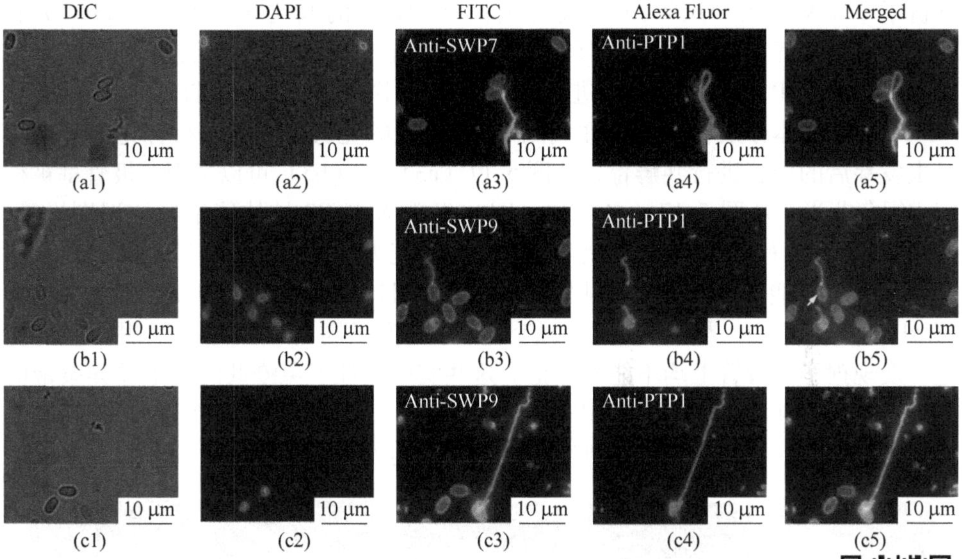

图 5.16 IFA 分析 NbSWP7 和 NbSWP9 与 PTP1 的共定位

（a1）（b1）（c1）微分干涉显微镜图片；（a2）（b2）（c2）DAPI 荧光染色对照；（a3）抗 NbSWP7 的兔血清识别成熟家蚕微孢子虫发芽弹出的极管，用 FITC 标记的兔荧光二抗标记；（b3）（c3）抗 NbSWP9 的兔血清识别成熟家蚕微孢子虫发芽弹出的极管，用 FITC 标记的兔荧光二抗标记；（a4）（b4）（c4）抗 NbPTP1 的鼠血清识别成熟家蚕微孢子虫发芽弹出的极管，用鼠 Alexa Fluor® 594 二抗标记；（a5）（b5）（c5）为（a3）和（a4）、（b3）和（b4）以及（c3）和（c4）的叠加

图 5.16 彩图

利用针对 NbSWP9 的抗体和 FITC 标记的兔荧光二抗也能识别极管，极管呈现比较强的绿色荧光，并且绿色和红色荧光可以完全重合（见图 5.16（b5）和（c5））；同时，从图 5.16（b5）可以观察到，在孢子刚发芽而弹出少部分极丝时，孢子的核（箭头标示）是没有被弹出，说明此时的孢原质没有被弹出。而当大部分极管弹出时，孢内的核及孢原质都被弹出（见图 5.16（c5））。

上述结果说明 NbSWP9 能与 NbPTP1 共定位，不受不同标记的荧光二抗影响。通过免疫荧光分析，进一步证明二者之间存在相互作用（见图 5.16（b5）和（c5））；当利用 FITC 标记的兔荧光二抗标记 NbSWP7 时，NbSWP7 的抗体能够识别极管，极管呈现比较强的绿色荧光，并且也能与红色荧光完全重合，此现象可能是由于不同标记的荧光二抗而造成，也可能是由于 NbSWP9 与极管蛋白存在相互作用，而 NbSWP7 与 NbSWP9 之间也存在相互作用，在极管的弹出过程中，由于 NbSWP9 和极管一起弹出而带着 NbSWP7 一起弹出，但是也不排除 NbSWP7 可能与 NbPTP1 存在较弱的相互作用。

目前研究发现，微孢子虫的极管主要由 3 个极管蛋白构成，分别为 PTP1、PTP2 和 PTP3，在家蚕微孢子虫基因组中也发现了这三个蛋白，上述研究中我们分析了 NbSWP7 和 NbSWP9 与极管蛋白 NbPTP1 的共定位，那么 NbSWP7 和 NbSWP9 与极管中的其他蛋白是否也能够共定位？因此，我们对 NbSWP7 和 NbSWP9 与 NbPTP2 的共定位进行了分析。如图 5.17 所示，针对 NbSWP7 和 NbSWP9 的抗体分别作为一抗并利用 FITC 标记的兔荧光二抗进行标记，与微孢子虫发芽后的极管进行共孵育，从图 5.17（a3）和（b3）可以发现，极管都被标记成绿色荧光；从图 5.17（a4）和（b4）发现 NbPTP2 抗体能很好的识别极管，并利用鼠 Alexa Fluor® 594 二抗标记，极管被标记为红色荧光。图 5.17（a5）显示部分 NbSWP7 能够与 NbPTP2 共定位，而图 5.17（b5）显示 NbSWP9 完全能够与 NbPTP2 共定位。与此同时，我们将发芽的孢子同时利用兔和鼠阴性血清标记，发现孢子和极管上均不能被标记。这些实验验证了免疫共沉淀中差异条带的质谱数据，说明 NbSWP9 与 NbPTP2 存在相互作用，而 NbSWP7 也可能与 PTP2 存在相互作用，但还需要利用研究蛋白质互作的方法进一步证明。

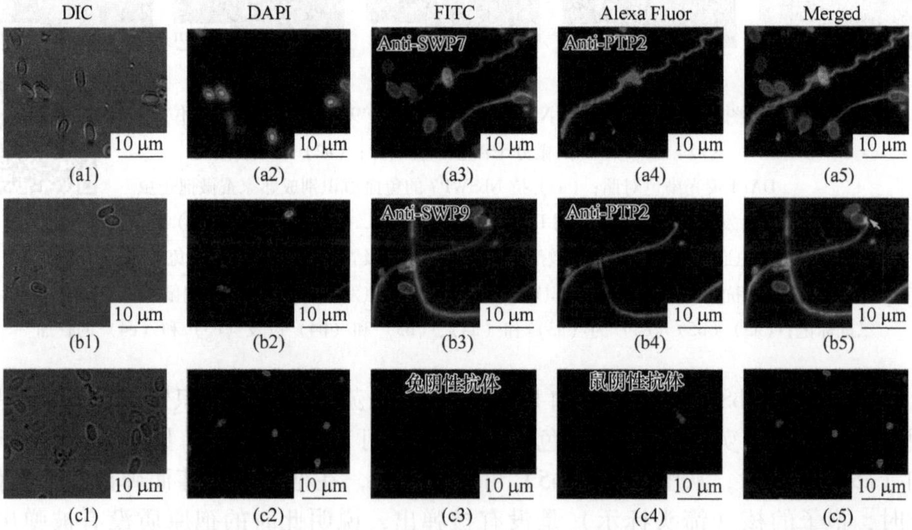

图 5.17　IFA 分析 NbSWP9 和 NbSWP7 与 PTP2 的共定位

（a1）（b1）（c1）微分干涉显微镜图片（DIC）；（a2）（b2）（c2）DAPI 荧光染色对照；（a3）抗 NbSWP7 的兔血清识别成熟家蚕微孢子虫发芽弹出的极管，用 FITC 标记的兔荧光二抗标记；（b3）（c3）抗 NbSWP9 的兔血清识别成熟家蚕微孢子虫发芽弹出的极管，用 FITC 标记的兔荧光二抗标记；（a4）（b4）抗 NbPTP2 的鼠血清识别成熟家蚕微孢子虫发芽弹出的极管，用鼠 Alexa Fluor® 594 二抗标记；（c3）（c4）利用兔和鼠阴性血清作为对照；（a5）（b5）（c5）为（a3）和（a4）、（b3）和（b4）以及（c3）和（c4）的叠加

图 5.17 彩图

此外，我们也发现了类似图 5.15 所示的现象，在孢子发芽弹出极管后，有大量的 NbSWP9 还定位在孢壁上呈点状的绿色荧光信号（见图 5.17（b5）和图 5.18（e）中的箭头所示）。同时，从图 5.15（h）、图 5.17（b5）和图 5.18（e）中可以发现，当极管全部弹出时，NbSWP9 主要定位极管末端的区域，而不是在靠近发芽端的区域，暗示 NbSWP9 与极管锚定在孢壁上有关。

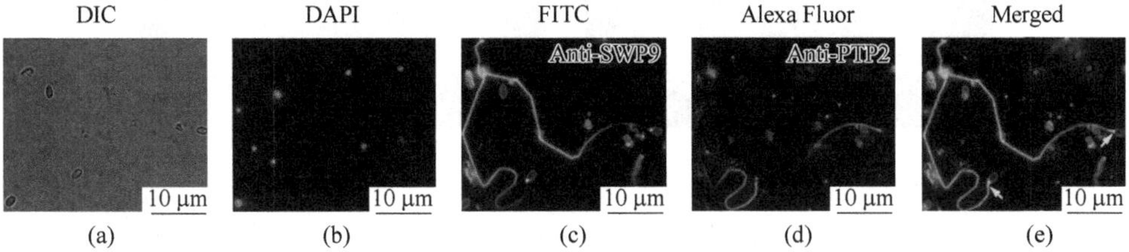

图 5.18 IFA 分析 NbSWP9 与 PTP2 的共定位

（a）微分干涉显微镜图片；（b）DAPI 荧光染色对照；（c）抗 NbSWP9 的兔血清识别成熟家蚕微孢子虫发芽弹出的极管，用 FITC 标记的兔荧光二抗标记；（d）抗 NbPTP2 的鼠血清识别成熟家蚕微孢子虫发芽弹出的极管，用鼠 Alexa Fluor® 594 二抗标记；（e）为（c）和（d）的叠加

图 5.18 彩图

5.2.2.4 酵母双杂交分析 NbSWP7 和 NbSWP9 与极管蛋白的相互作用

酵母双杂交是研究蛋白质相互作用的经典方法，在真核生物酵母体内来研究 NbSWP7 和 NbSWP9 与极管蛋白的相互作用更能真实体现孢壁蛋白与极管蛋白之间的相互作用。首先将 pGADT7-*Nbptp1*/pGADT7-*Nbptp2* 和 pGBKT7-*Nbswp9* 同时电击转化进入酵母 *AH109* 细胞内，在 SD/-Trp-Leu-His-Ade 营养缺陷型培养基上筛选，发现共转入 pGADT7-*Nbptp1* 和 pGBKT7-*Nbswp9* 以及 pGADT7-*Nbptp*2 和 pGBKT7-*Nbswp9* 时均有酵母菌生长，挑取单菌落于 SD/-Trp-Leu-His-Ade 液体培养基中，利用接种环将液体培养基中的酵母菌划线于 SD/-Trp-Leu-His-Ade/X-α-Gal 平板，发现酵母菌都生长并变为蓝色，表明下游的 α-半乳糖甘酶被激活表达，如图 5.19 所示。营养缺陷筛选、酵母菌表型筛选均表明 NbSWP9 与 NbPTP1 和 NbPTP2 之间都存在相互作用。

同样采用酵母双杂交来进一步验证 NbSWP7 与极管蛋白之间是否存在直接的相互作用。将 pGADT7-*Nbptp1*/pGADT7-*Nbptp*2 和 pGBKT7-*Nbswp7* 同时电击转化进入酵母 *AH109* 细胞内，利用接种环将液体培养基中的酵母菌划线于 SD/-Trp-Leu-His-Ade/X-α-Gal 平板，发现酵母菌都生长但不变为蓝色，表明下游的 α-半乳糖甘酶未被激活表达，如图 5.20 所示。酵母菌表型筛选表明 NbSWP7 与 NbPTP1 和 NbPTP2 之间不存在直接相互作用，暗示 NbSWP7 是由于与 NbSWP9 相互作用而能定位于极管。

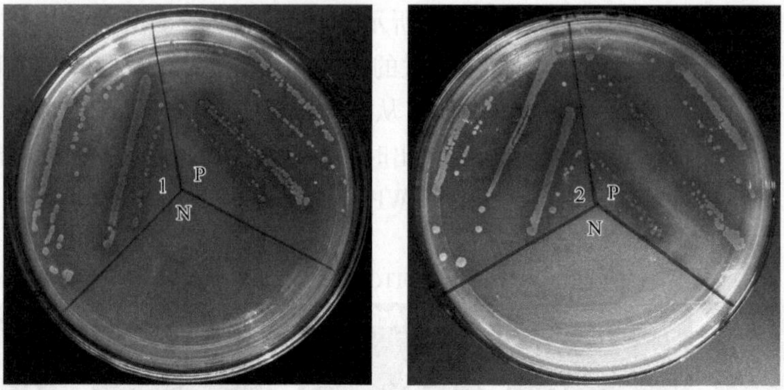

(a)　　(b)

样品	质粒	相互作用
P	Positive control pGBKT7-53/pGADT7-T	是
N	Negative control pGBKT7-lam/pGADT7-T	否
1	pGADT7-*Nbptp1*/pGBKT7-*Nbswp9*	是
2	pGADT7-*Nbptp2*/pGBKT7-*Nbswp9*	是

图 5.19　pGADT7-*Nbptp1*/pGADT7-*Nbptp2* 和 pGBKT7-*Nbswp9* 共转酵母菌后的表现型筛选

（a）酵母双杂交验证 *Nbptp1* 和 *Nbswp9* 之间的相互作用；

（b）酵母双杂交验证 *Nbptp2* 和 *Nbswp9* 之间的相互作用

图 5.19 彩图

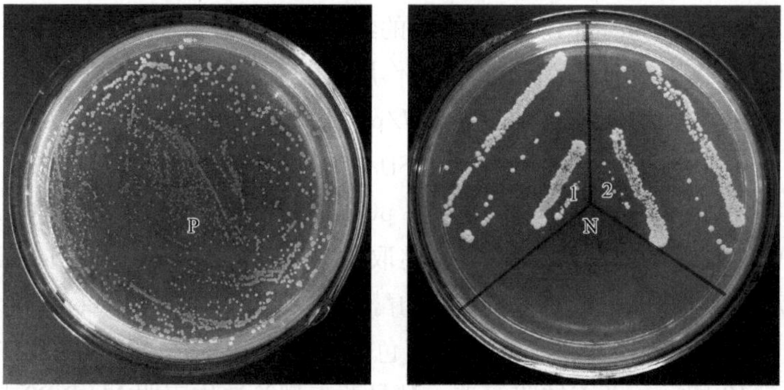

(a)　　(b)

样品	质粒	相互作用
P	Positive control pGBKT7-53/pGADT7-T	是
N	Negative control pGBKT7-lam/pGADT7-T	否
1	pGADT7-*Nbptp1*/pGBKT7-*Nbswp7*	否
2	pGADT7-*Nbptp2*/pGBKT7-*Nbswp7*	否

图 5.20　pGADT7-*Nbptp1*/pGADT7-*Nbptp2* 和 pGBKT7-*Nbswp7* 共转酵母菌后的表现型筛选

（a）酵母双杂交阳性对照；

（b）酵母双杂交验证 *Nbptp1* 和 *Nbptp2* 与 *Nbswp7* 之间的相互作用

图 5.20 彩图

5.3 结论与讨论

盘基网柄菌、植物和真菌含有多层的细胞壁，包括至少一层糖聚合物和很多的蛋白质[212-214]。微孢子虫含有一层厚厚的孢壁，主要由高电子密度蛋白质成分构成的孢子外壁（25~30 nm）、低电子密度几丁质层和少量蛋白质组成的呈纤维状孢子内壁（30~35 nm）和原生质膜构成[4-6]。孢壁能够维持孢子的形态、维持孢内渗透压以及抵抗外界不利环境[5,28,34,187,188]。几丁质是类似于纤维素的多聚糖，但产生纤维素的生物体内一般不含有几丁质[215]。此外，几丁质在很多物种中作为细胞壁或者外骨骼的主要成分，这些物种包括真菌、节肢动物、昆虫等。在很多丝状真菌中，几丁质是其细胞壁的主要支撑物[216]。几丁质是孢子内壁的主要组成部分，是由2-乙酰氨基-2-脱氧-β-D-葡萄糖通过β-1,4糖苷键连接纤维状结构，其主要构成孢子内壁的框架，将孢子外壁和内壁连接[217]。相比之下，引起阿米巴痢疾和肝脓肿疾病的溶组织内阿米巴原虫（*Entamoeba histolytica*）的包囊壁由几丁质和3个特有的结合几丁质的凝集素，这3个凝集素能够降解几丁质和交叉相连的纤维丝，并且能够自聚集使得包囊壁变得致密，不具有通透性[93-95,97,98]。在兰伯氏贾第虫中，包囊壁主要由通过β-1,3糖苷键连接的N-乙酰半乳糖胺构成[68]。那么，这些通过糖苷键构成的聚合物结构如何？近来，一些研究者报道称热碱处理能够从真菌细胞壁中分离获得几丁质和β-1,3糖苷键连接形成的葡聚糖[218]。在兰伯氏贾第虫中，国外学者通过煮沸NaOH获得了脱蛋白乙酰半乳糖胺聚合物（Deproteinated acetylglucosamine homopolymer），这些聚合物能够保持空心球形状的包囊壁，并发现脱蛋白乙酰半乳糖胺聚合物形成一个松散而卷曲的纤丝晶格，此结构比正常完整的贾第虫包囊壁变得厚而松散[68]。在本章中，根据研究报道的方法，略作修改后，利用1 mol/L煮沸的NaOH提取获得了家蚕微孢子虫脱蛋白几丁质壳（*N. bombycis* DCSCs）[68,219]。提取获得的家蚕微孢子虫脱蛋白几丁质壳也比未处理的正常孢子内壁几丁质层变得厚而松散，此现象类似于兰伯氏贾第虫的包囊壁[220]。

在微孢子虫中，孢壁上除了发挥框架作用的几丁质外，还含有大量的孢壁蛋白，这些孢壁蛋白是如何与框架结构构成完整坚实的孢壁来发挥作用的？根据经碱煮沸法抽提的脱蛋白几丁质壳比正常孢子内壁中的几丁质层变得厚而疏松，推断可能是由于孢壁上的蛋白脱落的缘故。在兰伯氏贾第虫中，包囊壁除了包括β-1,3糖苷键连接形成的乙酰半乳糖胺聚合物外，还包括至少3个包囊壁蛋白（cyst wall proteins，CWPs），这3个蛋白分别命名为：CWP1，CWP2和CWP3[63,64,66,67]。此外，研究还发现天然蛋白以及重组蛋白CWP1能够结合到脱蛋白乙酰半乳糖胺聚合物[68]。在溶组织内阿米巴原虫中，包囊壁蛋白中的重组蛋白 Jacob2 凝集素也能够结合到几丁质壳上[177]。链球菌富含亮氨酸蛋白 Slr，这是一个结合膜的脂蛋白，它与表面蛋白 M1 在细胞表面共表达，这两个蛋白能够招募 I 型胶原（collagen type I）到达细菌表面[221]。

在本章中，利用玻璃珠破碎得到的总蛋白与碱煮沸法提取得到的家蚕微孢子虫几丁质壳进行几丁质结合实验，发现 NbSWP7、NbSWP9、NbSWP26、SWP30 和 NbSWP32 能够与家蚕微孢子虫脱蛋白几丁质壳结合，而 NbSWP25 不能与几丁质壳结合[220]。在第 3 章序列分析时发现 NbSWP9 序列有一段预测的几丁质结合位点序列，而 NbSWP7 没有类似序列，在利用重组蛋白 rSWP7-HIS 和 rSWP9-GST 与 DCSCs 结合时，发现 rSWP9-GST 能与 DCSCs 结合，而 rSWP7-HIS 不能与 DCSCs 结合，但是，当 DCSCs 先与 rSWP9-GST 结合后，再与 rSWP7-HIS 结合时，rSWP7-HIS 又能结合到结合有 rSWP9-GST 的 DCSCs 上，说明在构成家蚕微孢子虫孢壁时，NbSWP7 依靠 NbSWP9 而结合到 DCSCs 上，NbSWP9 可能是通过序列内部的几丁质结合位点而结合在几丁质壳上[209]。因此，推断在家蚕微孢子虫发育的过程中，NbSWP9 可能作为一个支架蛋白促使孢壁形成，并且将 N-乙酰葡糖胺聚合物压成一层窄的平面。

在兰伯氏贾第虫中，包囊壁蛋白将弯曲松散的纤维丝压缩成窄的平面，在平面上覆盖一层线性排列的蛋白复合物[68]。在家蚕微孢子虫中，NbSWP9、NbSWP26、SWP30 和 NbSWP32 与家蚕微孢子虫脱蛋白几丁质壳结合，推断这些或者更多的孢壁蛋白将 DCSCs 压缩形成一个窄的平面，随后其他孢壁蛋白线性排列覆盖在外表面。在兰伯氏贾第虫研究报道中发现，几丁质层和孢壁蛋白之间的相互作用可能依靠二硫键和异肽键的形成以及孢壁蛋白的去磷酸化作用[222-225]。在对 NbSWP25、NbSWP26、SWP30 和 NbSWP32 序列进行分析时，并没有发现几丁质结合区域，但是这些蛋白中含有大量的半胱氨酸残基，在几丁质结合区域中也含有半胱氨酸残基，推断孢壁蛋白序列中的半胱氨酸残基在与几丁质结合中发挥作用。在 NbSWP7 C 端也含有半胱氨酸残基，但是 NbSWP7 不能直接与 DCSCs 结合，而要依靠 NbSWP9 结合在 DCSCs 上，推断可能还存在其他未被发现的孢壁蛋白与几丁质结合机制。在以前的报道中发现，孢壁蛋白可能通过其内部的糖链而与细胞结合，并且发现糖聚物与细胞结合后，孢壁蛋白与细胞的结合量下降[47]。几丁质主要成分是多糖聚合物，部分孢壁蛋白内部可能含有糖链，推断孢壁蛋白内部的糖链在与 DCSCs 结合过程中也发挥重要作用。然而，家蚕微孢子虫孢壁蛋白与 DCSCs 的结合真实机制尚不清楚，需要在以后进一步进行研究。

在本章研究中发现，通过 0.1 mol/L NaOH 提取的家蚕微孢子虫碱溶蛋白，除 NbSWP32 以外，NbSWP9、NbSWP26 和 SWP30 都不能与 DCSCs 结合，NaOH 影响孢壁蛋白与 DCSCs 的结合力，推断在提取孢壁蛋白的过程中，NaOH 可能破坏孢壁蛋白内部的几丁质结合基序、半胱氨酸残基以及糖链，使孢壁蛋白不能结合到 DCSCs 上。碱溶蛋白中的 NbSWP32 还能继续与 DCSCs 结合，推断可能其内部的结合区域螺旋到蛋白质内部，碱液在处理过程不能将其破坏。

NbSWP7 和 NbSWP9 在家蚕微孢子虫孢壁的形成中发挥重要作用，免疫电镜（IEM）结果显示，家蚕微孢子虫孢壁蛋白 NbSWP7 和 NbSWP9 主要定位于成熟孢子的孢壁和极管区域上，基于此，我们推断 NbSWP7 和 NbSWP9 与极管蛋白之间存在相互作用。因此，利用一些研究蛋白质之间互作的方法分析 NbSWP7 和 NbSWP9 与极管蛋白之间的相互作用，通过此部分研究推断在孢子发育过程中，NbSWP7 和 NbSWP9 在孢壁和极管的形成、极管的排列和孢子发芽中扮演的角色。在微孢子虫中有一个特殊的高度特化结构——极管，极管与孢子的侵染作用密切相关。微孢子虫的极管在未经任何处理的成熟孢子中是看不到的，它被包裹在厚厚的孢壁内部，只有孢子在外界适当的理化因子刺激下，能够将极管弹出，有感染性的孢原质从极管中被注入宿主细胞内部，这种感染宿主的方式是人们普遍认为的方式[25,29,30,226]。极管主要由极管蛋白构成，目前在脑炎微孢子虫属中鉴定出 3 个极管蛋白，分别为富含脯氨酸的 PTP1[227,228]、富含赖氨酸的 PTP2[229]和分子量超过 135 kDa 的 PTP3[230]，并且发现这三个极管蛋白之间存在相互作用[56]。目前，家蚕微孢子虫基因组信息已公布，多重序列比对发现在家蚕微孢子虫也存在 3 个极管蛋白，分别为 PTP1、PTP2 和 PTP3[12]。2012 年，耿莉娜等人利用糖蛋白荧光染色试剂盒、HRP-Con A 进行 lectin blotting 和凝集素 Con A 结合实验鉴定出家蚕微孢子虫 PTP1 为糖蛋白。

本实验室李治等人首次发现家蚕微孢子虫孢壁蛋白 NbSWP5 与极管蛋白 PTP2 和 PTP3 存在相互作用，推断 NBSWP5 对于家蚕微孢子虫极管在孢子中的整齐排列有关[53]。在本章中，利用针对 NbSWP9 的兔多克隆抗体进行免疫共沉淀时，出现的差异条带经质谱鉴定含有 PTP2 和 PTP3；在家蚕微孢子虫中也发现这 3 个极管蛋白，由于家蚕微孢子虫 PTP3 大小大约在 150 kDa，在原核表达和酵母双杂交载体构建过程比较困难，因此，在本书中，我们就只对 PTP1 和 PTP2 与 NbSWP9 之间的相互作用进行研究。接着，在酵母双杂交验证过程中发现共转 *Nbswp9* 和 *ptp1/ptp2* 的酵母菌能在 SD/-Trp -Leu-His-Ade/X-α-Gal 平板生长并变为蓝色，表明下游的 α-半乳糖甘酶被激活表达，说明 NbSWP9 与 PTP1 和 PTP2 在真核生物酵母菌体内存在相互作用。IEM 结果显示标记 NbSWP9 的胶体金颗粒分布在孢子母细胞的散乱极管上，随着孢子母细胞不断成熟变为成熟的孢子时，散乱的极管排列整齐，标记 NbSWP9 的胶体金颗粒也到达了整齐的极管上，推断 NbSWP9 与极管的形成和极管从散乱状态排列为整齐状态有关[231]。此外，在成熟孢子中，极管一圈圈缠绕在靠近孢壁的位置，而 NbSWP9 也定位到孢子的极管上，与 NbSWP5 相似，推断极管的这种整齐排列可能也与 NbSWP9 有关。随后的双分子荧光标记结果显示 NbSWP9 与 PTP1 和 PTP2 都能共定位，说明 NbSWP9

在孢子发芽过程中随极管一起被弹出来，并且 NbSWP9 主要位于弹出极管的前端，这正好说明 NbSWP9 对于孢子极管锚定在孢壁上发挥至关重要的作用，因为成熟孢子内部靠近锚定盘位置的极管是不固定在孢壁上，其余的部分才呈现缠绕排列的方式，而在发芽中是先弹出靠近后极泡的部分，因此，NbSWP9 定位在发芽极管的前端[232]。此外，在孢子发芽口的位置有大量的 NbSWP9 积累，推断可能是在孢子发芽弹出极管过程中，有一部分 NbSWP9 没有被弹出而在孢壁上发挥其他功能，但是具体的功能及生理机制并不清楚。

本章证明了 NbSWP7 与 NbSWP9 之间存在相互作用。本章中发现 NbSWP9 与极管蛋白也存在相互作用。那么 NbSWP7 是否也与极管蛋白之间存在直接的相互作用？通过免疫电镜发现 NbSWP7 不能定位在孢子母细胞的极管上，而能定位在成熟孢子的极管区域；双分子荧光标记发现少部分的 NbSWP7 能够与 PTP1 和 PTP2 共定位，并且荧光信号较 NbSWP9 与 PTP1 和 PTP2 的弱；酵母双杂交发现共转入 *Nbswp7* 和 *ptp1/ptp2* 的酵母菌能在 SD/-Trp-Leu-His-Ade/X-α-Gal 平板生长但不变为蓝色，表明下游的 α-半乳糖苷酶没有被激活。上述结果表明 NbSWP7 不与 PTP1 和 PTP2 之间存在直接的相互作用，NbSWP7 在成熟孢子上的定位以及在发芽的极管上的定位可能是由于与 NbSWP9 相互作用所致。

微孢子虫侵染宿主细胞时，孢子发芽弹出极管将孢原质注入宿主细胞是孢子侵染宿主的一种方式。既然家蚕微孢子虫 NbSWP9 与极管蛋白之间存在相互作用，那么在孢子发芽弹出极管的过程中 NbSWP9 是否也发挥作用？因此，将家蚕微孢子虫在 0.1 mol/L K_2CO_3 中发芽，收集发芽上清，利用 anti-NbSWP9 抗体作为一抗进行免疫印迹分析，发现在发芽上清中有 NbSWP9 存在，说明孢子在发芽过程中将 NbSWP9 弹出，与前面 anti-NbSWP9 能够识别弹出极管的结果一致。随后，利用 anti-NbSWP9 抗体封闭孢子表面的 NbSWP9 抗原位点，发现随 anti-NbSWP9 抗体浓度增加，家蚕微孢子虫发芽率下降，暗示 NbSWP9 可能在孢子发芽过程中发挥一定作用，可能为孢壁上感受发芽刺激的蛋白或是一个潜在的新极管蛋白，当利用抗体封闭抗原表位时，孢子发芽率明显下降。

综上所述，本部分对 NbSWP7 和 NbSWP9 在孢壁和极管形成以及孢子侵染宿主细胞中的功能进行了探讨，为以后研究孢壁蛋白与几丁质形成完整孢壁和孢壁蛋白在孢子侵染宿主细胞的机理奠定基础。

6 孢壁蛋白在介导微孢子虫侵染宿主中的作用研究

有研究报道，在微孢子虫侵染宿主过程中，先由孢子表面的孢壁蛋白完成与宿主细胞的黏附。一般地，参与黏附的孢壁蛋白含有肝素结合基序，正是这些基序在孢壁黏附过程中扮演重要角色[19,22,47]。在前面第 3 章的定位研究中发现，在家蚕微孢子虫孢子外壁上含有孢壁蛋白 NbSWP7 和 NbSWP9，并且生物信息学分析显示 HSWP7 含有 1 个肝素结合基序，因此推测二者可能在孢子侵染宿主中发挥重要作用。当孢子与宿主细胞发生黏附后，孢子在外界合适的条件下弹出极管，将孢原质注入宿主细胞，进而感染宿主细胞[54]。

针对上述问题，本章着重对孢壁蛋白 NbSWP7 和 NbSWP9 在家蚕微孢子虫发芽和侵染宿主细胞过程中的作用进行了研究。利用细胞结合实验、孢子发芽抑制实验、抗体封闭实验、细胞黏附和侵染抑制实验，分析 NbSWP7 和 NbSWP9 在孢子黏附和侵染宿主过程中发挥的功能。

6.1 材料与方法

6.1.1 材料

家蚕微孢子虫 CQ1 分离株，家蚕胚胎细胞（*Bombyx mori* embryonic cell lines，BmE），草地贪夜蛾细胞（Spdoptera frugiperda cell lines，Sf9），重组蛋白 rSWP7-HIS 和 rSWP9-GST。

6.1.2 主要试剂与仪器

6.1.2.1 主要试剂

（1）邻苯二甲酸正丁酯（Dibutylphthalate）、4′,6-二脒基-2-苯基吲哚（4′,6-diamidino-2-phenylindole，DAPI）和 FITC 标记羊抗鼠和羊抗兔荧光二抗均购于 Sigma 公司。

（2）Phenylmethanesulfonylfluoride（丝氨酸蛋白酶抑制剂，PMSF）购于生工生物工程（上海）股份有限公司。

（3）Grace 细胞培养液和胎牛血清均购于 Giboco 公司。

6.1.2.2 主要仪器

电热恒温水浴锅	常州国华仪器有限公司
荧光显微镜 BX53	日本 OLYMPUS
3K15 台式冷冻离心机	Sigma 公司
其他仪器设备	同第 3 章

6.1.3 主要研究方法

6.1.3.1 宿主细胞结合分析

以下实验参照 Southern[19]和 Li[22]等人报道的方法进行。

A 天然孢壁蛋白 NbSWP7 和 NbSWP9 与 BmE 细胞结合实验

（1）孢子总蛋白上清提取方法，见第 3.1.4.13 节。

（2）取 500 μL（蛋白含量约 200 μg）家蚕微孢子虫总蛋白上清与预先培养在 24 孔细胞培养板里的家蚕胚胎细胞 BmE 混合，在 28 ℃培养 2 h。

（3）弃掉培养基上清，PBS 反复清洗细胞 6 次。

（4）收集单层 BmE 细胞，一部分在蛋白质上样缓冲液中处理，进行 SDS-PAGE，并以 anti-NbSWP7 和 anti-NbSWP9 抗体为一抗进行免疫印迹；另一部分细胞以 anti-NbSWP7 和 anti-NbSWP9 抗体为一抗进行 IFA 分析。

B 重组蛋白 rSWP7-HIS 和 rSWP9-GST 与 BmE 和 Sf9 细胞结合实验

（1）取 20 μg 重组蛋白 rSWP7-HIS、rGST 和 rSWP9-GST 分别与预先培养在 24 孔细胞培养板里的家蚕胚胎细胞 BmE 和草地贪夜蛾细胞 Sf9 孵育，在 28 ℃培养 2 h。

（2）其余步骤与上述步骤相同，参照 Kailash C. Pandey[233]和 Thilan Wickramarachchi[234]方法进行。

C Anti-NbSWP9 和 BmE 总蛋白抗体抑制 rSWP9-GST 黏附到 BmE 细胞

a 重组蛋白 rSWP9-GST 与 BmE 细胞结合实验

（1）将重组蛋白 rGST 和 rSWP9-GST 各 20 μg 分别与 1×10^5 个 BmE 细胞混合于 1.5 mL 离心管中，无血清培养基补加到终体积 500 μL，室温下轻摇 1 h。

（2）加入邻苯二甲酸正丁酯（Dibutylphthalate）使上述悬浮液分层，2000 r/min，离心 5 min 收集细胞。

（3）结合有蛋白的 BmE 细胞在 300 mmol/L NaCl 下处理，结合在细胞上的蛋白随 NaCl 流出，将流出液收集进行 SDS-PAGE，并以 anti-NbSWP9 和 anti-GST 抗体作为一抗进行免疫印迹检测。

b Anti-NbSWP9 抗体抑制 rSWP9 黏附到 BmE 细胞

（1）将 20 μg 重组蛋白 rSWP9 先分别与 25 μg、50 μg、75 μg 和 100 μg 4 个不同剂量的纯化兔 anti-NbSWP9 抗体在室温轻摇孵育 1 h；同时，将 20 μg 重组蛋白 rSWP9-GST 与 100 μg 纯化兔阴性抗体在同样条件下进行孵育，作为对照。

（2）孵育后的悬浮液与 1×10^5个 BmE 细胞混合，然后再进行细胞结合实验，步骤与上述步骤（1）相同。

c BmE 总蛋白抗体抑制 rSWP9-GST 黏附到 BmE 细胞

（1）首先，分别利用 25 μg、50 μg、75 μg 和 100 μg 4 个不同剂量的纯化兔抗 BmE 细胞总蛋白抗体与 1×10^5个 BmE 细胞在室温孵育 1 h；同时，利用 100 μg 纯化兔抗 BmE 细胞总蛋白抗体与 1×10^5个 BmE 细胞孵育作为阴性对照。

（2）孵育后的悬浮液与 20 μg 重组蛋白 rSWP9-GST 进行细胞结合实验，步骤与上述步骤（1）相同。

6.1.3.2 孢子黏附和感染分析

以下实验参照 Hayman、Southern 和 Li[19,22,47]等的方法进行。

A 抗体封闭孢子黏附和感染实验

（1）培养单层 BmE 细胞于 24 孔板上，每孔培养细胞数目大约 1×10^5 个。

（2）分别利用针对 NbSWP7、NbSWP9 的纯化兔多克隆抗体（5 μg/mL）以及同时利用两种抗体（每个抗体含量为 5 μg/mL）与 2.8×10^6 个孢子在 28 ℃孵育 2 h，并以纯化的兔阴性抗体作为对照。

（3）将孵育抗体的孢子加入 24 孔板培养的单层 BmE 细胞中，利用无血清培养基继续培养 2 h。

（4）利用 PBS 洗去未结合到 BmE 细胞上的家蚕微孢子虫，在倒置显微镜下统计至少 20 个视野里宿主细胞上结合的孢子个数，阴性抗体处理的样品结合率为 100%，分析计算孢子结合相对抑制率。

（5）将黏附有孢子的 BmE 细胞继续在无血清的培养基中培养 48 h，以使孢子感染 BmE 细胞。

（6）在 48 h 后，将感染的细胞进行 DAPI 染色，再对视野中的感染细胞进行统计，计算细胞的相对感染率，步骤同上述步骤（4）相同。

B 细胞黏附和感染抑制实验

（1）培养单层 BmE 细胞于 24 孔板上，每孔培养细胞数目大约 1×10^5 个，分别将 5 μg/mL 原核表达蛋白 rSWP9-GST 和 rGST 加入细胞培养孔中，28 ℃孵育 2 h。

（2）在每孔 BmE 细胞中加入 2.8×10^6 个孢子，在 28 ℃再孵育 2 h。

（3）洗去未结合到 BmE 细胞上的家蚕微孢子虫，rGST 孵育的细胞孔结合率为 100%，在显微镜下进行计数，计算孢子结合相对抑制率。

（4）其余步骤与上述步骤相一致。

以上数据统计分析均采用 T 检验法（t-test），$P<0.05$ 时，为统计学上的显著差异；$P<0.01$ 时，为统计学上的极显著差异。所有的样品处理都有三个重复孔，并且重复实验 3 次。

6.1.3.3 Anti-NbSWP9 抗体对家蚕微孢子虫发芽的影响

（1）取 1×10^8 个成熟的家蚕微孢子虫于离心管中，灭菌 ddH_2O 洗涤孢子 3 次。

（2）在洗净的孢子中加入 500 μL 0. 1 mol/L K_2CO_3 混匀，室温发芽 30 min。

（3）12000 r/min，离心 10 min，收集全部发芽上清液和小部分发芽沉淀，进行 SDS-PAGE，并以 anti-NbSWP9 抗体为一抗检测发芽液中有无 NbSWP9。

（4）将剩余的沉淀全部进行 DAPI 染色，统计孢子的发芽率。

6.2　结果与分析

6.2.1　NbSWP9 在家蚕微孢子虫发芽过程中的作用

6.2.1.1　家蚕微孢子虫发芽后的发芽率和发芽上清中 NbSWP9 检测

极管是微孢子虫特有的细胞器，微孢子虫侵染宿主细胞的侵染方式之一是在一定的碱性环境下，微孢子虫将极管从孢子内弹出，将具有侵染力的孢原质注入宿主细胞，再使其在宿主细胞内不断增殖[51]。在孢子发芽的过程中，孢子会通过表面的孢壁蛋白来感受外界的碱性环境，并且在发芽过程会有部分孢壁蛋白脱落，也有一部分孢壁蛋白随极管一起被弹出[53]。在上述研究中发现，孢壁蛋白 NbSWP9 与极管蛋白之间存在相互作用，可能与极管的锚定及整齐排列有关。为了进一步证明 NbSWP9 在孢子发芽中的作用，将从新鲜家蚕体内提取的 1×10^8 个孢子在 500 μL、0. 1 mol/L K_2CO_3 中发芽，发芽后进行 DAPI 染色，观察发芽情况。从图 6. 1 中可以看出，70%以上的孢子都已发芽。

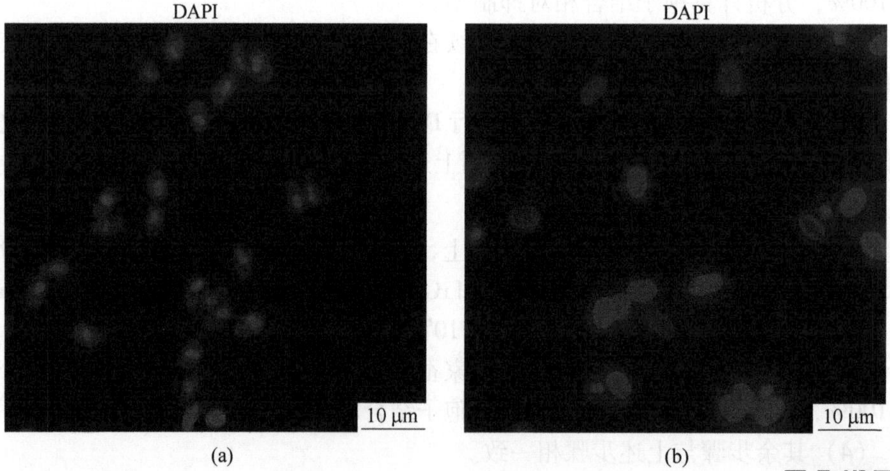

图 6. 1　家蚕微孢子虫在 0. 1 mol/L K_2CO_3 中的发芽分析
（a）未发芽孢子；（b）发芽孢子

图 6. 1 彩图

收集发芽液上清，进行 SDS-PAGE 并用硝酸银染色，发现经 0. 1 mol/L K_2CO_3 发芽后，发芽上清中含有少量蛋白（见图 6. 2（a））；另外，将发芽液样品进行 SDS-PAGE，转膜，并以 anti-NbSWP9 抗体作为一抗，进行免疫印迹检测，结果发现，在发芽液上清中含有 NbSWP9，含量较少，此结果与前面结果一致（见图 6.2（b））。

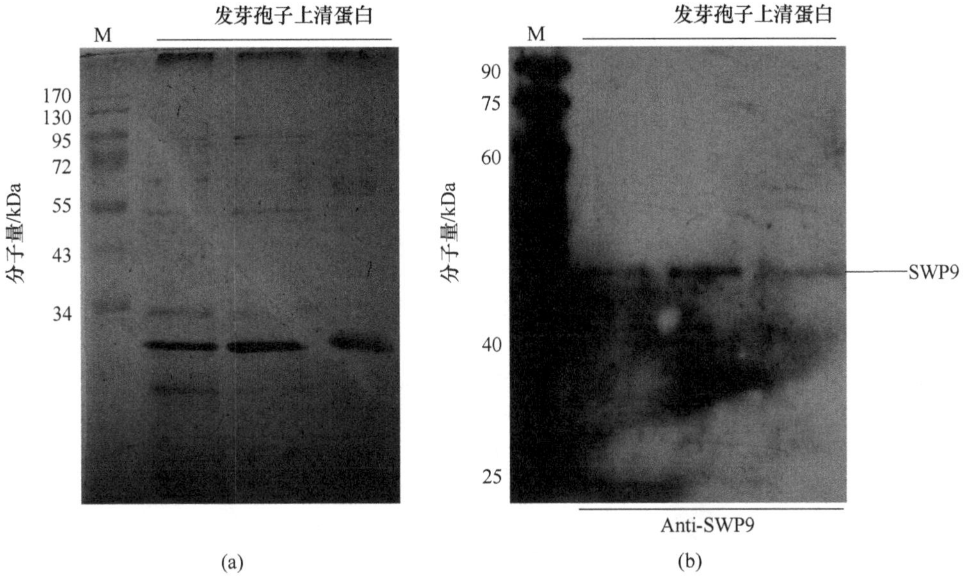

图 6.2 家蚕微孢子虫发芽上清中 NbSWP9 的检测

（a）SDS-PAGE 检测发芽孢子上清蛋白；

（b）使用抗 NbSWP9 抗体对萌发上清液蛋白进行免疫印迹分析

在以上结果中，孢子在发芽弹出极管后，anti-NbSWP9 抗体能识别极管，并有很强的荧光信号，说明孢子发芽过程中也将部分 NbSWP9 一起弹出。

6.2.1.2 Anti-NbSWP9 多克隆抗体对家蚕微孢子虫发芽的影响

为了进一步说明 NbSWP9 在孢子发芽过程中发挥的作用，先利用不同剂量的 anti-NbSWP9 多克隆抗体（2.5 μg、5 μg、7.5 μg 和 10 μg）与家蚕微孢子虫孵育 1 h 后，然后再在与抗体孵育的孢子中加入 0.1 mol/L K_2CO_3 进行发芽 1 h。同时，设立阴性血清处理的孢子为阴性对照和未处理的孢子为阳性对照，进行孢子发芽和未发芽计数，重复实验 3 次（见附表 1）。从图 6.3 看出，分别统计 anti-NbSWP9 多克隆抗体处理的孢子与未处理和阴性血清处理孢子的发芽率，并进行比较，不同含量的 anti-NbSWP9 多克隆抗体处理组与阳性对照组都存在极显著差异（$P<0.01$），与 2.5 μg 和 5 μg 阴性血清处理组存在显著差异（$P<0.05$）。与 7.5 μg 和 10 μg 阴性血清处理组存在极显著差异，并且随 anti-NbSWP9 多克隆抗体含量增加，*N. bombycis* 发芽率下降，暗示 NbSWP9 在家蚕微孢子虫发芽过程中

被弹出，而不是由于极管机械作用力将 NbSWP9 弹出，该蛋白在整个发芽过程中发挥着重要作用，这与上述共定位结果相一致。

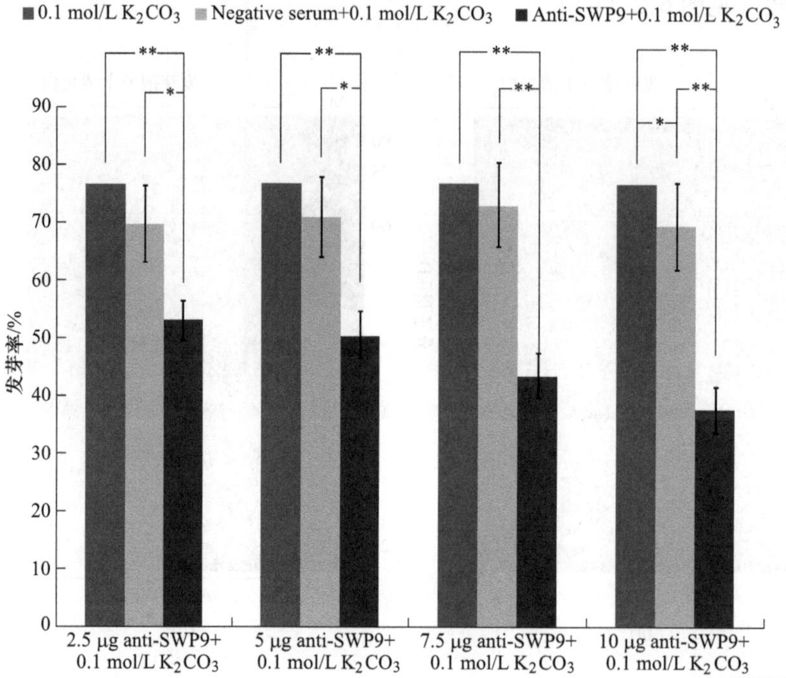

图 6.3　Anti-NbSWP9 抗体对家蚕微孢子虫发芽率的影响

（阳性对照组（蓝色柱）：加入 0.1 mol/L K_2CO_3 于 28 ℃孵育 1 h 统计发芽率；阴性血清对照（黄色柱）：不同含量阴性血清（2.5 μg、5 μg、7.5 μg 和 10 μg）与家蚕微孢子虫孵育 1 h 后，再在 0.1 mol/L K_2CO_3 中发芽 1 h；实验组（红色柱）：不同含量 anti-NbSWP9 抗体（2.5 μg、5 μg、7.5 μg 和 10 μg）与家蚕微孢子虫孵育 1 h 后，再在 0.1 mol/L K_2CO_3 中发芽 1 h；“ * ”表示显著差异；“ * * ”表示极显著差异）

图 6.3 彩图

6.2.2　NbSWP7 和 NbSWP9 在家蚕微孢子虫侵染宿主中的作用研究

6.2.2.1　NbSWP7 和 NbSWP9 与宿主细胞结合分析

A　外源重组表达蛋白 rSWP7-HIS 和 rSWP9-GST 与宿主细胞结合分析

孢壁蛋白 NbSWP7 和 NbSWP9 的定位结果显示，二者主要定位于孢子外壁、孢子内壁和极管区域，孢子表面的孢壁蛋白可能在孢子黏附和感染宿主细胞时发挥着重要作用。为了证明 NbSWP7 和 NbSWP9 是否参与孢子侵染宿主过程，利用重组蛋白 rGST、rSWP7-HIS 和 rSWP9-GST 与家蚕胚胎细胞（BmE）进行细胞黏附实验。如图 6.4 所示，rSWP7-HIS 和 rSWP9-GST 能够黏附到 BmE 细胞表面，而对照蛋白 rGST 蛋白不能黏附到宿主细胞 BmE，说明 rSWP7-HIS 和 rSWP9-GST 能够与细胞结合；同样，利用重组蛋白 rGST 和 rSWP9-GST 与草地贪夜蛾卵巢细胞（Sf9）进行细胞黏附实验（见图 6.5），rSWP9-GST 能够结合到 Sf9 细胞膜表面，而 rGST 蛋白不能结合到 Sf9 细胞表面，说明 rSWP9-GST 除了可以黏附到家蚕胚胎细胞表面外，还可以黏附到草地贪夜蛾卵巢细胞，推断 NbSWP7 和 NbSWP9 可能参与孢子黏附过程。

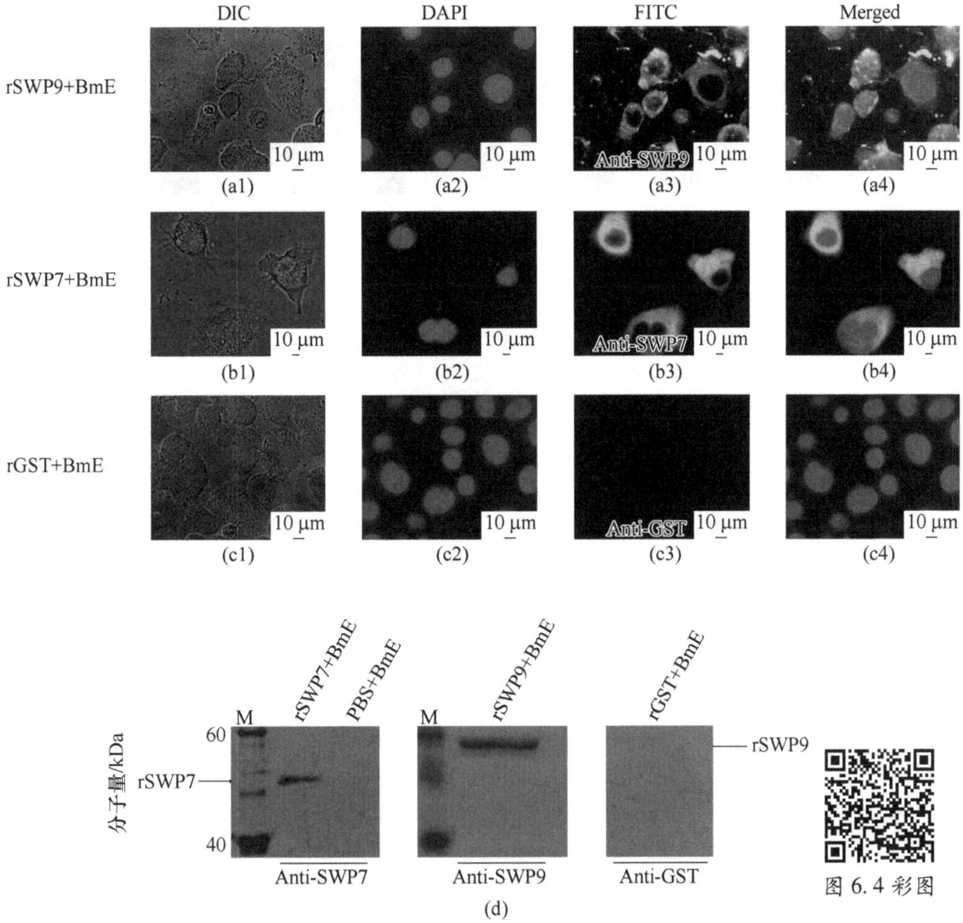

图 6.4 彩图

图 6.4 重组蛋白 rSWP7-HIS 和 rSWP9-GST 与 BmE 细胞的结合分析

（a）~（c）将重组蛋白 rSWP7-HIS 和 rSWP9-GST 分别添加至单层 BmE 宿主细胞中，进行重组蛋白与宿主细胞结合的 IFA 检测；（d）使用抗 NbSWP7 和抗 NbSWP9 抗体进行免疫印迹分析，以检测 rSWP9-GST 和 rSWP7-HIS 是否可与 BmE 细胞结合，BmE 细胞分别与 rGST 或 PBS 孵育，并使用抗 GST 抗体作为对照（孵育后对细胞进行固定，分别使用 NbSWP9、NbSWP7 和 GST 一抗进行标记（图（a3）（b3）（c3）），随后在荧光显微镜下进行观察；以 rGST 孵育的细胞作为阴性对照组，并使用抗 GST 抗体进行检测（c3），结果在细胞膜上未观察到荧光信号；DAPI 用于细胞核染色（图（a2）（b2）（c2））；（a4）（b4）（c4）分别为（a2）与（a3）、（b2）与（b3）、（c2）与（c3）的合并图像，（a1）（b1）（c1）为相差显微镜拍摄图；M：EasySee Western 标志）

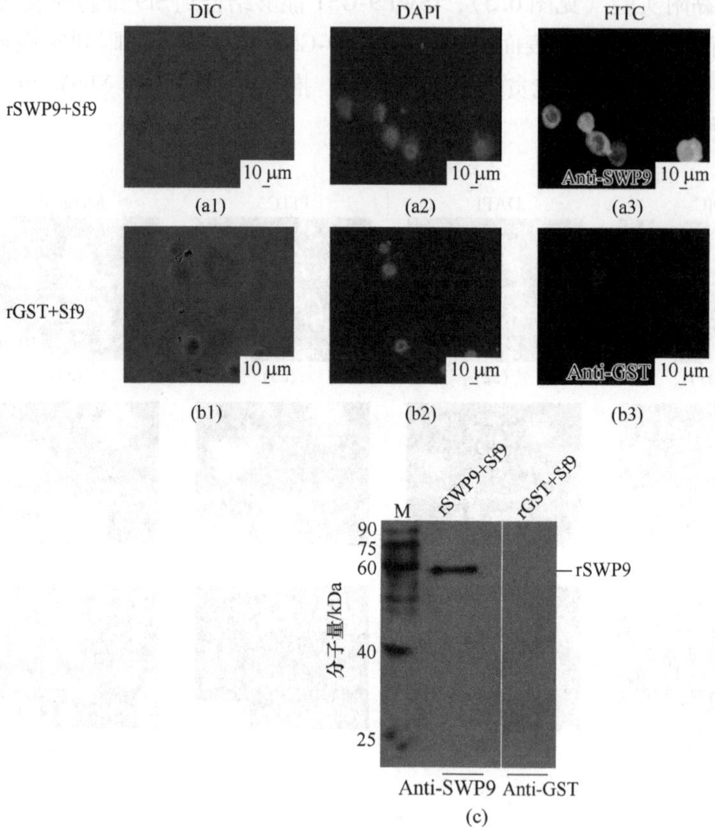

图 6.5 彩图

图 6.5　重组蛋白 rSWP9-GST 与 Sf9 细胞的结合分析

（a）（b）将重组蛋白 rSWP9-GST 添加至单层 Sf9 宿主细胞中，进行重组蛋白与宿主细胞结合的 IFA 检测；（c）使用抗 NbSWP9 抗体对 rSWP9-GST 与 BmE 细胞的结合情况进行免疫印迹分析，BmE 细胞与 rGST 孵育并使用抗 GST 抗体作为阴性对照（Sf9 细胞与重组蛋白孵育后固定，并使用抗 NbSWP9 和抗 GST 抗体进行标记（图（a3）（b3）），随后在荧光显微镜下进行观察；（b3）为 Sf9 细胞与 rGST 孵育并使用抗 GST 抗体检测的阴性对照；（a1）（b1）为相差显微镜拍摄图片；（a2）和（b2）为 DAPI 染色的细胞核图像；（a4）（b4）分别为（a2）与（a3）、（b2）与（b3）的合并图像，一抗稀释比例为 1∶200；M：EasySee Western 标志）

B　天然蛋白 NbSWP7 和 NbSWP9 与宿主细胞结合分析

重组蛋白 rSWP7-HIS 和 rSWP9-GST 能够与 BmE 细胞结合，为了进一步验证家蚕微孢子虫总蛋白中的 NbSWP7 和 NbSWP9 能否与 BmE 细胞结合，利用玻璃珠提取获得家蚕微孢子虫总蛋白，将总蛋白与 BmE 细胞进行细胞结合实验。通过实验发现，利用 anti-NbSWP7 和 anti-NbSWP9 检测结合有蛋白的 BmE 细胞时，BmE 细胞表面分别发出红色（见图 6.6（b3））和翠绿色荧光（见图 6.6（a3）），而利用阴性血清检测不到 BmE 细胞表面的荧光信号（见图 6.6

(c3)),免疫印迹同样证实上述结果(见图 6.6(d)),说明天然蛋白 NbSWP7 和 NbSWP9 都能够与 BmE 细胞结合,进一步推测二者在孢子黏附和侵染细胞中发挥一定的作用。

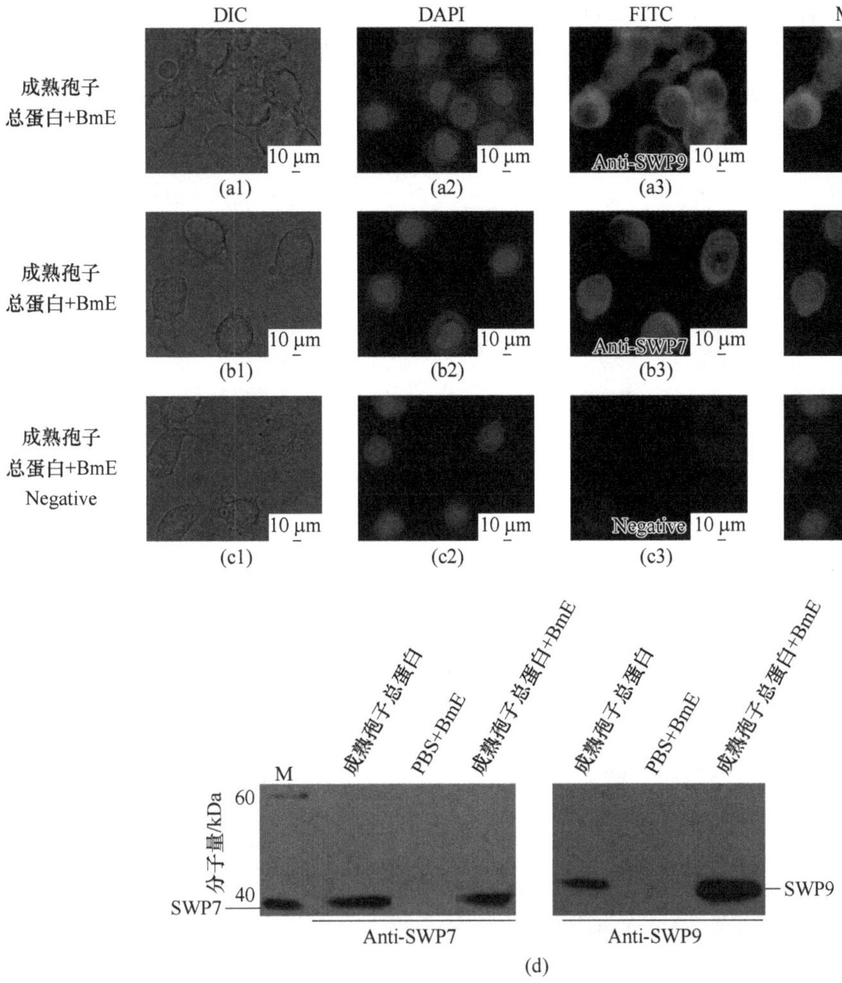

图 6.6 彩图

图 6.6　天然蛋白 NbSWP7 和 NbSWP9 与 BmE 细胞的结合分析

(a)~(c) 将天然成熟孢子的总蛋白分别加入至单层 BmE 宿主细胞中,进行 IFA 检测以评估其与宿主细胞的结合能力;(d) 使用抗 NbSWP7 和抗 NbSWP9 抗体进行免疫印迹分析,以检测天然 NbSWP7 和 NbSWP9 蛋白是否与 BmE 细胞结合,BmE 细胞与 PBS 孵育作为阴性对照,并使用抗 NbSWP7 和抗 NbSWP9 抗体进行检测

(BmE 细胞经与天然成熟孢子蛋白孵育后固定,并分别使用抗 NbSWP9 和抗 NbSWP7 抗体进行标记(图(a3)(b3)),随后通过荧光显微镜观察;图(c3)为阴性对照组,BmE 细胞与总蛋白孵育后使用阴性抗体进行检测,未在细胞膜上观察到荧光信号;图(a1)(b1)(c1)为相差显微镜拍摄图片;图(a2)(b2)为 DAPI 染色后的细胞核图像;图(a4)(b4)(c4)分别为图(a2)与(a3)、(b2)与(b3)以及(c2)与(c3)的合并图像;M:EasySee Western 标志)

C　Anti-NbSWP9 和 BmE 细胞总蛋白抗体抑制 rSWP9-GST 结合到宿主细胞 BmE

为了进一步分析 NbSWP9 在与 BmE 细胞的结合过程中的作用，利用另一种研究蛋白与细胞结合的方法进行分析。首先，将原核蛋白 rSWP9-GST 和 rGST 与 BmE 细胞孵育，孵育后利用 300 mmol/L NaCl 洗脱结合在 BmE 细胞上的蛋白，进行免疫印迹检测，如图 6.7（a）和（b）中 1 和 2 泳道所示，300 mmol/L NaCl

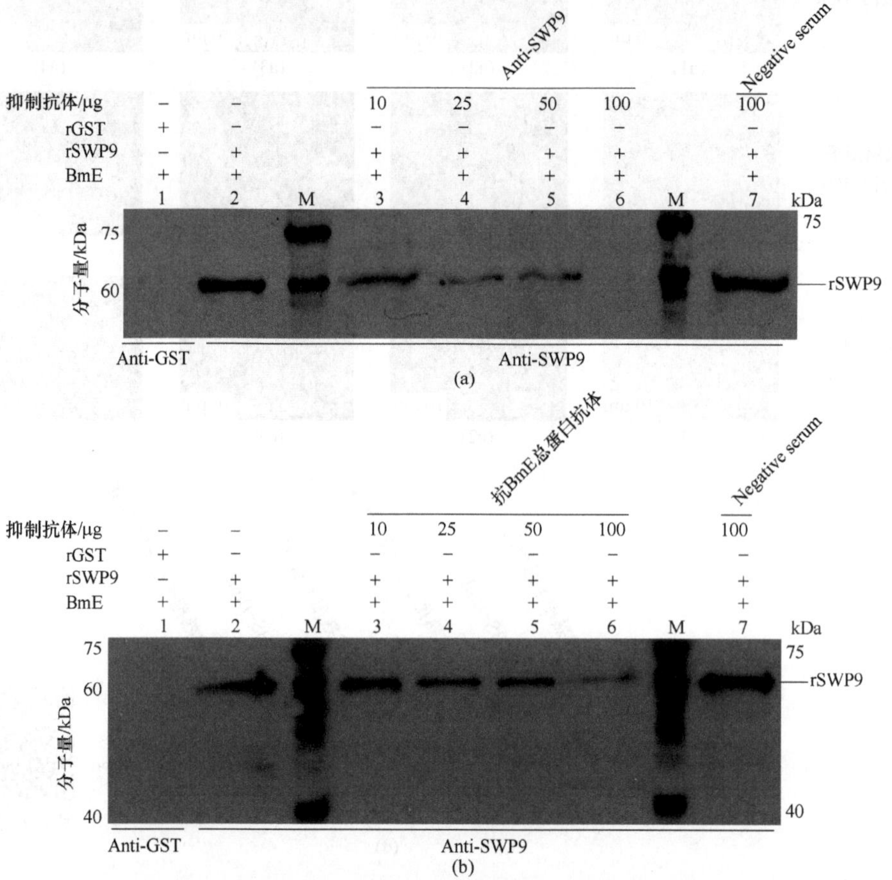

图 6.7　Anti-NbSWP9 和 BmE 细胞总蛋白抗体抑制重组蛋白 rSWP9-GST 与 BmE 细胞的结合分析

（a）对 rSWP9-GST 蛋白与 BmE 细胞结合实验所得洗脱液进行免疫印迹分析，rSWP9-GST 在孵育前分别与来源于阴性对照兔血清纯化的抗体（100 μg，泳道 7）及来源于免疫兔血清纯化的抗 SWP9 抗体（10 μg、25 μg、50 μg 和 100 μg，泳道 3~6）预孵育；（b）对预先与不同抗体孵育的 BmE 细胞进行 rSWP9-GST 结合实验后所得洗脱液进行免疫印迹分析，BmE 细胞分别与来源于阴性对照兔血清纯化的抗体（100 μg，泳道 7）以及来源于免疫兔血清纯化的抗 BmE 总蛋白抗体（10 μg、25 μg、50 μg 和 100 μg，泳道 3~6）预孵育

（使用单克隆抗体抗 GST（阴性对照，泳道 1）和多克隆抗体抗 SWP9（泳道 2~7）进行的免疫印迹分析显示，在 rGST（阴性对照，泳道 1）和 rSWP9-GST（泳道 2）与 BmE 细胞结合实验的洗脱液中检测到了重组蛋白；每组实验均使用等量的重组蛋白；M：EasySee Western 标志）

洗脱液中含有 rSWP9-GST，而不含有 rGST 蛋白，说明 rSWP9-GST 能够结合到 BmE 细胞表面。为了验证 anti-NbSWP9 在 rSWP9-GST 与 BmE 结合中的作用，先将不同剂量（10 μg、25 μg、50 μg 和 100 μg）的 anti-NbSWP9 抗体与 rSWP9-GST 孵育，然后将结合有抗体的 rSWP9-GST 再与 BmE 细胞进行结合，结果发现随抗体含量增加，结合到 BmE 细胞上的 rSWP9-GST 逐渐减少，而用阴性抗体（100 μg）处理组不影响 rSWP9-GST 与 BmE 细胞结合量，如图 6.7（a）所示。同样，为了验证 BmE 细胞总蛋白抗体在 rSWP9-GST 与 BmE 结合中的作用，将不同剂量（10 μg、25 μg、50 μg 和 100 μg）的 BmE 细胞总蛋白抗体先与 BmE 细胞结合，封闭细胞中蛋白的抗体结合位点，发现随 BmE 细胞总蛋白抗体量增加，结合到 BmE 细胞上的 rSWP9-GST 逐渐减少，而阴性抗体不影响蛋白与细胞的结合量，如图 6.7（b）所示。

以上结果说明，anti-NbSWP9 和 BmE 细胞总蛋白抗体在 rSWP9-GST 与 BmE 细胞结合过程起抑制作用，并且随抗体剂量增加，结合蛋白量下降。

6.2.2.2 NbSWP7 与 NbSWP9 在孢子黏附和侵染中的作用

A NbSWP7 与 NbSWP9 多克隆抗体对孢子黏附和侵染宿主细胞的影响

既然孢壁蛋白 NbSWP7 与 NbSWP9 能够与 BmE 细胞结合，那么，这两个孢壁蛋白可能在孢子黏附和感染中发挥着重要作用。此外，NbSWP7 序列中又含有 1 个预测的肝素结合基序（HBM），其可能在孢子黏附宿主细胞的过程中发挥一定作用。利用 anti-NbSWP7 和 anti-NbSWP9 抗体进行孢子封闭实验，分别将 5 μg/mL anti-NbSWP7 抗体、anti-NbSWP9 抗体以及二者同时与家蚕微孢子虫在 28 ℃孵育 2 h，然后将抗体处理的孢子按一定比例添加 BmE 细胞，2 h 后，利用 PBS 洗去黏附在细胞表面的孢子，利用 DAPI 染色后进行显微镜观察 BmE 细胞周围的孢子数目。如图 6.8（a2）中箭头所示，细胞周围有孢子结合，并且细胞内部没有孢子，这些细胞视为孢子黏附到 BmE 细胞，并经过 3 次重复试验，统计孢子数与细胞数之比，并与对照阴性血清封闭孢子相比，得出抗体的相对抑制黏附率。结果显示经过 5 μg/mL anti-NbSWP7 抗体封闭后的孢子对细胞的相对黏附率下降了大约 10%，具有显著差异（见附表 2）；经过 5 μg/mL anti-NbSWP9 抗体封闭后的孢子对细胞的相对黏附率下降了大约 20%，具有显著差异（见附表 3）；而将 5 μg/mL anti-NbSWP7 和 5 μg/mL anti-NbSWP9 抗体同时封闭后的孢子对细胞的相对黏附率下降了大约 40%，具有极显著差异（见图 6.8（a），附表 5）。

将孢子（抗体封闭孢子）黏附的细胞继续在 28 ℃培养 48 h 后，利用 PBS 洗感染细胞，将培养基中游离的孢子洗掉，DAPI 染色，观察孢子侵染的细胞，如图 6.8（b2）中箭头所示，孢子不再黏附在细胞周围，大部分孢子进入细胞内部，这些内部有大量孢子的细胞视为感染的 BmE 细胞，同样重复 3 次试验。通过数据统计感染细胞和未感染细胞数目，统计二者的比例，并与对照阴性血清封闭孢子相比，得出抗体的相对抑制率。如图 6.9（b）所示，结果显示经过 5 μg/mL anti-NbSWP7 抗体封闭后的孢子对细胞的相对感染率下降了大约 10%，具有显著差异；经过5 μg/mL anti-NbSWP9 抗体封闭后的孢子对细胞的相对感染率下降了大于 40%，具有极显著差异；而将 5 μg/mL anti-NbSWP7 和 5 μg/mL anti-NbSWP9 抗体同时封闭后的孢子对细胞的相对黏附率下降了大约 40%，具有显著差异。

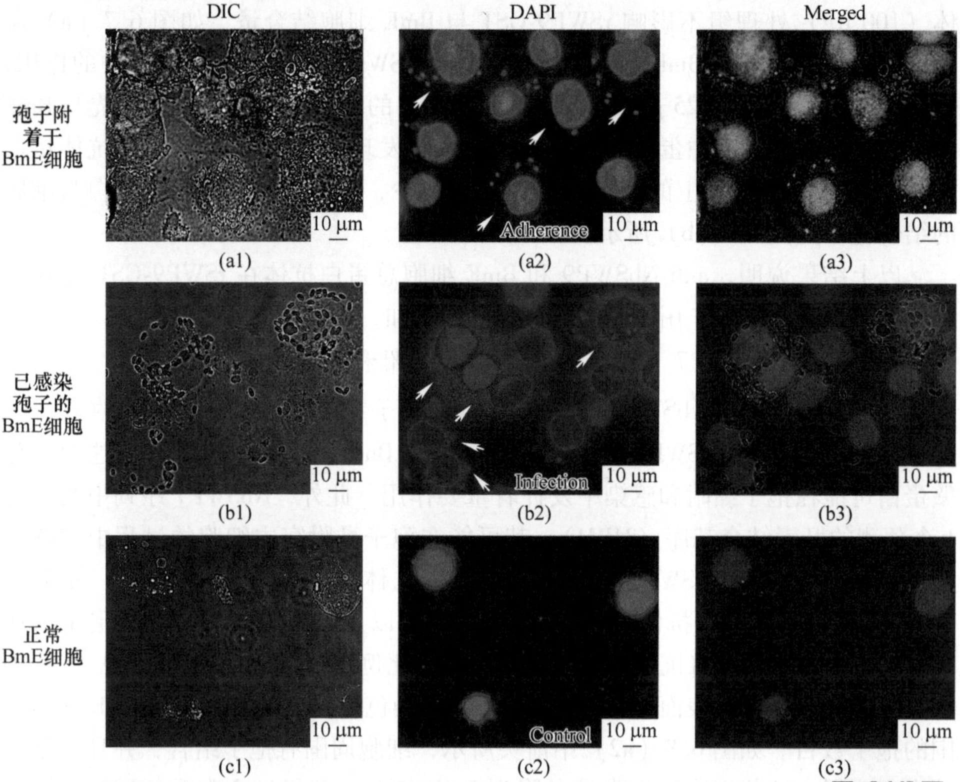

图 6.8　家蚕微孢子虫黏附和感染 BmE 细胞的观察

（通过荧光显微镜观察，发现 *N. bombycis* 孢子附着于 BmE 细胞的质膜表面（a2）和（a3）。白色箭头表示附着有孢子的 BmE 细胞（a2）。孢子感染的 BmE 单层细胞也通过 DAPI 染色，在荧光显微镜下观察以确认感染状态（b2）。细胞内含有 *N. bombycis* 孢子的 BmE 细胞被判定为感染细胞（b2）和（b3）。同时，以正常未感染的 BmE 单层细胞作为阴性对照组（c2）和（c3）。红色箭头标示为已感染孢子的 BmE 细胞（b2）。在（a1）、（b1）和（c1）中，孢子与 BmE 细胞通过差分干涉显微镜（DIC）成像；（a2）、（b2）和（c2）为 DAPI 染色图像；（a3）、（b3）和（c3）分别为（a1）与（a2）、（b1）与（b2）、（c1）与（c2）的合并图像）

图 6.8 彩图

上述实验结果在一定程度上说明，内源性的孢壁蛋白 NbSWP7 与 NbSWP9 可能在孢子侵染宿主细胞过程中发挥作用。对于 NbSWP7 来说，HBM 可能在孢子侵染宿主中扮演重要角色。但是，NbSWP9 内部并没有预测到与黏附有关类似于 HBM 的基序，可能 NbSWP9 利用另一种暂未被发现的方式参与孢子侵染宿主细胞。

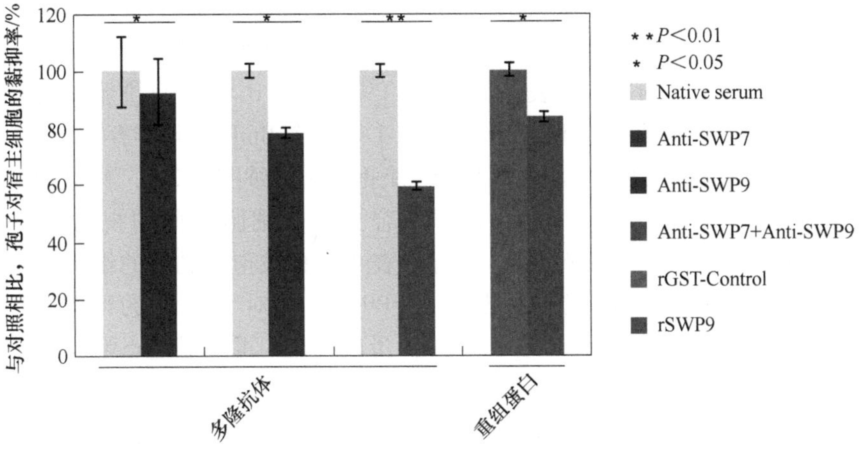

(a)

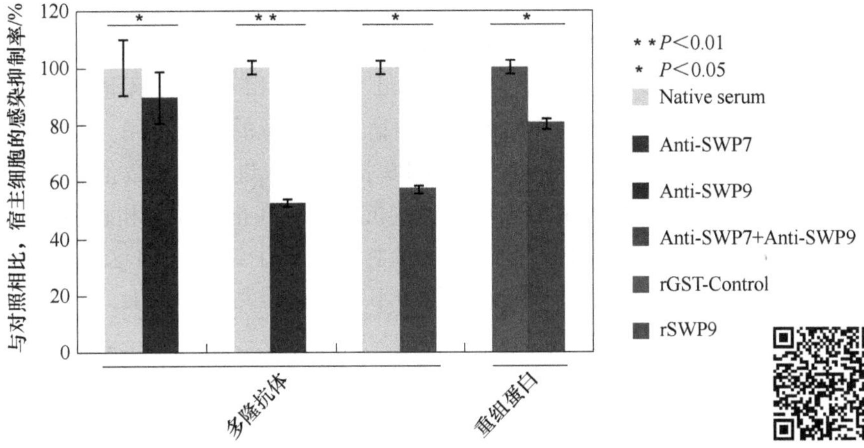

(b)

图 6.9 彩图

图 6.9 NbSWP7 和 NbSWP9 在孢子黏附和感染宿主细胞 BmE 中的作用

（a）外源性 rSWP9-GST 或抗 SWP9 和 SWP7 抗体可抑制孢子对宿主细胞的黏附作用，将 NbSWP7 或 NbSWP9 特异性抗体（单独使用或联合使用）与未免疫抗原前的对照血清以 5 μg/mL 浓度与 *N. bombycis* 孢子共同用于黏附实验中，同时，重组蛋白 rSWP9-GST 及对照蛋白 rGST 也以相同浓度（5 μg/mL）作为黏附抑制剂，实验结果以黏附百分比表示；（b）外源性 rSWP9-GST 或抗 SWP9 与 SWP7 抗体可抑制孢子对宿主细胞的感染，相对于在相同浓度下处理的对照组（其中对照组感染率被设定为 100%），实验结果以感染宿主细胞的比例表示（图中各柱状颜色分别代表：黄色柱为阴性血清，紫色柱为抗 SWP7 抗体，深蓝色柱为抗 SWP9 抗体，棕色柱为抗 SWP9 与抗 SWP7 联合抗体，绿色柱为 rGST，红色柱为 rSWP9-GST；“*”表示差异具有统计学意义（$P<0.05$）；“**”表示差异具有高度统计学意义（$P<0.01$）；以上实验均重复 3 次，每次结果一致；每组数据至少统计了 20 个随机视野）

B　外源重组蛋白 rSWP9-GST 对孢子黏附和侵染宿主细胞的影响

在抗体封闭孢子黏附和感染宿主细胞中发现，anti-NbSWP9 抗体对孢子黏附和感染 BmE 细胞有一定的抑制作用，为了进一步分析 NbSWP9 蛋白在孢子侵染宿主细胞中的作用，利用原核表达蛋白 rSWP9-GST 和 rGST 进行细胞黏附和感染实验。首先，将 rSWP9-GST 和 rGST 分别与 1×10^5 个 BmE 细胞孵育 2 h，然后在重组蛋白孵育的 BmE 细胞中加入 2.8×10^6 个孢子再继续孵育 2 h，利用 PBS 洗去未结合的孢子，进行 DAPI 染色，孢子结合到宿主细胞表面的视为被黏附细胞（见图 6.8（a2）中箭头所示）。通过附表 4 观察被孢子黏附的细胞数目，重复试验 3 次，像上述实验一样统计得出 rSWP9-GST 相对于 rGST 的相对抑制黏附率。结果如图 6.9（a）所示，与对照 rGST 蛋白相比，重组蛋白 rSWP9-GST 抑制孢子对细胞的相对黏附率下降了 20%左右。

将被孢子黏附的细胞继续在 28 ℃培养 48 h 后，洗去培养基中的游离孢子，进行 DAPI 染色，感染细胞的衡量标准和上述图 6.8（b2）中箭头所示相同，重复 3 次试验。通过数据统计感染细胞和未感染细胞数目，统计得出 rSWP9-GST 相对于 rGST 的相对感染率。如图 6.9（b）所示，结果显示，与对照蛋白 rGST 相比，重组蛋白 rSWP9-GST 抑制孢子对 BmE 细胞的相对感染率下降了 20%左右，说明外源重组蛋白也对孢子黏附和感染宿主有一定的抑制作用。

综上所述，anti-NbSWP7 和 anti-NbSWP9 抗体能够封闭家蚕微孢子虫中孢壁蛋白 NbSWP7 和 NbSWP9 的抗原位点，这些抗原位点在孢子黏附和感染中发挥一定作用；外源重组蛋白 rSWP9-GST 能与宿主细胞发生结合，而这些被 rSWP9-GST 结合的宿主细胞蛋白在孢子侵染过程中不利于孢子黏附和感染。

6.3　结论与讨论

微孢子虫侵染宿主细胞时，孢子发芽弹出极管将孢原质注入宿主细胞是孢子侵染宿主的一种方式。既然家蚕微孢子虫 NbSWP9 与极管蛋白之间存在相互作用，那么在孢子发芽弹出极管的过程中 NbSWP9 是否也发挥作用？因此，将家蚕微孢子虫在 0.1 mol/L K_2CO_3 中发芽，收集发芽上清，利用 anti-NbSWP9 抗体作为一抗进行免疫印迹分析，发现在发芽上清中有 NbSWP9 存在，说明孢子在发芽过程中将 NbSWP9 弹出，与前面 anti-NbSWP9 能够识别弹出极管的结果一致。随后，利用 anti-NbSWP9 抗体封闭孢子表面的 NbSWP9 抗原位点，发现随 anti-NbSWP9 抗体浓度增加，家蚕微孢子虫发芽率下降，暗示 NbSWP9 可能在孢子发芽过程中发挥一定作用，可能为孢壁上感受发芽刺激的蛋白或是一个潜在的新极管蛋白，当利用抗体封闭抗原表位时，孢子发芽率明显下降。

在第 2 章序列分析中发现，在 NbSWP7 序列内部有 1 个肝素结合基序

(HBM)，HBM 在病原体与宿主黏附过程中扮演重要角色。有研究报道发现，一些细菌性病原体和真核寄生虫能够产生一个肝素结合蛋白，此蛋白参与病原与上皮细胞黏附，病原体利用硫酸乙酰肝素与细胞发生黏附[235-240]。在微孢子虫中，有研究发现，微孢子虫的孢壁蛋白在孢子黏附和感染细胞过程中发挥重要作用，部分孢壁蛋白发生糖基化，通过孢壁蛋白直接与宿主细胞表面的葡糖氨基葡聚糖（Glycosaminoglycans）发生相互作用或通过其内部的肝素结合基序与细胞表面的葡糖氨基葡聚糖发生黏附作用[19,22,47]。微孢子虫在与宿主细胞发生黏附时，主要是孢子外壁上的蛋白首先与宿主直接接触，只有定位于孢子表面的孢壁蛋白作为配体参与黏附和侵染宿主。在第 4 章定位分析中发现部分 NbSWP7 和 NbSWP9 分布在家蚕微孢子虫孢子外壁，推断二者在孢子黏附和侵染宿主中发挥一定作用。在宿主细胞结合实验中发现天然蛋白 NbSWP7 和 NbSWP9 以及重组表达蛋白 rSWP7-HIS 和 rSWP9-GST 蛋白都能够与家蚕胚胎细胞 BmE 结合。此外，rSWP9-GST 也能够与草地贪夜蛾卵巢细胞 Sf9 结合。

无论内源的 NbSWP7 和 NbSWP9 还是外源表达的 rSWP7-HIS 和 rSWP9-GST，都能够结合到 BmE 细胞，推断这两个孢壁蛋白可能在孢子黏附和侵染宿主发挥功能。因此，利用抗体封闭孢子实验和重组蛋白抑制实验分析 NbSWP7 和 NbSWP9 在孢子黏附和侵染中的作用，发现二者抗体对孢子黏附和侵染都有一定的抑制作用。但是，anti-NbSWP9 抗体对孢子黏附和侵染的抑制率要比 anti-NbSWP7 抗体的抑制率高。进一步对 rSWP9-GST 蛋白对孢子黏附和侵染细胞分析，发现此蛋白也能够明显抑制孢子黏附和侵染 BmE 细胞，推断 NbSWP9 在孢子侵染过程中发挥更重要作用。然而，在 NbSWP9 内部并没有预测到 HBMs，说明 NbSWP9 可能通过另一种尚未发现的机制黏附到宿主细胞表面。此外，anti-NbSWP7 和 anti-NbSWP9 抗体并没有完全抑制孢子对宿主细胞的黏附和侵染，推断孢子表面的其他孢壁蛋白发挥着与 NbSWP26[22]、NbSWP7 和 NbSWP9 一致的功能，或者存在其他的黏附和侵染机制。NbSWP7 和 NbSWP9 可能作为配体而与宿主细胞结合，在孢子黏附和侵染宿主细胞中发挥作用。因此，在宿主细胞表面应该存在与 NbSWP7 和 NbSWP9 相互作用的受体，那么，这些受体又有哪些？这是在今后的实验中需要探讨的。2013 年，通过杆状病毒表达系统在家蚕卵巢细胞系（BmN）中表达获得孢壁蛋白 NbSWP26[241]，进一步研究发现 NbSWP26 与家蚕体内的一个 IG 和 Turtle 类似的蛋白（BmTLP）存在相互作用[241]。因此，在今后的研究中将试图寻找并鉴定出与 NbSWP7 和 NbSWP9 互作的宿主细胞蛋白或受体。

参考文献

[1] WITTNER M, WEISS L M. The microsporidia and microsporidiosis [M]. Washington, DC: ASM Press 1999.

[2] SOUTH L R, HURDEAL V G, FAST N M. Genomics and phylogenetic relationships of microsporidia and their relatives [J]. J. Eukaryot. Microbiol., 2024, 71 (5): e13051.

[3] FRANZEN C. Microsporidia: A review of 150 years of research [J]. Open. Parasitol. J., 2008, 21-34.

[4] FRIXIONE E, RUIZ L, CERBÓN J, et al. Germination of *Nosema algerae* (Microspora) spores: Conditional inhibition by D_2O, ethanol and Hg^{2+} suggests dependence of water influx upon membrane hydration and specific transmembrane pathways [J]. J. Eukaryotic. Microbiol., 1997, 44 (2): 109-116.

[5] BIGLIARDI E. SMG, LUPETTI P, et al. Microsporidian spore wall: Ultrastructural findings on *Encephalitozoon hellem* exospore [J]. J. Eukaryot. Microbiol., 1996, 43: 181-186.

[6] BIGLIARDI E, GATTI S, SACCHI L. Ultrastructure of microsporidian spore wall: The *Encephalitozoon cuniculi* exospore [J]. Italian Journal of Zoology, 1997, 64 (1): 1-5.

[7] HIRT R P, HEALY B, VOSSBRINCK C R, et al. A mitochondrial *Hsp70* orthologue in *Vairimorpha necatrix*: Molecular evidence that microsporidia once contained mitochondria [J]. Current Biology, 1997, 7 (12): 995-998.

[8] KEELING P J, FAST N M. Microsporidia: Biology and evolution of highly reduced intracellular parasites [J]. Annual Reviews in Microbiology, 2002, 56 (1): 93-116.

[9] NÄGELI K. Uber die neue Krankheit der Seidenraupe und verwandte Organismen [J]. Bot. Z, 1857, 15: 760-761.

[10] LANDER E S, LINTON L M, BIRREN B, et al. Initial sequencing and analysis of the human genome [J]. Nature, 2001, 409 (6822): 860-921.

[11] KATINKA M D, DUPRAT S, CORNILLOT E, et al. Genome sequence and gene compaction of the eukaryote parasite *Encephalitozoon cuniculi* [J]. Nature, 2001, 414 (6862): 450-453.

[12] PAN G, XU J, LI T, et al. Comparative genomics of parasitic silkworm microsporidia reveal an association between genome expansion and host adaptation [J]. BMC Genomics, 2013, 14 (1): 186.

[13] BROSSON D, KUHN L, DELBAC F, et al. Proteomic analysis of the eukaryotic parasite *Encephalitozoon cuniculi* (microsporidia): A reference map for proteins expressed in late sporogonial stages [J]. Proteomics, 2006, 6 (12): 3625-3635.

[14] WU Z L, LI Y, PAN G, et al. Proteomic analysis of spore wall proteins and identification of two spore wall proteins from *Nosema bombycis* (Microsporidia) [J]. Proteomics, 2008, 8 (12): 2447-2461.

[15] WU Z, LI Y, PAN G, et al. SWP25, A novel protein associated with the *nosema bombycis* endospore1 [J]. J. Eukaryotic. Microbiol., 2009, 56 (2): 113-118.

[16] BOHNE W, FERGUSON D J P, KOHLER K, et al. Developmental expression of a tandemly

repeated, glycine-and serine-rich spore wall protein in the microsporidian pathogen *Encephalitozoon cuniculi* [J]. Infect. Immun., 2000, 68 (4): 2268-2275.

[17] HAYMAN J R, HAYES S F, AMON J, et al. Developmental expression of two spore wall proteins during maturation of the microsporidian *Encephalitozoon intestinalis* [J]. Infect. Immun., 2001, 69 (11): 7057-7066.

[18] PEUVEL-FANGET I, POLONAIS V, BROSSON D, et al. EnP1 and EnP2, two proteins associated with the *Encephalitozoon cuniculi* endospore, the chitin-rich inner layer of the microsporidian spore wall [J]. International Journal for Parasitology, 2006, 36 (3): 309-318.

[19] SOUTHERN T R, JOLLY C E, LESTER M E, et al. EnP1, a microsporidian spore wall protein that enables spores to adhere to and infect host cells in vitro [J]. Eukaryotic Cell, 2007, 6 (8): 1354-1362.

[20] XU Y, TAKVORIAN P, CALI A, et al. Identification of a new spore wall protein from *Encephalitozoon cuniculi* [J]. Infect. Immun., 2006, 74 (1): 239-247.

[21] BROSSON D, KUHN L, PRENSIER G, et al. The putative chitin deacetylase of Encephalitozoon cuniculi: A surface protein implicated in microsporidian spore-wall formation [J]. Fems. Microbiol. Lett., 2005, 247 (1): 81-90.

[22] LI Y, WU Z, PAN G, et al. Identification of a novel spore wall protein (SWP26) from microsporidia *Nosema bombycis* [J]. Int. J. Parasitol., 2009, 39 (4): 391-398.

[23] 崔红娟，周泽扬，万永继，等. 家蚕微孢子虫表面抗原蛋白对家蚕致病性的影响 [J]. 蚕业科学，1999，25 (4)：261-262.

[24] 黄少康. 两种微孢子虫的蛋白及对家蚕侵染性的比较研究 [D]. 杭州：浙江大学，2004.

[25] WEIDNER E. The microsporidian spore invasion tube. The ultrastructure, isolation, and characterization of the protein comprising the tube [J]. J. Cell. Biol., 1976, 71 (1): 23-34.

[26] SCHOTTELIUS J, SCHMETZ C, KOCK N P, et al. Presentation by scanning electron microscopy of the life cycle of microsporidia of the genus *Encephalitozoon* [J]. Microbes and infection, 2000, 2 (12): 1401-1406.

[27] WILLIAMS B A P, HIRT R P, LUCOCQ J M, et al. A mitochondrial remnant in the microsporidian *Trachipleistophora hominis* [J]. Nature, 2002, 418 (6900): 865-869.

[28] SHADDUCK J A, POLLEY M B. Some factors influencing the in vitro infectivity and replication of *encephalitozoon cuniculi* [J]. J. Eukaryotic. Microbiol., 1978, 25 (4): 491-496.

[29] WEIDNER E. The microsporidian spore invasion tube. Ⅲ. Tube extrusion and assembly [J]. J. Cell. Biol., 1982, 93 (3): 976-979.

[30] WEIDNER E, BYRD W. The microsporidian spore invasion tube. Ⅱ. Role of calcium in the activation of invasion tube discharge [J]. J. Cell. Biol., 1982, 93 (3): 970-975.

[31] LEITCH G J, HE Q, WALLACE S, et al. Inhibition of the spore polar filament extrusion of the microsporidium, *encephalitozoon hellem*, isolated from an AIDS patient1 [J]. J. Eukaryotic. Microbiol., 1993, 40 (6): 711-717.

[32] FRIXIONE E, RUIZ L, UNDEEN A H. Monovalent cations induce microsporidian spore

germination in vitro [J]. J. Eukaryotic. Microbiol., 1994, 41 (5): 464-468.
[33] KEOHANE E M, WEISS L M. Characterization and function of the microsporidian polar tube: A review [J]. Folia parasitologica, 1998, 45 (2): 117-127.
[34] KOUDELA B, KUCEROVA S, HUDCOVIC T. Effect of low and high temperatures on infectivity of *Encephalitozoon cuniculi* spores suspended in water [J]. Folia parasitologica, 1999, 46 (3): 171-174.
[35] 吴正理. 家蚕微孢子虫（*Nosema bombycis*）孢壁蛋白的研究-三种主要蛋白质成分的鉴定与克隆分析 [D]. 重庆：西南大学，2008.
[36] BIGLIARDI E, SACCHI L. Cell biology and invasion of the microsporidia [J]. Microbes and infection, 2001, 3 (5): 373-379.
[37] SATO R, KOBAYASHI M, WATANABE H. Internal ultrastructure of spores of microsporidans isolated from the silkworm, *bombyx mori* [J]. J. Invertebr. Pathol., 1982, 40 (2): 260-265.
[38] FRIXIONE E, RUIZ L, SANTILLÁN M, et al. Dynamics of polar filament discharge and sporoplasm expulsion by microsporidian spores [J]. Cell. Motil. Cytoskel., 1992, 22 (1): 38-50.
[39] 吴正理，李艳红，宋元达. 微孢子虫蛋白质及其与宿主互作的研究进展 [J]. 蚕业科学，2009，35 (4): 921-928.
[40] CALI A. General microsporidian features and recent findings on AIDS isolates [J]. J. Protozool., 1991, 38 (6): 625.
[41] WEISS L M. Microsporidia: Emerging pathogenic protists [J]. Acta Trop., 2001, 78 (2): 89-102.
[42] CANNING E U, LOM J. The microsporidia of vertebrates [M]. Academic Press (London) Ltd., 1986.
[43] SELEZNEV K V, ISSI I V, DOLGIKH V V, et al. Fractionation of different life cycle stages of microsporidia *Nosema grylli* from crickets Gryllus bimaculatus by centrifugation in Percoll density gradient for biochemical research [J]. J. Eukaryotic. Microbiol., 1995, 42 (3): 288-292.
[44] GREEN L C, DIDIER P J, DIDIER E S. Fractionation of sporogonial stages of the microsporidian *Encephalitozoon cuniculi* by Percoll® gradients [J]. J. Eukaryotic. Microbiol., 1999, 46 (4): 434-438.
[45] TAUPIN V, MÉTÉNIER G, VIVARÈS C P, et al. An improved procedure for Percoll gradient separation of sporogonial stages in *Encephalitozoon cuniculi* (Microsporidia) [J]. Parasitol. Res., 2006, 99 (6): 708-714.
[46] CAI S, LU X, QIU H, et al. Identification of a *Nosema bombycis* (Microsporidia) spore wall protein corresponding to spore phagocytosis [J]. Parasitology., 2011, 138 (9): 1102-1109.
[47] HAYMAN J R, SOUTHERN T R, NASH T E. Role of sulfated glycans in adherence of the microsporidian *Encephalitozoon intestinalis* to host cells in vitro [J]. Infect. Immun., 2005, 73 (2): 841-848.
[48] BOUZAHZAH B, WEISS L M. Glycosylation of the major polar tube protein of *Encephalitozoon*

cuniculi [J]. Parasitol. Res., 2010, 107 (3): 761-764.

[49] XU Y, TAKVORIAN P M, CALI A, et al. Glycosylation of the major polar tube protein of *Encephalitozoon hellem*, a microsporidian parasite that infects humans [J]. Infect. Immun., 2004, 72 (11): 6341-6350.

[50] COUZINET S, CEJAS E, SCHITTNY J, et al. Phagocytic uptake of *Encephalitozoon cuniculi* by nonprofessional phagocytes [J]. Infect. Immun., 2000, 68 (12): 6939-6945.

[51] FRANZEN C. Microsporidia: How can they invade other cells? [J]. Trends. Parasitol., 2004, 20 (6): 275-279.

[52] FRANZEN C, MÜLLER A, HARTMANN P, et al. Cell invasion and intracellular fate of *Encephalitozoon cuniculi* (Microsporidia) [J]. Parasitology, 2005, 130 (3): 285-292.

[53] LI Z, PAN G, LI T, et al. SWP5, a spore wall protein, interacts with polar tube proteins in the parasitic microsporidian *nosema bombycis* [J]. Eukaryotic cell, 2012, 11 (2): 229-237.

[54] FRANZEN C. How do microsporidia invade cells [J]. Folia Parasitol, 2005, 52: 36-40.

[55] 党晓群. 家蚕微孢子虫 (*Nosema bombycis*) 类枯草杆菌蛋白酶 NbSLP1 的功能分析 [D]. 重庆: 西南大学, 2012.

[56] BOUZAHZAH B, NAGAJYOTHI F, GHOSH K, et al. Interactions of *Encephalitozoon cuniculi* polar tube proteins [J]. Infect. Immun., 2010, 78 (6): 2745-2753.

[57] HAN B, POLONAIS V, SUGI T, et al. The role of microsporidian polar tube protein 4 (PTP4) in host cell infection [J]. PLoS Pathog., 2017, 13 (4): e1006341.

[58] RAN M, BAO J, LI B, et al. Microsporidian *Nosema bombycis* secretes serine protease inhibitor to suppress host cell apoptosis via Caspase BmICE [J]. PLoS Pathog., 2025, 21 (1): e1012373.

[59] ADAM R D. Biology of *Giardia lamblia* [J]. Clin. Microbiol. Rev., 2001, 14 (3): 447-475.

[60] MORRISON H G, MCARTHUR A G, GILLIN F D, et al. Genomic minimalism in the early diverging intestinal parasite *Giardia lamblia* [J]. Science, 2007, 317 (5846): 1921-1926.

[61] FRANZÉN O, JERLSTRÖM-HULTQVIST J, CASTRO E, et al. Draft genome sequencing of giardia intestinalis assemblage B isolate GS: Is human giardiasis caused by two different species? [J]. PLoS Pathog., 2009, 5 (8): e1000560.

[62] LAUWAET T, DAVIDS B J, REINER D S, et al. Encystation of *Giardia Lamblia*: A model for other parasites [J]. Curr. Opin. Microbiol., 2007, 10 (6): 554-559.

[63] MOWATT M R, LUJÁN H D, COTTEN D B, et al. Developmentally regulated expression of a *Giardia lamblia* cyst wall protein gene [J]. Mol. Microbiol., 1995, 15 (5): 955-963.

[64] HEHL A B, MARTI M, KÖHLER P. Stage-specific expression and targeting of cyst wall protein-green fluorescent protein chimeras in *giardia* [J]. Mol. Biol. Cell, 2000, 11 (5): 1789-1800.

[65] WANG C H, SU L H, SUN C H. A novel ARID/Bright-like protein involved in transcriptional activation of cyst wall protein 1 gene in *Giardia lamblia* [J]. J. Biol. Chem., 2007, 282 (12): 8905-8914.

[66] LUJÁN H D, MOWATT M R, CONRAD J T, et al. Identification of a novel *Giardia lamblia*

cyst wall protein with leucine-rich repeats Implications for secretory granule formation and protein assembly into the cyst wall [J]. J. Biol. Chem., 1995, 270 (49): 29307-29313.

[67] SUN C H, MCCAFFERY J M, REINER D S, et al. Mining the *Giardia lamblia* genome for new cyst wall proteins [J]. J. Biol. Chem., 2003, 278 (24): 21701-21708.

[68] CHATTERJEE A, CARPENTIERI A, RATNER D M, et al. *Giardia cyst* wall protein 1 is a lectin that binds to curled fibrils of the GalNAc homopolymer [J]. PLoS Pathog., 2010, 6 (8): e1001059.

[69] BAÑUELOS C, GARCÍA-RIVERA G, LÓPEZ-REYES I, et al. EhADH112 is a Bro1 domain-containing protein involved in the *Entamoeba histolytica* multivesicular bodies pathway [J]. Biomed Res. Int., 2012, 2012.

[70] GARCÍA-RIVERA G, RODRIGUEZ M, OCADIZ R, et al. *Entamoeba histolytica*: A novel cysteine protease and an adhesin form the 112 kDa surface protein [J]. Mol. Microbiol., 1999, 33 (3): 556-568.

[71] BRACHA R, KOBILER D, MIRELMAN D. Attachment and ingestion of bacteria by trophozoites of *Entamoeba histolytica* [J]. Infect. Immun., 1982, 36 (1): 396-406.

[72] STANLEY S L, BECKER A, KUNZ-JENKINS C, et al. Cloning and expression of a membrane antigen of *Entamoeba histolytica* possessing multiple tandem repeats [J]. Proc. Natl. Acad. Sci. U. S. A., 1990, 87 (13): 4976-4980.

[73] TORIAN B E, FLORES B M, STROEHER V L, et al. cDNA sequence analysis of a 29-kDa cysteine-rich surface antigen of pathogenic *Entamoeba histolytica* [J]. Proc. Natl. Acad. Sci. U. S. A., 1990, 87 (16): 6358-6362.

[74] JACOBS T, BRUCHHAUS I, DANDEKAR T, et al. Isolation and molecular characterization of a surface-bound proteinase of *Entamoeba histolytica* [J]. Mol. Microbiol., 1998, 27 (2): 269-276.

[75] MAI Z, SAMUELSON J. A new gene family (ariel) encodes asparagine-rich *Entamoeba histolytica* antigens, which resemble the amebic vaccine candidate serine-rich *E. histolytica* protein [J]. Infect. Immun., 1998, 66 (1): 353-355.

[76] GHOSH S K, FIELD J, FRISARDI M, et al. Chitinase secretion by encysting *entamoeba* invadensand transfected *entamoeba histolytica* trophozoites: Localization of secretory vesicles, endoplasmic reticulum, and golgi apparatus [J]. Infect. Immun., 1999, 67 (6): 3073-3081.

[77] QUE X, BRINEN L S, PERKINS P, et al. Cysteine proteinases from distinct cellular compartments are recruited to phagocytic vesicles by *Entamoeba histolytica* [J]. Mol. Biochem. Parasitol., 2002, 119 (1): 23-32.

[78] SEIGNEUR M, MOUNIER J, PREVOST M C, et al. A lysine-and glutamic acid-rich protein, KERP1, from *Entamoeba histolytica* binds to human enterocytes [J]. Cell. Microbiol., 2005, 7 (4): 569-579.

[79] DAVIS P H, ZHANG Z, CHEN M, et al. Identification of a family of Bsp-A like surface proteins of *Entamoeba histolytica* with novel leucine rich repeats [J]. Mol. Biochem. Parasitol.,

2006, 145 (1): 111.

[80] VENTURA-JUÁREZ J, SALINAS E, CAMPOS-RODRĹGUEZ R, et al. Identification of exocytotic membrane proteins, syntaxin-1 and SNAP-25, in *Entamoeba histolytica* from hamster liver [J]. Hepatol. Res., 2007, 37 (6): 473-476.

[81] WENDER N, VILLALOBO E, MIRELMAN D. EhLimA, a novel LIM protein, localizes to the plasma membrane in *Entamoeba histolytica* [J]. Eukaryotic cell, 2007, 6 (9): 1646-1655.

[82] BOETTNER D R, HUSTON C D, LINFORD A S, et al. *Entamoeba histolytica* phagocytosis of human erythrocytes involves PATMK, a member of the transmembrane kinase family [J]. PLoS Pathog., 2008, 4 (1): e8.

[83] DAVIS P H, CHEN M, ZHANG X, et al. Proteomic comparison of *Entamoeba histolytica* and *Entamoeba dispar* and the role of *E. histolytica* alcohol dehydrogenase 3 in virulence [J]. PLoS Negl. Trop. Dis., 2009, 3 (4): e415.

[84] MORENO H, LINFORD A S, GILCHRIST C A, et al. Phospholipid-binding protein EhC2A mediates calcium-dependent translocation of transcription factor URE3-BP to the plasma membrane of *Entamoeba histolytica* [J]. Eukaryotic cell, 2010, 9 (5): 695-704.

[85] BUSS S N, HAMANO S, VIDRICH A, et al. Members of the *Entamoeba histolytica* transmembrane kinase family play non-redundant roles in growth and phagocytosis [J]. International Journal for Parasitology, 2010, 40 (7): 833-843.

[86] BAXT L A, RASTEW E, BRACHA R, et al. Downregulation of an *Entamoeba histolytica* rhomboid protease reveals roles in regulating parasite adhesion and phagocytosis [J]. Eukaryotic cell, 2010, 9 (8): 1283-1293.

[87] VAITHILINGAM A, TEIXEIRA J E, MILLER P J, et al. *Entamoeba histolytica* cell surface calreticulin binds human c1q and functions in amebic phagocytosis of host cells [J]. Infect. Immun., 2012, 80 (6): 2008-2018.

[88] JAVIER-REYNA R, HERNÁNDEZ-RAMĹREZ V, GONZÁLEZ-ROBLES A, et al. Rab7 and actin cytoskeleton participate during mobilization of β 1EHFNR in fibronectin-stimulated *Entamoeba histolytica* trophozoites [J]. Microsc. Res. Tech., 2012, 75 (3): 285-293.

[89] TEIXEIRA J E, SATERIALE A, BESSOFF K E, et al. Control of *Entamoeba histolytica* adherence involves metallosurface protease 1, an M8 family surface metalloprotease with homology to leishmanolysin [J]. Infect. Immun., 2012, 80 (6): 2165-2176.

[90] BILLER L, MATTHIESEN J, KÜHNE V, et al. The cell surface proteome of *entamoeba histolytica* [J]. Mol. Cell. Proteomics, 2014, 13 (1): 132-144.

[91] HAQUE R, HUSTON C D, HUGHES M, et al. Amebiasis [J]. N. Engl. J. Med., 2003, 348 (16): 1565-1573.

[92] CLARK C, ALSMARK U, TAZREITER M, et al. Structure and content of the *entamoeba histolytica* genome [J]. Adv. Parasit., 2007: 51-190.

[93] FRISARDI M, GHOSH S K, FIELD J, et al. The most abundant glycoprotein of amebic cyst walls (Jacob) is a lectin with five Cys-rich, chitin-binding domains [J]. Infect. Immun.,

2000, 68 (7): 4217-4224.

[94] VAN DELLEN K L, CHATTERJEE A, RATNER D M, et al. Unique posttranslational modifications of chitin-binding lectins of *Entamoeba invadens* cyst walls [J]. Eukaryotic cell, 2006, 5 (5): 836-848.

[95] DE LA VEGA H, SPECHT C A, SEMINO C E, et al. Cloning and expression of chitinases of *Entamoebae* [J]. Mol. Biochem. Parasitol., 1997, 85 (2): 139-147.

[96] DEY T, BASU R, GHOSH S K. *Entamoeba invadens*: Cloning and molecular characterization of chitinases [J]. Exp. Parasitol., 2009, 123 (3): 244-249.

[97] VAN DELLEN K, GHOSH S K, ROBBINS P W, et al. *Entamoeba histolytica* lectins contain unique 6-Cys or 8-Cys chitin-binding domains [J]. Infect. Immun., 2002, 70 (6): 3259-3263.

[98] CHATTERJEE A, GHOSH S K, JANG K, et al. Evidence for a "wattle and daub" model of the cyst wall of entamoeba [J]. PLoS Pathog., 2009, 5 (7): e1000498.

[99] EHRENKAUFER G M, HAQUE R, HACKNEY J A, et al. Identification of developmentally regulated genes in *Entamoeba histolytica*: Insights into mechanisms of stage conversion in a protozoan parasite [J]. Cell. Microbiol., 2007, 9 (6): 1426-1444.

[100] TENTER A M, HECKEROTH A R, WEISS L M. *Toxoplasma gondii*: From animals to humans [J]. International Journal for Parasitology, 2000, 30 (12): 1217-1258.

[101] LUFT B J, REMINGTON J S. Toxoplasmic encephalitis in AIDS [J]. Clin. Infect. Dis., 1992, 15 (2): 211-222.

[102] BLADER I J, SAEIJ J P. Communication between *Toxoplasma gondii* and its host: Impact on parasite growth, development, immune evasion, and virulence [J]. Apmis, 2009, 117 (5-6): 458-476.

[103] LEKUTIS C, FERGUSON D J, GRIGG M E, et al. Surface antigens of *Toxoplasma gondii*: Variations on a theme [J]. International Journal for Parasitology, 2001, 31 (12): 1285-1292.

[104] JUNG C, LEE C Y F, GRIGG M E. The SRS superfamily of *Toxoplasma* surface proteins [J]. International Journal for Parasitology, 2004, 34 (3): 285-296.

[105] MANGER I D, HEHL A B, BOOTHROYD J C. The surface of *Toxoplasma* tachyzoites is dominated by a family of glycosylphosphatidylinositol-anchored antigens related to SAG1 [J]. Infect. Immun., 1998, 66 (5): 2237-2244.

[106] LEKUTIS C, FERGUSON D J, BOOTHROYD J C. *Toxoplasma gondii*: Identification of a Developmentally Regulated Family of Genes Related to SAG2 [J]. Exp. Parasitol., 2000, 96 (2): 89-96.

[107] MACHADO A V, CAETANO B C, BARBOSA R P, et al. Prime and boost immunization with influenza and adenovirus encoding the *Toxoplasma gondii* surface antigen 2 (SAG2) induces strong protective immunity [J]. Vaccine, 2010, 28 (18): 3247-3256.

[108] SAEIJ J P, ARRIZABALAGA G, BOOTHROYD J C. A cluster of four surface antigen genes specifically expressed in bradyzoites, SAG2CDXY, plays an important role in *Toxoplasma*

gondii persistence [J]. Infect. Immun., 2008, 76 (6): 2402-2410.

[109] KIM S K, KARASOV A, BOOTHROYD J C. Bradyzoite-specific surface antigen SRS9 plays a role in maintaining *Toxoplasma gondii* persistence in the brain and in host control of parasite replication in the intestine [J]. Infect. Immun., 2007, 75 (4): 1626-1634.

[110] DZIERSZINSKI F, MORTUAIRE M, CESBRON-DELAUW M F, et al. Targeted disruption of the glycosylphosphatidylinositol-anchored surface antigen SAG3 gene in *Toxoplasma gondii* decreases host cell adhesion and drastically reduces virulence in mice [J]. Mol. Microbiol., 2000, 37 (3): 574-582.

[111] JACQUET A, COULON L, DE NÈVE J, et al. The surface antigen SAG3 mediates the attachment of *Toxoplasma gondii* to cell-surface proteoglycans [J]. Mol. Biochem. Parasitol., 2001, 116 (1): 35-44.

[112] MACĒDO JR A G, CUNHA JR J P, CARDOSO T H, et al. SAG2A protein from *Toxoplasma gondii* interacts with both innate and adaptive immune compartments of infected hosts [J]. Parasit. Vectors, 2013, 6 (1): 1-12.

[113] FOURMAUX M N, ACHBAROU A, MERCEREAU-PUIJALON O, et al. The MIC1 microneme protein of *Toxoplasma gondii* contains a duplicated receptor-like domain and binds to host cell surface [J]. Mol. Biochem. Parasitol., 1996, 83 (2): 201-210.

[114] ZHANG Y W, HALONEN S K, MA Y F, et al. Initial Characterization of CST1, a *Toxoplasma gondii* Cyst Wall Glycoprotein [J]. Infect. Immun., 2001, 69 (1): 501-507.

[115] TOMITA T, BZIK D J, MA Y F, et al. The *Toxoplasma gondii* cyst wall protein cst1 is critical for cyst wall integrity and promotes bradyzoite persistence [J]. PLoS Pathog., 2013, 9 (12): e1003823.

[116] CRAVER M P J, ROONEY P J, KNOLL L J. Isolation of *Toxoplasma gondii* development mutants identifies a potential proteophosphogylcan that enhances cyst wall formation [J]. Mol. Biochem. Parasitol., 2010, 169 (2): 120-123.

[117] BUCHHOLZ K R, FRITZ H M, CHEN X, et al. Identification of tissue cyst wall components by transcriptome analysis of in vivo and in vitro *Toxoplasma gondii* bradyzoites [J]. Eukaryotic cell, 2011, 10 (12): 1637-1647.

[118] BUCHHOLZ K R, BOWYER P W, BOOTHROYD J C. Bradyzoite pseudokinase 1 is crucial for efficient oral infectivity of the *toxoplasma gondii* tissue cyst [J]. Eukaryotic cell, 2013, 12 (3): 399-410.

[119] FERGUSON D. Use of molecular and ultrastructural markers to evaluate stage conversion of *toxoplasma gondii* in both the intermediate and definitive host [J]. International Journal for Parasitology, 2004, 34 (3): 347-360.

[120] FOX B A, FALLA A, ROMMEREIM L M, et al. Type II *Toxoplasma gondii* KU80 knockout strains enable functional analysis of genes required for cyst development and latent infection [J]. Eukaryotic cell, 2011, 10 (9): 1193-1206.

[121] KADEKOPPALA M, HOLDER A A. Merozoite surface proteins of the malaria parasite: The MSP1 complex and the MSP7 family [J]. International journal for parasitology, 2010,

40 (10): 1155-1161.

[122] SANDERS P R, GILSON P R, CANTIN G T, et al. Distinct protein classes including novel merozoite surface antigens in raft-like membranes of *Plasmodium falciparum* [J]. J. Biol. Chem., 2005, 280 (48): 40169-40176.

[123] GILSON P R, NEBL T, VUKCEVIC D, et al. Identification and stoichiometry of glycosylphosphatidylinositol-anchored membrane proteins of the human malaria parasite *Plasmodium falciparum* [J]. Mol. Cell. Proteomics, 2006, 5 (7): 1286-1299.

[124] PACHEBAT J A, LING I T, GRAINGER M, et al. The 22 kDa component of the protein complex on the surface of *Plasmodium falciparum* merozoites is derived from a larger precursor, merozoite surface protein 7 [J]. Mol. Biochem. Parasitol., 2001, 117 (1): 83-89.

[125] STAFFORD W H, GÜNDER B, HARRIS A, et al. A 22 kDa protein associated with the *Plasmodium falciparum* merozoite surface protein-1 complex [J]. Mol. Biochem. Parasitol., 1996, 80 (2): 159-169.

[126] TRUCCO C, FERNANDEZ-REYES D, HOWELL S, et al. The merozoite surface protein 6 gene codes for a 36 kDa protein associated with the *Plasmodium falciparum* merozoite surface protein-1 complex [J]. Mol. Biochem. Parasitol., 2001, 112 (1): 91-101.

[127] PERKINS M E, ROCCO L J. Sialic acid-dependent binding of *Plasmodium falciparum* merozoite surface antigen, Pf200, to human erythrocytes [J]. J. Immunol., 1988, 141 (9): 3190-3196.

[128] NIKODEM D P, DAVIDSON E A. Identification of a novel antigenic domain of *Plasmodium falciparum* merozoite surface protein-1 that specifically binds to human erythrocytes and inhibits parasite invasion, in vitro [J]. Mol. Biochem. Parasitol., 2000, 108 (1): 79-91.

[129] LÓPEZ R, VALBUENA J, RODRÍGUEZ L E, et al. *Plasmodium falciparum* merozoite surface protein 6 (MSP-6) derived peptides bind erythrocytes and partially inhibit parasite invasion [J]. Peptides, 2006, 27 (7): 1685-1692.

[130] GARCIA Y, PUENTES A, CURTIDOR H, et al. Identifying merozoite surface protein 4 and merozoite surface protein 7 *Plasmodium falciparum* protein family members specifically binding to human erythrocytes suggests a new malarial parasite-redundant survival mechanism [J]. Journal of Medicinal Chemistry, 2007, 50 (23): 5665-5675.

[131] BLACKMAN M J, SCOTT-FINNIGAN T J, SHAI S, et al. Antibodies inhibit the protease-mediated processing of a malaria merozoite surface protein [J]. J. Exp. Med., 1994, 180 (1): 389-393.

[132] HOLDER A A, FREEMAN R R. The three major antigens on the surface of *Plasmodium falciparum* merozoites are derived from a single high molecular weight precursor [J]. J. Exp. Med., 1984, 160 (2): 624-629.

[133] HOLDER A. The precursor to major merozoite surface antigens: structure and role in immunity [J]. Prog. Allergy., 2010, 1988 (41): 72-97.

[134] HOLDER A A, BLACKMAN M J, BURGHAUS P A, et al. A malaria merozoite surface protein (MSP1)-structure, processing and function [J]. Mem. Inst. Oswaldo Cruz, 1992,

87 (Suppl 3): 37-42.

[135] KOUSSIS K, WITHERS-MARTINEZ C, YEOH S, et al. A multifunctional serine protease primes the malaria parasite for red blood cell invasion [J]. EMBO J., 2009, 28 (6): 725-735.

[136] MCBRIDE J S, HEIDRICH H G. Fragments of the polymorphic Mr185,000 glycoprotein from the surface of isolated *Plasmodium falciparum* merozoites form an antigenic complex [J]. Mol. Biochem. Parasitol., 1987, 23 (1): 71-84.

[137] HARRIS P K, YEOH S, DLUZEWSKI A R, et al. Molecular identification of a malaria merozoite surface sheddase [J]. PLoS Pathog., 2005, 1 (3): e29.

[138] BLACKMAN M J, HEIDRICH H G, DONACHIE S, et al. A single fragment of a malaria merozoite surface protein remains on the parasite during red cell invasion and is the target of invasion-inhibiting antibodies [J]. J. Exp. Med., 1990, 172 (1): 379-382.

[139] DLUZEWSKI A R, LING I T, HOPKINS J M, et al. Formation of the food vacuole in *Plasmodium falciparum*: A potential role for the 19 kDa fragment of merozoite surface protein 1 (MSP119) [J]. Plos One, 2008, 3 (8): e3085.

[140] KOBAYASHI K, TAKANO R, TAKEMAE H, et al. Analyses of interactions between heparin and the apical surface proteins of *Plasmodium falciparum* [J]. Sci. Rep., 2013, 3: 3178.

[141] HOLDER A. The carboxy-terminus of merozoite surface protein 1: Structure, specific antibodies and immunity to malaria [J]. Parasitology, 2009, 136 (12): 1445-1456.

[142] SRINIVASAN P, BEATTY W L, DIOUF A, et al. Binding of *Plasmodium* merozoite proteins RON2 and AMA1 triggers commitment to invasion [J]. Proc. Natl. Acad. Sci. U. S. A., 2011, 108 (32): 13275-13280.

[143] RICHARD D, MACRAILD C A, RIGLAR D T, et al. Interaction between *Plasmodium falciparum* apical membrane antigen 1 and the rhoptry neck protein complex defines a key step in the erythrocyte invasion process of malaria parasites [J]. J. Biol. Chem., 2010, 285 (19): 14815-14822.

[144] POUKCHANSKI A, FRITZ H M, TONKIN M L, et al. *Toxoplasma gondii* sporozoites invade host cells using two novel paralogues of RON2 and AMA1 [J]. Plos One, 2013, 8 (8): e70637.

[145] BARGIERI D Y, ANDENMATTEN N, LAGAL V, et al. Apical membrane antigen 1 mediates apicomplexan parasite attachment but is dispensable for host cell invasion [J]. Nat. Commun., 2013, 4: 2552.

[146] 黄少康，鲁兴萌．家蚕微粒子虫（*Nosema bombycis*）与其形态变异株的侵染性及孢子表面蛋白的比较研究［J］．中国农业科学，2004，37（11）：1682-1687.

[147] KAWARABATA T, HAYASAKA S. An enzyme-linked immunosorbent assay to detect alkali-soluble spore surface antigens of strains of *Nosema bombycis* (Microspora: Nosematidae) [J]. J. Invertebr. Pathol., 1987, 50 (2): 118-123.

[148] UNDEEN A H, FRIXIONE E. The role of osmotic pressure in the germination of *Nosema algerae* spores1 [J]. J. Eukaryotic. Microbiol., 1990, 37 (6): 561-567.

[149] BROSSON D, KUHN L, PRENSIER G, et al. The putative chitin deacetylase of *Encephalitozoon cuniculi*: A surface protein implicated in microsporidian spore wall formation [J]. FEMS Microbiol. Lett., 2005, 247 (1): 81-90.

[150] WANG P, LI D, HAI Q, et al. NcSWP8, a new spore wall protein, interacts with polar tube proteins in the parasitic microsporidia *vairimorpha* (*Nosema*) *ceranae* [J]. Microorganisms, 2025, 13 (1): 142.

[151] 崔红娟. 家蚕微孢子虫 *N. bombycis* 三种表面蛋白的纯化、性质及表面蛋白 P30.4 基因的克隆分析 [D]. 重庆：西南农业大学，2000.

[152] 耿莉娜. 家蚕微孢子虫孢壁糖蛋白的研究 [D]. 重庆：西南大学，2012.

[153] 李艳红. 家蚕微孢子虫（*Nosema bombycis*）孢壁蛋白 SWP26 的研究 [D]. 重庆：西南大学，2008.

[154] 李治. 家蚕微孢子虫（*Nosema bombycis*）孢壁蛋白 SWP5 的研究 [D]. 重庆：西南大学，2012.

[155] 马成. 家蚕微孢子虫孢壁蛋白 SWP14、SWP15 的分析 [D]. 重庆：西南大学，2012.

[156] CHEN J, GENG L, LONG M, et al. Identification of a novel chitin-binding spore wall protein (NbSWP12) with a BAR-2 domain from *Nosema bombycis* (microsporidia) [J]. Parasitology, 2013, 140 (11): 1394-1402.

[157] YANG D, DANG X, PENG P, et al. NbHSWP11, a microsporidia *Nosema bombycis* protein, localizing in the spore wall and membranes, reduces spore adherence to host cell BME [J]. J. Pathol., 2014, 100 (5): 623-632.

[158] WANG Y, DANG X, MA Q, et al. Characterization of a novel spore wall protein NbSWP16 with proline-rich tandem repeats from *Nosema bombycis* (microsporidia) [J]. Parasitology, 2015, 142 (4): 534-542.

[159] WANG Y, GENG L, XU J, et al. Expression and identification of a novel spore wall protein in microsporidian *Nosema bombycis* [J]. J. Eukaryot. Microbiol., 2020, 67 (6): 671-677.

[160] WANG C, YU B, MENG X, et al. Microsporidian *Nosema bombycis* hijacks host vitellogenin and restructures ovariole cells for transovarial transmission [J]. PLoS Pathog., 2023, 19 (12): e1011859.

[161] ARGUELLO-GARCIA R, ARGUELLO-LOPEZ C, GONZALEZ-ROBLES A, et al. Sequential exposure and assembly of cyst wall filaments on the surface of encysting *Giardia duodenalis* [J]. Parasitology, 2002, 125 (3): 209-219.

[162] SHEFFIELD H G. The ultrastructural aspects of *Giardia* [J]. Waterborne transmission of giardiasis. EPA, 1979: 9-21.

[163] GERWIG G J, VAN KUIK J A, LEEFLANG B R, et al. The *Giardia intestinalis* filamentous cyst wall contains a novel β(1-3)-N-acetyl-d-galactosamine polymer: A structural and conformational study [J]. Glycobiology, 2002, 12 (8): 499-505.

[164] JARROLL E L, MACECHKO P T, STEIMIE P A, et al. Regulation of Carbohydrate Metabolism During *Giardia* Encystment1 [J]. J. Eukaryotic. Microbiol., 2001, 48 (1): 22-26.

[165] MANNING P, ERLANDSEN S L, JARROLL E L. Carbohydrate and amino acid analyses of *Giardia muris* cysts [J]. J. Protozool., 1992, 39 (2): 290-296.

[166] TIMOTHY M P, STEIMLE P A, LINDMARK D G, et al. Galactosamine-synthesizing enzymes are induced when *Giardia* encyst [J]. Mol. Biochem. Parasitol., 1992, 56 (2): 301-309.

[167] KARR C D, JARROLL E L. Cyst wall synthase: N-acetylgalactosaminyltransferase activity is induced to form the novel N-acetylgalactosamine polysaccharide in the *Giardia* cyst wall [J]. Microbiology, 2004, 150 (5): 1237-1243.

[168] JARROLL E L, MANNING P, LINDMARK D G, et al. *Giardia* cyst wall-specific carbohydrate: evidence for the presence of galactosamine [J]. Mol. Biochem. Parasitol., 1989, 32 (2): 121-131.

[169] CHÁVEZ-MUNGUÍA B, CEDILLO-RIVERAR R, MARTÍNEZ-PALOMO A. The ultrastructure of the cyst wall of *Giardia lamblia* [J]. J. Eukaryotic. Microbiol., 2004, 51 (2): 220-226.

[170] LUJÁN H D, MOWATT M R, NASH T E. Mechanisms of *Giardia lamblia* differentiation into cysts [J]. Microbiol. Mol. Biol. Rev., 1997, 61 (3): 294-304.

[171] TOUZ M, NORES M, SLAVIN I, et al. The activity of a developmentally regulated cysteine proteinase is required for cyst wall formation in the primitive eukaryote *giardia lamblia* [J]. J. Biol. Chem., 2002, 277 (10): 8474-8481.

[172] KONRAD C, SPYCHER C, HEHL A B. Selective condensation drives partitioning and sequential secretion of cyst wall proteins in differentiating *Giardia lamblia* [J]. PLoS Pathog., 2010, 6 (4): e1000835.

[173] DAS S, VAN DELLEN K, BULIK D, et al. The cyst wall of *Entamoeba invadens* contains chitosan (deacetylated chitin) [J]. Mol. Biochem. Parasitol., 2006, 148 (1): 86-92.

[174] SAID-FERNÁNDEZ S, MATA-CÁRDENAS B, GONZÁLEZ-GARZA M, et al. *Entamoeba histolytica* cysts with a defective wall formed under axenic conditions [J]. Parasitol. Res., 1993, 79 (3): 200-203.

[175] CAMPOS-GÓNGORA E, VIADER-SALVADÓ J M, MARTÍNEZ-RODRÍGUEZ H G, et al. Mg, Mn, and Co ions enhance the formation of *entamoeba histolytica* cyst-like structures resistant to sodium dodecyl sulfate [J]. Arch. Med. Res., 2000, 31 (2): 162-168.

[176] CHENG X J, TSUKAMOTO H, KANEDA Y, et al. Identification of the 150-kDa surface antigen of *Entamoeba histolytica* as a galactose-and N-acetyl-D-galactosamine-inhibitable lectin [J]. Parasitol. Res., 1998, 84 (8): 632-639.

[177] GHOSH S K, VAN DELLEN K L, CHATTERJEE A, et al. The Jacob2 lectin of the *Entamoeba histolytica* cyst wall binds chitin and is polymorphic [J]. PLoS Negl. Trop. Dis., 2010, 4 (7): e750.

[178] DUBEY J, LINDSAY D, SPEER C. Structures of *Toxoplasma gondii* tachyzoites, bradyzoites, and sporozoites and biology and development of tissue cysts [J]. Clin. Microbiol. Rev., 1998, 11 (2): 267-299.

[179] SIMS T, HAY J, TALBOT I. Host—parasite relationship in the brains of mice with congenital

toxoplasmosis [J]. J. Pathol., 1988, 156 (3): 255-261.

[180] WEISS L M, KIM K. The development and biology of bradyzoites of *Toxoplasma gondii* [J]. Front. Biosci., 2000, 5D391.

[181] FOX B A, GIGLEY J P, BZIK D J. *Toxoplasma gondii* lacks the enzymes required for de novo arginine biosynthesis and arginine starvation triggers cyst formation [J]. International journal for parasitology, 2004, 34 (3): 323-331.

[182] ZHANG Y W, KIM K, MA Y F, et al. Disruption of the *Toxoplasma gondii* bradyzoite-specific gene BAG1 decreases in vivo cyst formation [J]. Mol. Microbiol., 1999, 31 (2): 691-701.

[183] ZHANG Y W, HALONEN S K, MA Y F, et al. A purification method for enrichment of the *Toxoplasma gondii* cyst wall [J]. J. Neuroparasitology, 2010: N101001.

[184] CAFFARO C E, KOSHY A A, LIU L, et al. A nucleotide sugar transporter involved in glycosylation of the toxoplasma tissue cyst wall is required for efficient persistence of bradyzoites [J]. PLoS Pathog., 2013, 9 (5): e1003331.

[185] BUSHKIN G G, MOTARI E, CARPENTIERI A, et al. Evidence for a structural role for acid-fast lipids in oocyst walls of Cryptosporidium, *Toxoplasma*, and *Eimeria* [J]. mBio., 2013, 4 (5): e00387-00313.

[186] LIU D, CAO L, ZHU Y, et al. Cloning and characterization of an *Eimeria necatrix* gene encoding a gametocyte protein and associated with oocyst wall formation [J]. Parasit. Vectors, 2014, 7 (1): 1-12.

[187] VAVRA J, LARSSON J. Structure of the microsporidia [A]. In: *The microsporidia and microsporidiosis*. Washington, DC: American Society for Microbiology, 1999: 7-84.

[188] VAVRA J. Structure of the microsporidia in: Comparative Pathology (B, L. A. and C, T. C., Eds.) [A]. In: *Biology of the Microsporidia*. New York: Plenum Press, 1976: 1-86.

[189] VIVARES C, LOUBES C, BOUIX G. Recherches cytochimiques approfondies sur les Microsporidies parasites du Crabe Vert de la Mediterranee *Carcinus mediterraneus Czerniavsky*, 1884 [J]. Ann. Parasitol. Hum. Comp, 1976, 5: 11-14.

[190] HAMILTON R, COX J, PYE D. Wall structure of the sporonts of *Encephalitozoon cuniculi* grown in human fibroblasts [J]. J. Gen. Microbiol., 1977, 98 (1): 305-307.

[191] ALTSCHUL S F, GISH W, MILLER W, et al. Basic local alignment search tool [J]. Journal of Molecular Biology, 1990, 215 (3): 403-410.

[192] ALTSCHUL S F, MADDEN T L, SCHAFFER A A, et al. Gapped BLAST and PSI-BLAST: A new generation of protein database search programs [J]. Nucleic Acids Res, 1997, 25 (17): 3389-3402.

[193] THOMPSON J D, HIGGINS D G, GIBSON T J. Clustal W: Improving the sensitivity of progressive multiple sequence alignment through sequence weighting, position-specific gap penalties and weight matrix choice [J]. Nucleic Acids Res, 1994, 22 (22): 4673-4680.

[194] THOMPSON J D, GIBSON T J, PLEWNIAK F, et al. The CLUSTAL_X windows interface: Flexible strategies for multiple sequence alignment aided by quality analysis tools [J]. Nucleic

Acids Res, 1997, 25 (24): 4876-4882.

[195] SUETAKE T, TSUDA S, KAWABATA S, et al. Chitin-binding proteins in invertebrates and plants comprise a common chitin-binding structural motif [J]. J. Biol. Chem., 2000, 275 (24): 17929-17932.

[196] 王华丙，张振义，包锐，et al. ABC 转运蛋白的结构与转运机制 [J]. 生命的化学，2007, 27 (3): 208-210.

[197] BELLA J, HINDLE K, MCEWAN P, et al. The leucine-rich repeat structure [J]. Cell. Mol. Life Sci., 2008, 65 (15): 2307-2333.

[198] KAJAVA A. Structural diversity of leucine-rich repeat proteins [J]. J. Mol. Biol., 1998, 277 (3): 519-527.

[199] KOBE B, DEISENHOFER J. The leucine-rich repeat: A versatile binding motif [J]. Trends Biochem. Sci., 1994, 19 (10): 415-421.

[200] KAJAVA A V, VASSART G, WODAK S J. Modeling of the three-dimensional structure of proteins with the typical leucine-rich repeats [J]. Structure, 1995, 3 (9): 867-877.

[201] JOSEPH S, DAVID W R. 黄培堂，等（译）. 分子克隆实验指南 [M]. 北京：科学出版社，2002.

[202] LI Y H, WU Z, PAN G, et al. Identification of a novel spore wall protein (SWP26) from microsporidia *Nosema bombycis* [J]. Int J Parasitol, 2009, 39 (4): 391-398.

[203] 曹广力，张志芳，贡成良，等. 家蚕微粒子孢子 DNA 的制备方法 [J]. 蚕业科学，1995, 21 (4): 260.

[204] 高慧，孙建义，刘明启. 影响大肠杆菌中外源基因表达的因素 [J]. 上海畜牧兽医通讯，2006, 5: 64-65.

[205] CHIORALIA G, TRAMMER T, MAIER W A, et al. Morphologic changes in *Nosema algerae* (Microspora) during extrusion [J]. Parasitol. Res., 1997, 84 (2): 123-131.

[206] WANG J Y, CHAMBON C, LU C D, et al. A proteomic-based approach for the characterization of some major structural proteins involved in host-parasite relationships from the silkworm parasite *Nosema bombycis* (Microsporidia) [J]. Proteomics, 2007, 7 (9): 1461-1472.

[207] 吴正理，谭小辉，潘国庆，等. 家蚕微孢子虫（*Nosema bombycis*）孢壁蛋白提取方法的优化研究 [J]. 蚕业科学，2007, 33 (1): 62-66.

[208] 李艳红，谢俪，潘国庆，等. 家蚕微孢子虫抗体免疫荧光检测方法的建立及应用 [J]. 西南农业大学学报，2006, 28 (6): 990-993.

[209] YANG D, PAN G, DANG X, et al. Interaction and assembly of two novel proteins in the spore wall of the microsporidian species *Nosema bombycis* and their roles in adherence to and infection of host cells [J]. Infect. Immun., 2015, 83 (4): 1715-1731.

[210] 王玉飞，张影，贾雷立. 蛋白质相互作用实验指南 [M]. 北京：化学工业出版社，2010.

[211] FIELDS S, SONG O. A novel genetic system to detect protein-protein interactions [J]. Nature, 1989, 340 (6230): 245-246.

[212] JAMET E, ALBENNE C, BOUDART G, et al. Recent advances in plant cell wall proteomics [J]. Proteomics, 2008, 8 (4): 893-908.

[213] LESAGE G, BUSSEY H. Cell wall assembly in *Saccharomyces cerevisiae* [J]. Microbiol. Mol. Biol. Rev., 2006, 70 (2): 317-343.

[214] WEST C M. Comparative analysis of spore coat formation, structure, and function in *Dictyostelium* [J]. Int. Rev. Cytol., 2003, 222: 237-293.

[215] DUTTA P K, DUTTA J, TRIPATHI V. Chitin and chitosan: Chemistry, properties and applications [J]. J. Sci. Ind. Res., 2004, 63 (1): 20-31.

[216] BOWEN A, CHEN W J, MOMANY M, et al. Classification of fungal chitin synthases [J]. Proc. Natl. Acad. Sci. U. S. A., 1992, 89 (2): 519-523.

[217] ERICKSON B W, BLANQUET R S. The occurrence of chitin in the spore wall of *Glugea weissenbergi* [J]. J. Invertebr. Pathol., 1969, 14 (3): 358-364.

[218] MANNERS D J, MEYER M T. The molecular structures of some glucans from the cell walls of *Schizosaccharomyces pombe* [J]. Carbohydr. Res., 1977, 57: 189-203.

[219] ZAKU S, AGUZUE S A E O C, THOMAS S. Extraction and characterization of chitin; a functional biopolymer obtained from scales of common carp fish (Cyprinus carpio l.): A lesser known source [J]. Afr. J. Food Sci., 2011, 5 (8): 478-483.

[220] YANG D, DANG X, TIAN R, et al. Development of an approach to analyze the interaction between *Nosema bombycis* (microsporidia) deproteinated chitin spore coats and spore wall proteins [J]. J. Invertebr. Pathol., 2014, 115: 1-7.

[221] BOBER M, MÖRGELIN M, OLIN A I, et al. The membrane bound LRR lipoprotein Slr, and the cell wall-anchored M1 protein from *Streptococcus pyogenes* both interact with type I collagen [J]. Plos One, 2011, 6 (5): e20345.

[222] DAVIDS B, MEHTA K, FESUS L, et al. Dependence of *Giardia lamblia* encystation on novel transglutaminase activity [J]. Mol. Biochem. Parasitol., 2004, 136 (2): 173-180.

[223] LAUWAET T, DAVIDS B J, TORRES-ESCOBAR A, et al. Protein phosphatase 2A plays a crucial role in *Giardia lamblia* differentiation [J]. Mol. Biochem. Parasitol., 2007, 152 (1): 80-89.

[224] REINER D S, MCCAFFERY J M, GILLIN F D. Reversible interruption of *Giardia lamblia* cyst wall protein transport in a novel regulated secretory pathway [J]. Cell. Microbiol., 2001, 3 (7): 459-472.

[225] SLAVIN I, SAURA A, CARRANZA P G, et al. Dephosphorylation of cyst wall proteins by a secreted lysosomal acid phosphatase is essential for excystation of *Giardia lamblia* [J]. Mol. Biochem. Parasitol., 2002, 122 (1): 95.

[226] KEOHANE E M, WEISS L M. The structure, function, and composition of the microsporidian polar tube [A]. In: *The microsporidia and microsporidiosis*. Washington, DC: ASM Press, 1999: 196-224.

[227] DELBAC F, PEYRET P, MÉTÉNIER G, et al. On proteins of the microsporidian invasive apparatus: complete sequence of a polar tube protein of *Encephalitozoon cuniculi* [J].

Mol. Microbiol., 1998, 29 (3): 825-834.

[228] KEOHANE E M, ORR G A, ZHANG H S, et al. The molecular characterization of the major polar tube protein gene from *Encephalitozoon hellem*, a microsporidian parasite of humans [J]. Mol. Biochem. Parasitol., 1998, 94 (2): 227-236.

[229] DELBAC F, DUFFIEUX F, DAVID D, et al. Immunocytochemical identification of spore proteins in two microsporidia, with emphasis on extrusion apparatus [J]. J. Eukaryotic. Microbiol., 1998, 45 (2): 224-231.

[230] PEUVEL I, PEYRET P, MÉTÉNIER G, et al. The microsporidian polar tube: Evidence for a third polar tube protein (PTP3) in *Encephalitozoon cuniculi* [J]. Mol. Biochem. Parasitol., 2002, 122 (1): 69-80.

[231] YANG D, PAN L, PENG P, et al. Interaction between SWP9 and polar tube proteins of the microsporidian *Nosema bombycis* and function of SWP9 as a scaffolding protein contribute to polar tube tethering to the spore wall [J]. Infect. Immun., 2017, 85 (3): e00872-00816.

[232] YANG D, PAN L, CHEN Z, et al. The roles of microsporidia spore wall proteins in the spore wall formation and polar tube anchorage to spore wall during development and infection processes [J]. Exp. Parasitol., 2018, 187: 93-100.

[233] PANDEY K C, SINGH S, PATTNAIK P, et al. Bacterially expressed and refolded receptor binding domain of *Plasmodium falciparum* EBA-175 elicits invasion inhibitory antibodies [J]. Mol. Biochem. Parasitol., 2002, 123 (1): 23-33.

[234] WICKRAMARACHCHI T, DEVI Y S, MOHMMED A, et al. Identification and characterization of a novel *Plasmodium falciparum* merozoite apical protein involved in erythrocyte binding and invasion [J]. Plos One, 2008, 3 (3): e1732.

[235] BUTCHER B A, SKLAR L, SEAMER L, et al. Heparin enhances the interaction of infective *Leishmania donovani* promastigotes with mouse peritoneal macrophages. A fluorescence flow cytometric analysis [J]. J. Immunol., 1992, 148 (9): 2879-2886.

[236] FREVERT U, SINNIS P, CERAMI C, et al. Malaria circumsporozoite protein binds to heparan sulfate proteoglycans associated with the surface membrane of hepatocytes [J]. J. Exp. Med., 1993, 177 (5): 1287-1298.

[237] LOVE D C, ESKO J D, MOSSER D M. A heparin-binding activity on *Leishmania amastigotes* which mediates adhesion to cellular proteoglycans [J]. J. Cell. Biol., 1993, 123 (3): 759-766.

[238] HERRERA E M, MING M, ORTEGA-BARRIA E, et al. Mediation of *Trypanosoma cruzi* invasion by heparan sulfate receptors on host cells and penetrin counter-receptors on the trypanosomes [J]. Mol. Biochem. Parasitol., 1994, 65 (1): 73-83.

[239] ALVAREZ-DOMINGUEZ C, VAZQUEZ-BOLAND J A, CARRASCO-MARIN E, et al. Host cell heparan sulfate proteoglycans mediate attachment and entry of *Listeria monocytogenes*, and the listerial surface protein ActA is involved in heparan sulfate receptor recognition [J]. Infect. Immun., 1997, 65 (1): 78-88.

[240] PETHE K, AUMERCIER M, FORT E, et al. Characterization of the heparin-binding site of

the *Mycobacterial* heparin-binding hemagglutinin adhesin [J]. J. Biol. Chem., 2000, 275 (19): 14273-14280.

[241] FENG Z, ZHONGY S, SHENG Y X, et al. Expression and localization of the spore wall protein SWP26 of *Nosema bombycis* in the silkworm BmN cell line [J]. Agricultural Sciences, 2013, 4 (2): 79-84.

附　　录

附录 1　原核表达载体

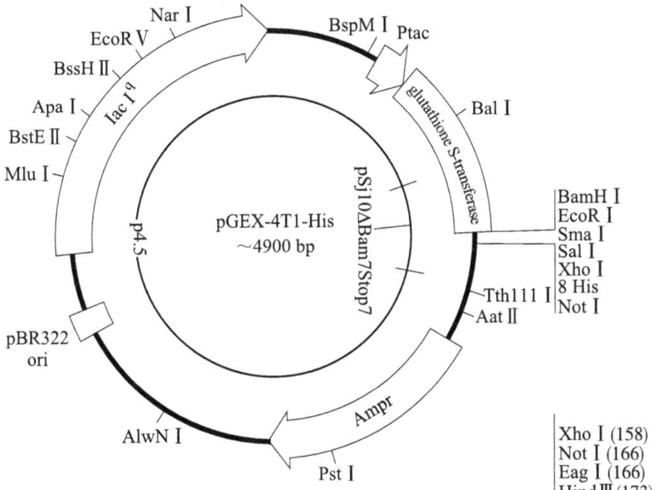

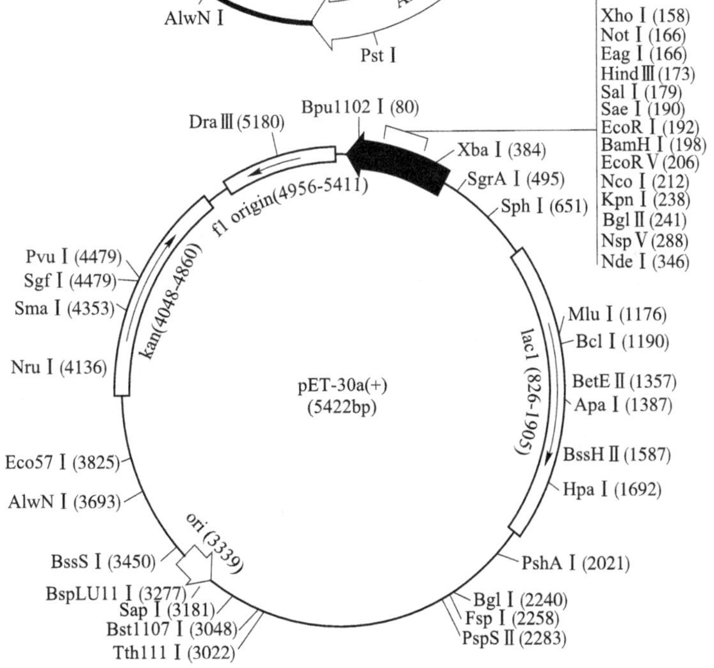

附录2 统 计 表

Anti-NbSWP9 抗体处理和未处理的家蚕微孢子虫发芽率统计见附表 1。

附表 1 Anti-NbSWP9 抗体处理和未处理的家蚕微孢子虫发芽率统计

视野	Anti-NbSWP9 (2.5 μg)			阴性抗体 (2.5 μg)			Anti-NbSWP9 (5 μg)			阴性抗体 (5 μg)			Anti-NbSWP9 (7.5 μg)			阴性抗体 (7.5 μg)			Anti-NbSWP9 (10 μg)			阴性抗体 (10 μg)			阳性对照 (0.1 mol/L K_2CO_3)		
	N1	N2	N3	N1	N2	N3	N1	N2	N3	N1	N2	N3	N1	N2	N3	N1	N2	N3	N1	N2	N3	N1	N2	N3	N1	N2	N3
1	72	28	125	21	65	53	50	45	32	305	305	203	28	45	43	33	34	48	3	19	16	103	100	132	33	48	34
2	69	29	46	46	111	49	31	86	78	453	446	356	32	35	34	28	35	22	6	28	23	99	109	123	28	48	35
3	75	56	68	104	156	65	38	76	79	153	121	193	28	46	12	26	32	30	10	34	42	140	120	120	26	30	32
4	58	70	80	67	45	86	68	43	56	198	45	109	40	56	55	25	35	20	14	23	54	123	93	93	25	98	35
5	48	80	45	67	58	33	36	76	89	40	56	54	31	7	45	24	42	43	23	32	17	130	150	134	24	43	108
6	35	59	76	89	194	76	42	85	46	36	123	67	27	45	56	28	35	21	21	12	43	138	118	142	28	29	76
7	35	68	87	78	57	76	31	75	97	187	86	56	21	34	25	46	23	43	28	32	19	101	91	134	20	43	32
8	37	68	64	79	89	128	72	43	72	41	45	76	25	56	56	20	23	12	31	29	30	76	86	143	20	86	136
9	25	48	27	143	156	59	58	64	98	133	137	67	27	34	45	33	46	35	25	29	42	142	122	194	49	35	46
10	25	45	98	56	98	47	71	76	67	55	78	95	45	23	15	31	34	34	37	42	30	120	110	124	31	34	34
11	57	65	35	89	145	95	72	79	80	46	76	76	24	57	34	33	23	45	29	29	29	220	280	190	33	45	46
12	35	161	87	89	145	161	71	97	90	176	89	78	8	6	34	26	45	31	28	25	21	191	201	197	26	31	45
13	10	85	23	54	132	98	51	43	98	65	67	86	11	45	2	23	34	43	150	176	98	142	152	102	23	43	87
14	58	151	43	89	126	167	47	43	98	132	87	183	9	4	5	29	35	23	19	22	44	155	165	255	29	23	35
15	38	35	12	98	98	46	60	65	15	158	52	88	9	1	3	22	21	55	24	20	32	258	288	178	36	67	98
发芽孢子	677	1048	916	1169	1675	1239	798	996	1095	2178	1813	1787	365	494	464	427	497	505	448	552	540	2138	2185	2261	431	703	879
未发芽孢子	576	1148	925	961	1343	786	936	1009	1366	1453	1113	1169	535	714	680	167	297	293	865	936	953	1069	1011	1000	156	181	262

利用抗体 Anti-NbSWP7 进行封闭实验的细胞黏附统计见附表 2。

附表 2 利用抗体 Anti-NbSWP7 进行封闭实验的细胞黏附统计

视野	Anti-NbSWP7 N1			阴性抗体 N1			Anti-NbSWP7 N2			阴性抗体 N2			Anti-NbSWP7 N3			阴性抗体 N3			每个视野细胞数
1	17	22	17	26	21	19	6	8	7	11	5	10	8	14	9	6	10	8	5
2	17	29	16	16	27	22	7	8	5	12	7	7	12	14	19	10	10	8	5
3	26	17	9	22	28	19	7	7	5	7	7	10	10	8	10	5	17	8	5
4	26	19	19	23	16	18	9	9	7	17	5	9	8	11	12	8	15	12	5
5	19	15	23	22	22	23	9	9	7	17	9	6	12	10	7	11	14	5	5
6	21	25	20	31	31	16	8	8	13	12	12	5	11	10	13	8	19	12	5
7	22	15	18	15	36	22	8	9	10	7	8	7	10	13	11	7	16	10	5
8	21	26	18	22	20	21	8	9	9	5	9	6	18	13	10	13	29	11	5
9	17	19	18	14	24	20	8	14	10	9	12	9	15	14	5	14	23	7	5
10	13	15	12	12	19	15	13	18	16	11	8	9	15	21	20	25	10	6	5
11	26	21	19	13	36	27	13	7	9	5	8	10	11	16	15	12	15	7	5
12	27	16	21	17	29	14	15	13	12	11	9	14	12	13	15	11	18	7	5
13	23	17	14	18	21	15	5	11	8	12	15	14	23	8	8	14	17	11	5
14	19	15	15	11	21	16	9	8	7	22	10	12	11	12	13	9	19	7	5
15	21	25	17	17	20	16	25	10	14	20	9	12	8	10	9	12	18	7	5
16	39	20	21	16	45	21	12	11	12	10	6	11	8	8	13	10	16	11	5
17	19	19	20	26	29	17	10	10	9	8	16	15	6	8	15	10	12	11	5
18	19	18	19	16	35	17	12	5	11	7	13	11	5	7	9	18	14	9	5
19	21	20	14	24	25	19	11	9	15	17	13	15	7	9	9	15	14	10	5
20	22	17	16	20	31	18	16	10	11	16	19	15	7	9	6	12	14	13	5
总计	435	390	346	381	536	375	211	193	197	236	200	207	217	228	228	230	320	180	100
孢子/细胞	4. 35	3. 9	3. 46	3. 81	5. 36	3. 75	2. 11	1. 93	1. 97	2. 36	2	2. 07	2. 17	2. 28	2. 28	2. 3	3. 2	1. 8	—
平均值	3. 9			4. 31			2			2. 14			2. 24			2. 43			—

利用抗体 Anti-NbSWP9 进行封闭实验的细胞黏附统计见附表 3。

附表 3 利用抗体 Anti-NbSWP9 进行封闭实验的细胞黏附统计

视野	Anti-NbSWP9 N1			阴性抗体 N1			Anti-NbSWP9 N2			阴性抗体 N2			Anti-NbSWP9 N3			阴性抗体 N3			每个视野细胞数
1	9	7	8	26	21	19	12	7	8	11	5	10	7	9	10	6	10	8	5
2	12	7	11	16	27	22	11	6	7	12	7	7	9	12	6	10	10	8	5
3	10	8	6	22	28	19	12	7	11	7	7	10	8	12	14	5	17	8	5
4	10	8	8	23	16	18	12	5	19	17	5	9	7	12	10	8	15	12	5
5	12	7	9	22	22	23	12	5	8	17	9	6	7	11	11	11	14	5	5
6	7	6	14	31	31	16	11	6	14	12	12	5	9	11	9	8	19	12	5
7	8	6	12	15	36	22	10	7	6	7	8	7	7	12	13	7	16	10	5
8	13	9	13	22	20	21	7	5	11	5	9	6	9	15	6	13	29	11	5
9	12	7	12	14	24	20	12	6	8	9	12	9	9	7	16	14	23	7	5
10	14	12	9	12	19	15	12	7	12	11	8	9	11	13	6	25	10	6	5
11	9	13	9	13	36	27	12	9	9	5	8	10	12	9	14	12	15	7	5
12	12	10	14	17	29	14	9	10	9	11	9	14	9	10	10	11	18	7	5
13	14	9	11	18	21	15	6	18	5	12	15	14	8	7	16	14	17	11	5
14	12	13	17	11	21	16	7	13	11	22	10	12	10	6	9	9	19	7	5
15	12	12	11	17	20	16	8	5	6	20	9	12	15	7	10	12	18	7	5
16	10	8	6	16	45	21	11	16	7	10	6	11	15	11	13	10	16	11	5
17	13	7	10	26	29	17	7	1	7	8	16	15	7	11	16	10	12	11	5
18	9	7	12	16	35	17	11	13	8	7	13	11	12	11	18	18	14	9	5
19	13	7	10	24	25	19	10	11	5	17	13	15	11	12	8	15	14	10	5
20	10	8	21	20	31	18	11	19	8	16	19	15	6	10	12	12	14	13	5
总计	221	171	223	381	536	375	203	176	179	236	200	207	188	208	227	230	320	180	100
孢子/细胞	2. 21	1. 71	2. 23	3. 81	5. 36	3. 75	2. 03	1. 76	1. 79	2. 36	2	2. 07	1. 88	2. 08	2. 27	2. 3	3. 2	1. 8	—
平均值	2. 05			4. 31			1. 86			2. 14			2. 08			2. 43			—

利用重组蛋白进行黏附实验的细胞黏附统计见附表 4。

附表 4 利用重组蛋白进行黏附实验的细胞黏附统计

视野	rSWP9 N1			阴性抗体 N1			Anti-NbSWP9 N2			阴性抗体 N2			Anti-NbSWP9 N3			阴性抗体 N3			每个视野细胞数
1	5	5	6	5	11	8	13	19	16	20	14	14	19	18	7	17	6	24	5
2	8	6	5	5	13	9	15	18	11	16	10	18	11	13	7	27	9	17	5
3	10	6	5	6	9	11	9	15	10	19	19	7	10	16	7	15	15	13	5
4	9	10	5	10	8	6	6	9	18	26	18	18	15	13	13	15	16	14	5
5	10	12	9	9	10	8	11	7	10	19	15	8	9	13	10	16	6	15	5
6	6	11	6	7	11	9	13	15	7	14	9	14	10	14	12	13	8	19	5
7	6	14	10	9	10	9	6	6	6	11	14	20	11	13	13	24	8	9	5
8	5	14	8	9	9	8	8	9	11	9	14	18	8	13	11	15	13	8	5
9	8	10	8	12	7	13	10	13	13	18	11	12	10	10	14	16	10	9	5
10	9	8	7	12	14	10	8	7	6	15	11	20	11	13	12	12	13	6	5
11	9	9	12	21	7	11	8	14	11	19	7	11	14	12	13	10	15	12	5
12	8	7	14	14	11	13	8	10	11	8	18	14	18	10	10	12	14	14	5
13	11	9	9	12	17	11	14	8	6	13	21	15	17	10	12	17	17	17	5
14	7	10	9	11	18	15	12	14	8	15	18	11	13	13	10	14	12	11	5
15	5	7	12	1	13	10	6	6	15	15	10	14	9	10	7	12	11	21	5
16	9	9	12	18	8	8	12	8	8	17	12	9	10	14	10	13	10	10	5
17	12	12	10	15	8	11	8	8	9	19	21	12	12	15	12	14	14	13	5
18	9	12	11	12	7	6	9	8	7	21	13	11	11	11	12	8	10	10	5
19	8	11	15	9	8	6	11	6	7	22	14	12	13	18	5	11	5	11	5
20	7	10	10	11	8	11	11	13	16	18	17	21	13	20	10	13	9	16	5
总计	161	192	183	208	207	193	198	213	206	334	286	279	244	269	207	294	221	269	100
孢子/细胞	1.61	1.92	1.83	2.08	2.07	1.93	1.98	2.13	2.06	3.34	2.86	2.79	2.44	2.69	2.07	2.94	2.21	2.69	—
平均值	1.79			2.03			2.06			3			2.4			2.61			—

利用抗体 anti-NbSWP7 和 anti-NbSWP9 进行封闭实验的细胞黏附统计见附表 5。

附表 5　利用抗体 anti-NbSWP7 和 anti-NbSWP9 进行封闭实验的细胞黏附统计

视野	Anti-NbSWP7 + Anti-NbSWP9 N1			阴性抗体 N1			Anti-NbSWP7 + Anti-NbSWP9 N2			阴性抗体 N2			Anti-NbSWP7 + Anti-NbSWP9 N3			阴性抗体 N3			每个视野细胞数
1	5	5	6	6	10	8	5	6	5	26	21	19	4	11	7	15	8	8	5
2	8	6	5	10	10	8	7	8	6	16	27	22	6	8	12	9	9	16	5
3	10	6	5	5	17	8	10	10	6	22	28	19	7	7	9	19	13	24	5
4	9	10	5	8	15	12	8	11	11	23	16	18	8	15	15	21	11	11	5
5	10	12	9	11	14	5	9	14	6	22	22	23	5	9	11	16	11	12	5
6	6	11	6	8	19	12	5	10	5	31	31	16	6	13	5	16	19	7	5
7	6	14	10	7	16	10	6	12	10	15	36	22	9	13	11	10	23	13	5
8	5	14	8	13	29	11	7	9	5	22	20	21	12	11	15	12	10	20	5
9	8	10	8	14	23	7	13	13	10	14	24	20	5	10	6	18	19	10	5
10	9	8	7	25	10	6	6	9	9	12	19	15	10	4	5	11	16	12	5
11	9	9	12	12	15	7	7	15	9	13	36	27	9	6	16	19	12	10	5
12	8	7	14	11	18	7	8	6	9	17	29	14	4	10	10	16	13	12	5
13	11	9	9	14	17	11	7	9	7	18	21	15	8	15	5	10	14	7	5
14	7	10	9	9	19	7	23	8	10	8	11	16	9	11	11	24	14	16	5
15	5	7	12	12	18	7	5	6	9	17	12	16	7	13	16	15	18	14	5
16	9	9	12	10	16	11	11	5	11	16	45	21	13	6	4	21	17	14	5
17	12	12	10	10	12	11	7	5	8	26	29	17	12	11	16	12	18	12	5
18	9	12	11	18	14	9	5	11	8	16	35	17	14	10	11	23	27	19	5
19	8	11	15	15	14	10	6	8	9	24	25	19	11	6	9	17	10	18	5
20	7	10	10	12	14	13	15	10	7	10	15	18	4	5	11	13	18	10	5
总计	161	192	183	230	320	180	170	185	160	368	502	375	163	194	205	317	300	265	100
孢子/细胞	1.61	1.92	1.83	2.3	3.2	1.8	1.7	1.85	1.6	3.68	5.02	3.75	1.63	1.94	2.05	3.17	3	2.65	—
平均值	1.79			2.43			1.72			4.15			1.87			2.94			—